谨以此书献给

王宝弘女士（1972—2018年）

专利申请文件撰写实战教程

逻辑、态度、实践

王宝筠　那彦琳◎著

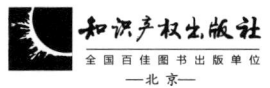

知识产权出版社
全国百佳图书出版单位
—北京—

图书在版编目（CIP）数据

专利申请文件撰写实战教程：逻辑、态度、实践/王宝筠，那彦琳著. —北京：知识产权出版社，2021.7

ISBN 978-7-5130-7591-6

Ⅰ.①专… Ⅱ.①王… ②那… Ⅲ.①专利申请—文件—写作—教材 Ⅳ.①G306.3

中国版本图书馆 CIP 数据核字（2021）第 129085 号

内容提要

本书以逻辑主线为纲，从"实战"出发对如何进行专利申请文件的撰写进行讲解。通过"椅子"这一模拟案例，讲解如何借助逻辑主线来撰写权利要求，并借助真实专利技术方案，对实战中权利要求的撰写进行分析。对于说明书的撰写，本书从"清楚""完整""支持"这三个方面给出了整体撰写原则，并结合真实技术方案，对说明书各部分的撰写要求进行了讲解。全书始终关注逻辑主线这一专利代理中的核心要素，并始终强调工作态度的重要性。全书绝大部分内容为案例实践，通俗易懂，适于从事专利实务工作的人士阅读。

责任编辑：王玉茂	责任校对：王　岩
封面设计：博华创意·张冀	责任印制：刘译文

专利申请文件撰写实战教程：逻辑、态度、实践
王宝筠　那彦琳　著

出版发行：知识产权出版社有限责任公司	网　址：http://www.ipph.cn
社　址：北京市海淀区气象路 50 号院	邮　编：100081
责编电话：010-82000860 转 8541	责编邮箱：wangyumao@cnipr.com
发行电话：010-82000860 转 8101/8102	发行传真：010-82000893/82005070/82000270
印　刷：天津嘉恒印务有限公司	经　销：各大网上书店、新华书店及相关专业书店
开　本：720mm×1000mm　1/16	印　张：16.25
版　次：2021 年 7 月第 1 版	印　次：2021 年 7 月第 1 次印刷
字　数：255 千字	定　价：80.00 元
ISBN 978-7-5130-7591-6	

出版权专有　侵权必究

如有印装质量问题，本社负责调换。

序　言

二十载砥砺前行，二十载心血积累。王宝筠同志在知识产权行业潜心耕耘二十年，理论基础扎实，实践积累丰厚，在与审查部门和创新主体的沟通往来中，对于专利申请文件的撰写，形成了独到的撰写体系。为将自己的经验与行业内外共享，也是作为行业资深从业者对知识产权行业的反哺，王宝筠同志特将自身的心得整理成书，形成了这本《专利申请文件撰写实战教程：逻辑、态度、实践》。

本书主要对申请文件，特别是权利要求书的撰写技巧，进行了详细的剖析，通过通俗易懂的语言、形象生动的案例，对如何应用逻辑主线撰写权利要求，如何根据侧重点不同布局独立权利要求和从属权利要求，权利要求撰写中应当注意哪些重要问题，如何撰写说明书等进行了详实的叙述，是一本不可多得的实践指导书。

随着社会各界对知识产权的重视程度日益加深，知识产权质量成为各方关注的焦点。将创新技术方案升华成为一份合格的专利法律文件，是专利代理师这个职业最为重要的工作之一。近年来，知识产权行业涌入了大量新鲜血液，而专利代理又是一个科技与法律融合交叉的专业领域，在目前教育体系尚无法培养相关专业能力的情况下，经验的积累对于专利代理工作的开展至关重要。王宝筠同志以从业二十载的积淀，编制成本书，对于初入行业的新生无疑是一本宝典，是一本可以少走弯路的指南手册。

本书文如其人，文字淳朴严谨，恰如知识产权行业从业人员低调扎实的作风。借此感谢王宝筠同志将经验与行业共享，期待知识产权行业在从业人员的共同耕耘下愈发美好！

前　言

虽然专利代理工作中所涉及的技能众多，但是我并不想过多讲解所谓的技巧，因为不论是对于初学者还是对于有一定经验的专利代理师来说，掌握很多技巧，而且把这些技巧有针对性地应用于合适的工作内容上，本身就是一件十分困难的事情。我相信"一招鲜，吃遍天"，而且从我从事专利代理工作的实践来看，只要掌握最为重要的原则，并且把它用精用透，是能够做好专利代理工作的。为此，我会反复强调两点内容，一是逻辑主线，二是工作态度。

逻辑主线是理解方案、撰写权利要求以及答复审查意见中的重要武器。逻辑主线能够帮助读者掌握发明的核心发明点，排除干扰、紧扣核心地理解方案，从而以核心发明点为依据来确定专利的保护范围，以及利用核心发明点来寻找答复审查意见的突破口。

工作态度则是能否成为优秀代理师❶的核心要素。严谨、认真的工作态度，以及对案件的高标准要求，是推动代理师不断进步的内因，相比于代理机构或者申请人对于代理师案件的质检、审核等外因推动，这种内因推动力更强。在本书中，虽然不会单独辟出章节来讲解工作态度，但这一内容却是贯穿始终的。你会在案例讲解时针对形式错误的分析中发现它，也会在针对权利要求、说明书撰写的不断批判、修改中发现它。我力图通过这样的过程，告诉大家专利代理师一定不能犯什么样的错误，以及作为一名代理师，应该对案件有什么样的追求，从而帮助大家形成相对正确的工作态度。从我的实践经验来看，正确的工作态度是一名专利代理师能否成长，进而成为优秀专利代理师的决定性因素。

---

❶ 本书中所指代理师均为专利代理师，避免啰唆，不再赘述。——编辑注

在讲解具体内容之前，提一些希望吧。

我希望阅读本书的读者，能够以批判的眼光看待本书的内容，而不只是全盘接受。原因在于，只有保持一种批判的态度，才能促使读者对相应内容进行分析、研究，这样才能够对相应内容有更为准确、深入的理解，真正掌握本书所讲解的内容。相反，如果只是以死记硬背的方式被动地接受本书所讲解的内容，则好比吃饭的时候不加咀嚼直接吞咽，再好的食物也没有办法品尝其中的滋味，更谈不上获得其中的营养了。实际上，我在实务培训中，尤其鼓励参加培训的学员质疑我的观点，甚至我会故意讲错一些内容，让学员加以分辨。我希望通过这种方式，调动参加培训的学员进行思考，将口头讲授的知识通过思考真正被他们消化、吸收，进而转变为自身的技能。由于书籍的严肃性，可能无法在本书中采用类似故意犯错的方式来调动读者的积极性，但毫无疑问，本书实际上仍会存在争议之处乃至错误，由此，我还是希望读者能够以审慎、批判的态度来看待本书中的各个内容，并进行仔细的研究、分析，同时欢迎读者就相应的问题向我提出疑问甚至质疑，这不论对读者来说还是对我来说都是十分有益的。

本书从实战角度分析如何撰写专利申请文件，具体而言，结合案例，分别对权利要求和说明书的撰写进行介绍。

对权利要求的撰写，首先结合一个简单的案例，讲解权利要求撰写的基础知识，尤其强化对逻辑主线的理解。之后，利用所讲解的基础知识，对相应案例进行评价，通过分析案例中的问题，将基础知识中的相应内容落实到实际的案例中。

对说明书的撰写，首先介绍说明书撰写的整体原则；之后，针对专利法的相关规定，就说明书应达到的"清楚""完整""支持"分别结合案例进行说明；最后，针对说明书中的各个部分，结合案例逐一讲解相应的撰写要求。

那么就让我开始具体的讲解吧。讲解之前，我再强调一下，本书重在讲解逻辑主线和工作态度。那"实践"在哪啊？哈哈，全书基本上都是在讲实践，你看了就知道了。

目 录

第 1 章 应用逻辑主线撰写"椅子"的权利要求 / 1

1.1 逻辑主线介绍 / 1
1.2 "椅子"的技术方案介绍 / 4
1.3 "零"基础的读者需要掌握的内容 / 5
    1.3.1 专利申请文件的构成 / 5
    1.3.2 权利要求中的第一个字"1" / 6
    1.3.3 权利要求中的主题 / 8
    1.3.4 权利要求中的特征类型 / 8
1.4 对练习撰写的权利要求的分析 / 9
    1.4.1 版本一中为何只体现一个改进点？/ 9
    1.4.2 利用逻辑主线确定专利保护范围 / 12
    1.4.3 "椅子"的逻辑主线分析 / 14
    1.4.4 单一性问题的分析 / 15
    1.4.5 以解决书写问题为逻辑主线，对独立权利要求进行分析 / 18
    1.4.6 其他问题 / 21
    1.4.7 利用基本概念确定必要技术特征 / 25
    1.4.8 "椅子"的从属权利要求 / 30
    1.4.9 "椅子"独立权利要求的查漏补缺分析 / 59

第 2 章 结合案例对权利要求的分析 / 63

2.1 方案介绍 / 63
2.2 版本一的独立权利要求分析 / 66

2.2.1 上位"过狠" / 66
  2.2.2 不同特征间的逻辑联系 / 70
  2.2.3 "结果"式的限定 / 74
  2.2.4 基本概念问题 / 75
  2.2.5 工作态度 / 77
 2.3 版本二的独立权利要求分析 / 79
  2.3.1 "消息"和"信息"的故事 / 79
  2.3.2 单侧写的问题 / 83
 2.4 版本三的独立权利要求分析 / 86
  2.4.1 方法权利要求中的时序问题 / 87
  2.4.2 长句还是短句的问题 / 89
  2.4.3 "根据"表述的使用方式 / 90
 2.5 较好的独立权利要求 / 93
 2.6 上述案例从属权利要求撰写分析 / 94
  2.6.1 有关"细化"类型从属权利要求的分析 / 95
  2.6.2 有关"增加"的权利要求 / 102
  2.6.3 一从权一特征 / 104
  2.6.4 较好的一套从属权利要求 / 106

第3章 权利要求撰写中的重要问题 / 108

 3.1 独立权利要求应重点关注的四个问题 / 108
  3.1.1 逻辑主线问题 / 108
  3.1.2 结合逻辑主线对于技术方案的"增肌" / 116
  3.1.3 利用特征间的逻辑联系来确定必要技术特征 / 120
  3.1.4 有关利用基本概念来考虑独立权利要求的保护范围 / 121
  3.1.5 小结 / 123
 3.2 从属权利要求应重点关注的两个问题 / 124
  3.2.1 从属权利要求的"方向性" / 124
  3.2.2 回引的可行性 / 127

第4章 说明书的撰写 / 136

4.1 说明书撰写的基本原则 / 136
4.1.1 不能拷贝 / 136
4.1.2 二次加工 / 138

4.2 具体法律要求 / 144
4.2.1 有关"清楚" / 144
4.2.2 有关"完整" / 146
4.2.3 有关"支持" / 151

4.3 说明书各部分撰写实务分析 / 153
4.3.1 发明名称 / 153
4.3.2 技术领域 / 154
4.3.3 背景技术 / 154
4.3.4 发明内容 / 163
4.3.5 附图说明 / 167
4.3.6 具体实施方式部分撰写的总体要求 / 167
4.3.7 具体实施方式的撰写要满足"四化"要求 / 170
4.3.8 具体实施方式部分的整体架构 / 175
4.3.9 "总—分"方式实施例的撰写 / 176
4.3.10 相应的装置实施例 / 186

第5章 方法权利要求单侧写问题的讨论 / 204

5.1 方法专利的侵权主体问题 / 204
5.1.1 方法专利中的单侧写 / 204
5.1.2 方法专利中的动作主体与侵权主体的关系 / 205
5.1.3 侵权主体与动作主体间控制关系的实现形态 / 207
5.1.4 侵权主体与动作主体之间的控制关系在专利直接侵权判定中的司法实践 / 209
5.1.5 明确侵权主体与动作主体间的控制关系在专利共同侵权判定中的作用 / 213

5.1.6 小结 / 214
5.2 多主体实施方法专利侵权探讨——兼议 Akamai 案及西电捷通案 / 215
5.2.1 多执行主体方法专利的概念 / 215
5.2.2 结合 Akamai 案的分析 / 216
5.2.3 对比 Akamai 案，对西电捷通案的分析 / 221
5.2.4 小结 / 226
5.3 多主体实施方法专利侵权判定的情和理 / 226
5.3.1 多主体实施方法专利侵权判定的"情" / 227
5.3.2 多主体实施方法专利侵权判定的"理" / 228

练 习 / 237

后 记 / 244

致 谢 / 245

第 1 章

应用逻辑主线撰写"椅子"的权利要求

1.1 逻辑主线介绍

什么是逻辑主线呢？线由点构成，构成逻辑主线的"点"包括现有技术、现有技术缺点、本发明的发明目的、本发明的技术方案以及本发明的有益效果。

逻辑主线的准确定义应该是将上述五个"点"连接起来所构成的逻辑上连贯的"线"，或者也可以称为连贯的发明思路。

从概括的角度来说，逻辑主线要从现有技术出发，通过分析推导得出现有技术缺点；之后，针对现有技术缺点提出本发明的发明目的；然后，利用本发明的技术方案，解决现有技术缺点、实现发明目的；最后，结合对本发明技术方案的分析、推导，得出本发明的有益效果。

更具体而言，在逻辑主线的连接中，要注意以下问题。

现有技术缺点应该是从现有技术出发、采用分析推导的方式得出的。也就是说，现有技术缺点不应该是"拍脑袋"想出来的，应该是现有技术中确实存在且能够从现有技术中分析推导得出的，这样才能够将现有技术和现有技术缺点这两个原本分离的点通过逻辑的方式连接起来。

而所谓的本发明的发明目的和现有技术缺点相对应，是指本发明的发明目的就是要解决现有技术中的缺点的，如果发明目的并不和现有技术缺点相对应，那么，之前提及现有技术缺点也就没有意义了，就会出现逻辑上的断层。

也可以这样理解，现有技术缺点和本发明的发明目的其实本质上是一致的，是针对同一个对象的不同表述而已。现有技术缺点是采用负面的方式来表述问题所在，而本发明的发明目的则是采用正面的方式来描述要实现的目标，两者本质是一致的，只不过表述方式不同而已。将现有技术缺点和发明目的相对应，可以将现有技术缺点和本发明的发明目的这两个分离的点连接起来。

毫无疑问，一个发明的主要内容是其技术方案部分，从逻辑主线的角度来讲，本发明的技术方案一定要能够解决现有技术缺点、实现发明目的，这样方能将现有技术缺点、发明目的以及本发明的技术方案在逻辑上贯穿起来。这里需要注意的是，所谓逻辑上连贯起来，并不是说介绍一下本发明的技术方案，然后声称能够解决之前提及的现有技术缺点就可以了。逻辑上连贯起来的要求重在从因果关系上分析本发明的技术方案到底是怎么解决现有技术缺点、实现发明目的的。要从本发明技术方案的相应技术特征出发，分析本发明的技术方案是采用何种手段、以何种方式来解决现有技术缺点、实现发明目的的。只有明确此种因果关系，才是真正将本发明的技术方案和现有技术缺点以及发明目的连接起来；相反，如果只注重技术方案本身的介绍，而缺少分析推理过程，则难以做到理解本发明技术方案的本质，无法明确发明的核心发明点。利用逻辑主线，我们要做到在理解、介绍技术方案的过程中，不但要知其然（知道技术方案本身），更要知其所以然（知道该方案是如何解决现有技术缺点、实现发明目的的）。这样才能做到在专利层面理解技术方案，才能把握该技术方案通过何种手段解决现有技术缺点这一核心要素，从而在专利申请文件撰写中围绕该要素来合理构造保护范围。从这个角度来说，在专利代理工作中，知其所以然比知其然更为重要。

逻辑主线的最后一部分是本发明的有益效果。同样，有益效果的得出也应该和逻辑主线中的其他部分相互联系，这种联系表现为：应该从本发明的技术方案出发，采用分析推导的方式，得出本发明的有益效果，由此实现本发明有益效果和本发明技术方案之间的逻辑连接。相反地，不能针对本发明的技术方案不作分析，就直接甚至武断地得出本发明具有这样或那样的有益效果，这种有益效果不但和之前的本发明技术方案相脱离，更会由于缺少分析过程，使该有益效果成为一个"拍脑袋"得出的结果，并不具有说服力和可信度。另外，有益效果和逻辑主线中其他部分的联系还体现在：有益效果应该和现有技术缺点以及发明目的相互对应，即本发明的有益效果就是本发明解决现有技术缺点所带来的好处，该有益效果就是实现了的"发明目的"。

在逻辑主线清晰的专利申请文件中，现有技术缺点、本发明的发明目的以及本发明的有益效果本质上应该是相同的，只不过表述方式不同而已。在表述上，现有技术缺点采用的是否定性的表述方式，其表达的是"不足"；本发明的发明目的采用的是肯定性的表述方式，其表达的是肯定性的"目标"；本发明的有益效果采用的同样是肯定的表述方式，只不过其表达的是肯定性的"结果"。尽管表述方式不同，但"不足"即是要实现的"目标"，而"结果"即是"目标"实现后的产物。

作为逻辑主线中的最后一个节点，有益效果能够起到整体总结本发明逻辑主线的作用。实现这种"总结"的前提在于，要以之前所述的那样，从本发明的技术方案出发，基于对本发明技术方案的分析推导得出本发明的有益效果。由于有益效果和发明目的、现有技术缺点相对应，因此，该分析推导过程实际上就是对本发明技术方案如何解决现有技术缺点、实现发明目的的分析过程，也就是厘清本发明逻辑主线的过程。一件优秀的专利申请文件应当使读者在阅读完申请文件中的现有技术、现有技术缺点以及本发明的有益效果之后，即可大体掌握本发明的逻辑主线，这也是衡量专利申请文件逻辑是否清晰的一个重要参考因素。

通过上述分析可见，逻辑主线所体现的是发明人发现问题、解决问题的过程，其本质在于抽取专利申请的核心发明思路。逻辑主线应该是对一件专利申请的高度概括，多数情况下，完全可以基于逻辑主线用一句话来概括一件专利申请的技术方案。这种概括能够做到将纷繁复杂的技术方案简单化，更为实际的作用则在于通过"概括"来掌握"核心"，从而围绕"核心"来构造专利申请的保护范围。

在讲解逻辑主线的过程中，我反复强调"分析、推导"。由此可见，逻辑主线也是一个针对专利申请的思考过程的体现。有无针对本发明技术方案的思考，正是能否产出一件优秀专利申请文件的根本决定因素。我强调逻辑主线，也是希望代理师能够通过厘清逻辑主线的过程，进行更多的思考，掌握本发明技术方案的核心，从而以核心为根本，并结合核心进行适度扩充，为客户争取一个尽可能宽的保护范围；相反，如果忽略逻辑主线，则有可能导致对本发明的理解停留在"拍脑袋"的层面,对于技术方案的理解模棱两可、含含糊糊,这样,不但无法撰写出优秀的专利申请文件,也不利于专利代理师业务能力的提升。

那么,逻辑主线对于撰写专利申请文件有何作用呢?我将以一个模拟案例来说明。

1.2 "椅子"的技术方案介绍

假设发明人提出一个有关椅子的技术方案,据发明人介绍,该椅子的创新点包括以下三点。

(1) 现有的椅子只能为使用者提供座位,然而,在较大的会议室中,往往不提供办公桌,人们在会议过程中常常需要进行文字记录,现有的椅子由于没有提供可供使用者书写的平台,导致使用者往往只能将书写本放在腿上进行记录,给使用者带来不便。为此,发明人提出,在椅子的右侧扶手处安装一个可以翻转打开的写字板。在椅子仅被作为座位使用时,该写字板处于收起状态;而当需要进行书写时,可以将该写字板翻转、打开,以便为使用者提供用于书写的平台。当然,在现有技术中,也存在椅子上具有写字板的情况,但是,其写字板是固定的,这样设置的写字板虽然可以方便使用者书写,但由于写字板占据座椅前部的空间,人们坐下以及离开时十分不便。另外,由于写字板不能被折叠收起,也会造成对座椅移动以及收纳的不方便。

(2) 现有的椅子靠背部分透气性差,导致人们在夏天久坐之后,会感到后背很热,影响使用者的使用体验。为此,发明人所提供的椅子,其后背部分具有一系列规则分布的小孔,通过多个小孔实现良好的通风效果,避免散热体验差的问题。

(3) 对于一个较大的会议室而言,其往往是多功能的。有时该会议室被用作开会,而有时该会议室则可能被用于上瑜伽课、节目彩排等。在用作后者的用途时,需要将会议室中的椅子聚集起来,以便腾出相应的空间。发明人发现,现有的椅子并不具备轮子这样的移动部件,这导致人们往往需要花费很大的气力来移动椅子。有的练瑜伽的女同事抱怨说,每次练瑜伽之前都要花很大的力气来移动椅子，虽然自己的瑜伽练得不怎么样，但是手臂肌肉却明显加强了。为此，发明人提出在四个椅腿的底部均增加轮子，以方便人们移动椅子。

从整体上来说，发明人所提供的椅子的主体框架是不锈钢材质，座椅的椅背采用有弹性的软塑料材质，扶手和椅座则采用硬塑料材质。

对于这样一个新型的椅子，发明人提出希望获得专利保护。假设发明人针对该椅子所提出的三个改进点均不属于现有技术，那么，我们该如何来保护这个椅子呢？

1.3 "零"基础的读者需要掌握的内容

我们假设读者是一个对专利申请毫无经验的人，我们从"零"开始，逐步讨论针对这个椅子的保护问题。如果你是已经具备一定专利基础知识的读者，那么，可以跳过此部分的内容，直接来看后续介绍的针对该椅子所撰写的三个版本的权利要求。

1.3.1 专利申请文件的构成

谈到对于一个技术方案的专利保护，首先要明确一件专利申请文件所包括的内容。一件专利申请文件，大体上包括说明书和权利要求书两部分内容。

从专利保护的角度来讲，专利申请文件中的权利要求书毫无疑问是最重要的。权利要求书中包括的权利要求用以界定专利申请人所要求保护的权利的范围，也是衡量专利申请质量最直接、最核心的指标。因此，我们在讨论专利申请文件的撰写时，会花费大量篇幅来讨论权利要求的撰写。

说明书的作用则在于充分公开本发明的技术方案。专利保护的基本原则是公开换保护。如果针对一个技术方案想获得对应的保护，前提是要将该技术方案在专利申请文件的说明书中予以公开，这也可以称为说明书对权利要求的支持。说明书包括技术领域、背景技术、发明内容、附图说明、具体实施方式、附图等部分，针对这些部分的撰写要求，后面我们会分别进行介绍。

由于权利要求对于专利保护最重要，针对上述模拟案例，下面主要讨论其权利要求的撰写。

1.3.2 权利要求中的第一个字"1"

由于我们之前假设读者是专利方面的"小白",讨论权利要求撰写时我们面临的第一个问题是权利要求书第一个字写什么。

答案很简单,第一个字应该写"1"。别小看这个"1",这里面包含权利要求的一些基本知识。

1. "1"意味着权利要求可能有多项

有"1"就意味着有可能有"2",这说明权利要求书中是可以包括多项权利要求的。如果权利要求只能有1项,显然也就没有编号的必要了。当然,某些情况下,也完全可以出现权利要求书中只有1项权利要求的情况,这并不违反法律的规定,只不过一般来说很少出现。那么,为什么权利要求书一般会包括多项权利要求呢?原因主要有以下几点。

第一,出于权利稳定的考虑。按照是否引用其他权利要求来划分,权利要求可分为独立权利要求和从属权利要求。从属权利要求是直接或间接引用独立权利要求,从而对独立权利要求保护的方案进行进一步限定后所形成的权利要求(后续我会详细讲解如何"进一步限定")。如果在权利要求书中仅仅包括一项权利要求,即独立权利要求,当该专利授权后被他人发起专利无效宣告时,一旦独立权利要求被无效宣告,则会导致整个专利权的失效,从而使专利被无效宣告的风险很大;相反,如果权利要求书中既包括独立权利要求又包括从属权利要求,则在该专利被他人发起无效宣告时,即使独立权利要求被无效宣告,从属权利要求仍然有可能无法被无效宣告,从而能够通过从属权利要求来提升整个专利的权利稳定性。

第二,一个技术方案可以通过不同的专利类型来体现。对于发明专利而言,按照技术类型来划分,可以分为方法专利和产品专利两大类,相对应的权利要求则分别为方法权利要求和产品权利要求。所谓方法专利,是指一系列有时序关系的动作的集合,通常以步骤的形式在权利要求中予以体现,从性质上来说,可以被称为属性为"动态"的权利要求。而产品专利,关注的是产品的组成以及组成间的连接关系,其在权利要求中体现为产品的形状、结构以及相互间的连接,从性质上来说,可以被称为属性为"静态"的权利要求。专利法要求权利要求要清楚,其中很重要的一点就是权利要求的保护类型要明确。因此，首先要明确是方法权利要求还是产品权利要求。在一个技术方案既可以以产品来体现又可以以方法来体现的情况下，显然不能将该技术方案仅以一个类型的权利要求来进行保护，而是应该分别撰写对应的方法权利要求和产品权利要求，由此自然也就有撰写多项权利要求的必要以及结果。

此外，权利要求项数的多少，某种程度上也是衡量专利质量的重要参考因素，或者说是体现专利代理师工作态度的重要指标。除非是故意而为之，一般来说，如果一件专利申请只有一项权利要求，这件专利申请很难实现对技术方案的全面保护，即使获得授权，该专利权的稳定性也不强。从某种程度上来说，这样的专利申请也体现出专利代理师业务水平不精、工作态度不认真，因为即使是简单的技术方案，也不可能出现一个从属权利要求也写不出来的情况。而且，在仅有的一个独立权利要求中体现发明创造的所有技术特征，这几乎百分之百地会造成该独立权利要求保护范围过小，从而影响专利申请人的权益。

2. "1"作为标识意味着权利要求可以划分为独立权利要求和从属权利要求

说到"1"的作用，我们不难发现，"1"实际上是一个标识，用以指代某一特定的权利要求。类似地，后续权利要求中的"2""3""4"等也是起到标识作用的编号，用以指代特定的权利要求。

"指代"意味着存在不同权利要求之间的引用，正是因为这种引用的需要，才需要将内容较多的权利要求的内容精简为"1""2""3"等这样的编号。基于这种权利要求之间的引用和被引用关系，权利要求中的类型又可以被划分为独立权利要求和从属权利要求。

从是否引用的角度来划分，独立权利要求是指没有引用其他权利要求的权利要求，其保护范围由其自身所包括的特征限定，并不需要基于其他权利要求来界定其保护范围。直观上来说，独立权利要求中并不会出现"根据权利要求××所述的"这样的字样。

从属权利要求则是指引用其他权利要求的权利要求，是针对其引用的权利要求进一步限定得到的权利要求。从属权利要求所引用的权利要求可以是独立权利要求，也可以是其他从属权利要求。由于存在引用关系，从属权利要求的保护范围不但要基于其自身进一步限定的内容，还要结合其所引用的权利要求中所包括的内容来共同限定。直观上来说，从属权利要求一般会以"根据权利要求××所述的"这样的字样来体现其属于从属权利要求。

当然，独立权利要求和从属权利要求还涉及更多知识，下面会在针对该案例的后续分析中进行讲解。

1.3.3 权利要求中的主题

在写完"1"之后，后面就开始实体部分的撰写了。

在"1"后面我们首先要写的是"一种"。通常而言，一项独立权利要求会以一种某某方法或一种某某产品来命名。这是一种业内约定俗成的写法，但也并不绝对。实际上，一些专利申请中也存在独立权利要求中直接写某某方法或某某产品而在最开始并不冠以"一种"字样的情况，这种写法并不违反任何权利要求撰写方面的规定，实际上也是可以的。

写完"一种"之后，就要写明发明所要保护的主题了。这里需要注意的是，权利要求应该做到主题明确，即明确该权利要求到底是方法权利要求还是产品权利要求，不应在权利要求的主题中采用例如"技术"这样类型含混不清的表述来作为所保护的主题。

1.3.4 权利要求中的特征类型

在写明主题之后，则要具体描述权利要求所包括的技术特征。如之前所述，在方法权利要求中重点描述动作以及动作之间的先后顺序（如果有的话），在产品权利要求中则重点对产品的组成以及组成间的连接关系进行描述。该案例所针对的是一个座椅，显然属于产品而非方法。因此，其权利要求也应描述该座椅的组成以及组成间的连接关系。

对于一个产品而言，其权利要求的通常描述形式是这样的：

一种某某产品，该产品包括：部件 A、部件 B、部件 C，其中：
部件 A 和部件 B 采用某种方式连接；
部件 B 和部件 C 采用某种方式连接。

在介绍权利要求的类型以及对应的描述方式后，想必读者也能够结合这些内容初步写出该案例对应的权利要求了。请读者自行撰写一份独立权利要求，这样能够结合后续的讲解，更有针对性地分析自身在权利要求撰写方面所存在的问题。

1.4 对练习撰写的权利要求的分析

下面不妨看几个练习过程中所撰写的权利要求。

【版本一】

1. 一种椅子，其特征在于，包括：椅腿、椅座、椅背、扶手以及轮子。

【版本二】

1. 一种办公座椅，其特征在于，包括：

可折叠的办公桌板；

底部有可以动的滑轮。

软性通风的座椅靠背。

【版本三】

1. 一种多功能椅子，其特征在于，包括：

滑轮、支架、底座、书写板、靠背、扶手；

所述滑轮安装于所述支架底部；

所述底座安装于所述支架的上部；

所述靠背与所述底座连接；

所述书写板与所述支架连接；

所述扶手与所述支架与所述靠背连接。

1.4.1 版本一中为何只体现一个改进点？

在版本一的权利要求中，限定了椅子包括椅腿、椅座、椅背、扶手以及轮子。这个权利要求中体现出本发明的第三个改进点，即椅腿上安装有轮子这个改进点，但问题是，为什么其他两个改进点也就是扶手安装有写字板以及椅背具有通孔的特征不在权利要求中进行限定呢？

让我们先看代理师的一种解释。这种解释并不涉及逻辑主线的问题，所涉及的是对于权利要求保护范围的理解。

1. 权利要求的保护范围以其所具有的限定而确定

代理师对于撰写版本一的解释可能是：虽然没有在这个权利要求中写另外两个发明点，但是，在其他从属权利要求中写了这些发明点，在说明书里面也写了另外两个改进点，完全可以利用这些内容来解释这个独立权利要求，那么，这个独立权利要求中也是包括其他发明点的。

对于这样的解释，需要注意的是，权利要求的保护范围以其限定的内容为准。如果权利要求中以文字表述的方式写明某一限定的技术特征，则该限定的技术特征自然存在于该权利要求中，在后续专利审查过程中，可以基于该权利要求中所具有的各个限定内容来说明该权利要求所保护的方案和现有技术方案的区别；相反，如果权利要求中并未以文字的形式来明确某一技术特征，通常不能说明该权利要求中具有该限定内容，后续答复审查意见过程中自然也不能以并不存在于权利要求中的内容来说明该权利要求与现有技术存在区别。简言之，在明确本发明和现有技术是否存在区别时，对于权利要求的技术方案是否具备某一区别，审查员所遵循的是"你不写、我不认"的原则。

那么，是否能够通过"解释"将没写的技术特征"解释"到权利要求中去呢？我有必要对何谓"解释"进行明确。

应当明确的是，"解释"和"限定"是两个完全不同的概念。

所谓解释，是对于某一对象进行说明。尽管常规来说，也存在通过具体实例对于某一个概念进行解释的情况，但是在专利权利要求的场景下，"解释"通常是指概念层面的说明，而非从"概括"到"具体"这样的举例。也就是说，专利中的解释对象和解释的结果之间是相等的关系，并无技术特征上的不同，由此，想通过其他从属权利要求的"解释"来将独立权利要求中并未写明的特征"解释"出来，这一思路本身就是错误的。

从属权利要求的"限定"是对所引用的权利要求保护范围的进一步限缩，这种保护范围上的"限缩"体现为可以针对所限定的权利要求中的某一个上位的技术特征予以下位的具体限定。例如，可以对某一被限定的权利要求中的上位技术特征 A 限定为技术特征 a1 + a2，这种从概括到具体的限定，实现了保护范围上的变化。具体而言，某一技术特征为金属，对这一上位概念的具体下位限定则可以为铁或者铜这样的具体下位概念。除了从概括到具体的限定方式之外，还可以采用增加技术特征的方式，实现对所限定权利要求保护范围的

"限缩"。例如，某一项权利要求中仅仅写明其包括椅背、椅腿、椅座这样的部件，那么，在另一项权利要求中，则可以针对该权利要求进一步增加轮子，从而在原权利要求保护范围的基础上进一步"限缩"得到一个新的保护范围（上述内容涉及权利要求保护范围的问题，初学者可能会存在一些阅读障碍，没关系，后面还会展开介绍）。

这里需要注意的是，即使我们采用限定的方式，通过另一项从属权利要求来限定独立权利要求中的特征，也不能使独立权利要求也具备从属权利要求所进一步限定的特征，原因在于每一项权利要求所保护的都是一个独立的技术方案。在一个权利要求书中，不论是独立权利要求还是从属权利要求，各项权利要求所保护的都是一个独立的技术方案。尽管从属权利要求会引用独立权利要求，但并不会因为从属权利要求引用独立权利要求而改变独立权利要求本身的保护范围。从属权利要求是形成了一个区别于独立权利要求的新的保护范围，而独立权利要求的保护范围并没有基于其被引用而发生改变。例如，独立权利要求1保护的是一种交通工具，从属权利要求2引用权利要求1，将交通工具具体限定为汽车，那么，这时权利要求1的保护范围仍然是交通工具这一上位概念，并不会由于权利要求2的引用使权利要求1的保护范围从之前的交通工具变为汽车，而权利要求2则是形成了一个新的、较小的保护范围，即以汽车所限定的保护范围。对于这个权利要求书而言，其至少具备两个保护范围，一个是"交通工具"，另一个是"汽车"。由此可见，当我们在独立权利要求中未写明某一技术特征时，即使在从属权利要求中通过进一步限定的方式写明该技术特征，也无法解决独立权利要求中缺少该技术特征的问题。

对于"解释"，还需要特别指出的是，对于一项权利要求，是可以用说明书来进行解释的。但是，这存在一个前提——当权利要求本身不清楚的情况下，可以采用说明书来解释权利要求。但问题是，我们在撰写权利要求的过程中，为什么要写出一个本身就不清楚的权利要求呢？可以这样说，采用说明书来解释权利要求是对权利要求保护范围不清楚的一个补救措施。所谓"补救"，针对的是"失误"，是一种不得已才采用的方式。我们不能将"补救"措施作为常规手段来使用，而是应该在撰写权利要求的过程中，尽可能保证权利要求是清楚的，防患于未然而非亡羊补牢。

让我们回到逻辑主线的分析，分析代理师针对版本一的第二种解释。

2. 能凭感觉确定吗？

对于版本一中未写明其他两个发明点的情况，代理师还可能解释说：

"我感觉椅腿上有轮子就是这个发明的核心改进点，其他改进点并不重要。"但问题是，作为专利代理师，不能仅凭感觉就将某一个改进点作为核心发明点，而将其他改进点作为次要发明点，这种主次关系的确定关系到权利要求的保护范围，需要和发明人沟通后才能予以确定。而该案中，发明人所提供的材料并未提及哪个改进点是主要的、哪个改进点是次要的，在此情况下，主观地断定某一个改进点是核心发明点，既不严谨又不可靠。

1.4.2　利用逻辑主线确定专利保护范围

让我们回到逻辑主线，来讲解如何利用逻辑主线来确定这个方案的专利保护范围。

1. 什么是专利的保护范围

一般来说，权利要求的保护范围是由其记载的各个技术特征限定得到的。也就是说，权利要求中所记载的每个内容都是对权利要求保护范围的一个"限定"。权利要求中的"限定"越多，保护范围就越小。

为什么是这样的呢？这可以从专利侵权判定的判定方式说起。

专利侵权判定所遵循的一个根本原则是全面覆盖原则。全面覆盖原则要求只有在侵权方实施权利要求中的所有技术特征时，其所实施的方案才落入专利的保护范围，其行为才构成侵权；反之，如果其只是实施权利要求中的某些技术特征，而未实施该权利要求中的所有技术特征，那么通常来说其行为并不构成针对该权利要求的侵权。

举例来说，如果一个椅子的独立权利要求中明确该椅子包括写字板、轮子以及带有孔的靠背，那么只有侵权方所制造的椅子也同样具备上述三个特点，侵权方才构成专利侵权；如果某人仅仅做了具有写字板的椅子，而该椅子并不具有轮子，则这样的椅子并不落入上述椅子的权利要求的保护范围中，制造该椅子的行为并不构成专利侵权。

也就是说，如无特殊记载，独立权利要求中各个技术特征之间的关系是一个"且"的关系，各个技术特征均对独立权利要求的保护范围起限定作用。当然，在一项权利要求中，这种"限定"越多，导致的结果就是该权利要求的保护范围越小。由此，出于获得尽可能大的保护范围的目的，代理师所要做的事情自然就是要减少"限定"。然而，毫无限制地减少"限定"显然又是不现实的。我们不能要求保护一个椅子，这个椅子仅具有椅背、椅腿、椅座这样的常规部件。这样的椅子虽然保护范围大，但显然已经和现有的椅子没有区别，无法获得专利权。或者可以这样说，缺少能够体现本发明特殊之处的"限定"，这样的权利要求的保护范围已经涵盖了现有技术，而从权利归属的角度讲，现有技术属于公众可以自由使用的技术，其权利归属于公众，对于这样的现有技术授予专利权，从而将公众的权利划分给私人，显然是不公平也是不可能的。

由此，对于权利要求中"限定"的多少，就存在一个"度"的问题。这个"度"在独立权利要求中的体现就是其应仅包括必要技术特征，而不应包括非必要技术特征。将非必要技术特征排除于独立权利要求之外，能够确保独立权利要求是一个能够体现发明改进点且保护范围尽可能大的权利要求；而如果在独立权利要求中包括非必要技术特征，则会使独立权利要求中存在不必要的限定，从而不必要地"限缩"独立权利要求的保护范围，无法实现专利申请人的权利最大化。

逻辑主线正是把握这个"度"的有力手段，甚至是唯一的手段。

2. 如何利用逻辑主线确定必要技术特征

由之前对于逻辑主线的介绍可以发现，逻辑主线中的现有技术缺点是联系现有技术和本发明的枢纽。正是对应于现有技术缺点，才提出本发明的发明目的，相应地，本发明的技术方案也是针对该现有技术缺点而提出的一种解决方案。可以这样说，在逻辑主线中，从单个要素的角度来说，现有技术缺点最为重要，因为"现有技术缺点"是整个逻辑主线的源头和基础，决定逻辑主线后续的走向。而独立权利要求中的必要技术特征正是基于这一"走向"确定的。

所谓必要技术特征，是指那些对于解决的技术问题而言必不可少的技术特征，这种"必不可少"体现出必要技术特征应该是和技术问题之间存在必然逻辑联系的技术特征。这种必然逻辑联系类似于一种逻辑上的因果关系，即正是因为采用某一技术特征，技术问题才得以解决，或者说，某一技术问题的解决只有依赖于采用某一技术特征才能实现。更通俗地说，如果某一技术特征是为了解决技术问题而特定提出的,那么该技术特征和技术问题之间具有所谓的必然逻辑联系;而如果某一技术特征并不是为解决某一技术问题所提出的相对应的技术手段,那么该技术特征和技术问题之间并不存在所谓的必然逻辑联系。"必然的逻辑联系"是从技术问题出发通往必要技术特征的必经之路,能否正确到达必要技术特征的彼岸,技术问题则尤为重要。现有技术缺点不同,导致后续所得到的逻辑主线完全不同,相应地,所确定的必要技术特征也就完全不同。由此,在采用逻辑主线来确定独立权利要求的必要技术特征时,首要的工作就是准确地确定逻辑主线中的现有技术缺点。

对于逻辑主线中的现有技术缺点,一个最基本的要求是,该现有技术缺点应该"唯一"。现有技术缺点越多,对应解决该缺点所需要的必要手段越多,从而导致独立权利要求中的必要技术特征越多,独立权利要求的保护范围也就越小。由此,我们应该将本发明所要解决的技术问题的数量限制为一个,这样,只需针对这一个问题来确定必要技术特征,从整体上减少独立权利要求中所包括的特征数量,从而达到减少"限定"、扩大保护范围的目的。也可以这样理解,对于一个发明创造而言,其改进动机可能有多个,但必然存在一个主要的改进动机,和该主要改进动机对应的则是该发明创造的核心发明点。我们所需要做的是从发明创造的众多技术手段中寻找其核心发明点,而在多个现有技术缺点中确定唯一的一个现有技术缺点,则是寻找核心发明点的前提条件。

在明确逻辑主线的起点,也掌握逻辑主线中现有技术缺点和必要技术特征之间所具有的必然逻辑关系之后,就可以初步确定独立权利要求的必要技术特征。

1.4.3 "椅子"的逻辑主线分析

下面仍然以上述"椅子"的案例来说明。

针对上述案例中的"椅子",首先要确定的是逻辑主线中的现有技术缺点。按照之前所指出的那样,该现有技术缺点应该仅为一个。在该案例中,对应于相应的改进点,作为现有技术的椅子有三个缺点:第一是椅子不能提供书写空间;第二是椅背部分的散热效果差;第三是椅子移动不灵活。针对这三个缺点,我们当然不能一股脑儿地将这三个缺点全都定为逻辑主线中的现有技术缺点,而是首先应当和发明人确认,哪个缺点是本发明最主要解决的现有技术缺点，或者说，哪个缺点是提出本发明技术方案的最主要动机。我们假设发明人确认"不能提供书写空间"是本发明最主要要解决的技术问题，而另两个现有技术缺点则是本发明考虑进一步优化的需要额外解决的技术问题。此时，代理师可以以"不能提供书写空间"作为逻辑主线的起点，利用逻辑主线来确定必要技术特征。

显然，对于解决"不能提供书写空间"这一问题而言，椅背上具有用于散热的通孔并不是解决该问题的技术手段，不应被定为必要技术特征。类似地，用以解决移动性问题的轮子也并非是必要技术特征。而在椅子的扶手上安装有可以书写的写字板，则是针对书写空间问题所对应提出的解决手段，属于解决该技术问题的必要技术特征。在确定本发明逻辑主线中唯一的一个缺点后，围绕该缺点所确定的独立权利要求中仅具有上述三个改进点中的一个，该权利要求相比于具有三个改进点的独立权利要求而言，"限定"的数量少，从而使该独立权利要求的保护范围更大。

1.4.4 单一性问题的分析

基于以上分析，如果以解决书写空间问题来确定一套逻辑主线，在独立权利要求中应仅包括写字板这一个改进点，那么另两个改进点是不是就不保护了呢？

当然不是。另外两个改进点完全可以在从属权利要求中通过对独立权利的进一步限定进行保护。只不过，这两个改进点都是以独立权利要求的保护范围为基础来实现保护的。

由此自然引申出一个问题，如果发明人也想单独保护"椅背具有通孔""椅腿上具有轮子"这两个创新点，那么应该如何处理呢？这个问题在前文所述假设不成立的情况下同样会出现。

前文所述假设是这样的：发明人告知在三个改进点中，写字板的改进最为重要，或者说，本发明主要是基于书写空间问题所提出的改进，由此我们确定，独立权利要求中仅应包括书写板这一个改进点。但也可能出现这样的情况，发明人告知这三个改进点都是很重要的改进点，这三者之间是同等重要的关系，并没有主次差别。如果是这样的话，那么应该如何保护这个椅子呢？

显然，如果是上述第二种假设，那么再以从属权利要求来保护椅背上具有通孔这一改进点就不合适了。原因在于，从属权利要求只能在独立权利要求的基础上来实现针对进一步限定内容的保护，并不能够单独针对其所限定的内容来进行保护。如果发明人认为三个改进点都很重要，那么这三个改进点就应该分别对应三条不同的逻辑主线，分别在三个不同的独立权利要求中进行保护。

第一条逻辑主线即前文分析过的逻辑主线，在三个改进点中，仅写字板这一改进点被限定在独立权利要求中。

第二条逻辑主线的现有技术缺点为靠背散热性差，椅背具有散热孔是解决该技术问题的必要技术特征，而写字板以及轮子并非是解决该技术问题的必要技术特征。由此，在该条逻辑主线所对应的独立权利要求中，三个改进点中仅有椅背具有通孔这一改进点被限定到独立权利要求中。

第三条逻辑主线中，移动性差是现有技术缺点，对应解决该缺点的必要技术特征为椅腿下部具有轮子这一改进点，而另外两个改进点则并非是解决该技术问题的必要手段。因此，在该条逻辑主线所对应的独立权利要求中，仅有轮子这一改进点作为限定被包括在独立权利要求中，而另两个改进点并不包括在独立权利要求中。

不难发现，通过这样的三条逻辑主线对应的三项独立权利要求，能够做到最大化地保护发明人的技术方案。在这三项独立权利要求的情况下，不论是他人做单独具备写字板的椅子，还是制造椅背具有通孔的椅子，抑或是生产具有轮子的椅子，都会落入相应的独立权利要求的保护范围之中，从而实现保护范围覆盖的最大化。既然采用多项独立权利要求的方式能够实现保护范围的最大化，为何还要采用独立权利要求加从属权利要求这一布局方式呢？

这里涉及单一性问题。

我之前讲的三项独立权利要求，其实对应的是三个发明创造，这三个不同的发明创造能够在一个专利申请里申请当然好，能节省专利申请人的费用并实现其利益的最大化，但有一个前提，那就是不同的发明创造之间应该满足单一性的要求。我将通俗地阐述单一性的要求。

所谓单一性，就是要求一件专利申请中，不同独立权利要求所对应的发明创造之间应该相互关联，不可能一个发明创造涉及汽车发动机改进，而另一个发明创造涉及药品创新，却将这两个发明创造在一件专利申请里申请。如果允许将相互之间毫无关联的发明创造放到一件专利申请中申请，那么理论上来说，专利申请人不论有多少发明创造只要申请一件专利就可以了，而官方针对包括这些毫无关联的发明创造的专利申请却只能收取一份专利审查费用，这显然是不合理的。

在我国《专利法》中规定，多个发明创造之间是否具有关联关系，采用单一性要求来确定。从法律层面来说，所谓单一性的要求，就是要求不同独立权利要求之间具有相同或相应的特定技术特征；而所谓特定技术特征，就是指发明创造相对于现有技术的区别技术特征。

实践中，分析单一性时需要做的就是判断不同独立权利要求的技术方案是否都具有相对于现有技术而言相同或相应的改进点。如果有，那么就满足单一性的要求，可以在一件专利申请中申请；否则，就只能分案申请。所谓相同的改进点很好理解，而所谓相应的改进点则一般是指一种相互间具有成对关系的改进点。例如，插头的改进和相应的插座改进，通信中消息发送层面的改进和对应的接收或处理层面的改进，这种对应的改进点虽然并不完全相同，但彼此相互对应，其分别出现在各自的独立权利要求中，也会使各项独立权利要求之间满足单一性的要求。

利用单一性的要求分析上述案例中的三项独立权利要求我们会发现，这三项独立权利要求是不满足单一性要求的，不能在一件专利申请中申请。具体而言，第一条逻辑主线的独立权利要求中，相对于现有技术的区别技术特征即特定技术特征为书写板，而第二条逻辑主线的独立权利要求的特定技术特征为椅背具有通孔，第三条逻辑主线的独立权利要求的特定技术特征为轮子，这三项独立权利要求之间并不具有相同或相应的特定技术特征，由此不能在一件专利申请中申请，只能以三件专利申请来申请。由此引发费用的问题。专利申请人提交三件专利申请要付出一件专利申请的三倍费用，这其中包括应缴纳的官费，还包括应该付给专利代理机构的代理费。在专利申请人经费有限的情况下，这种费用的成倍增加不一定是专利申请人所能接受的。

抛开费用的问题不谈，仅谈申请的必要性，采用多件专利申请来进行保护似乎也不是一个好的选择。

在发明人进行发明创造时，其结合所了解的现有技术情况，肯定是有侧重地进行某一方面的主要创新，而结合该主要创新，可能还会有进一步优选的方案，即其他创新点。在没有进行全面检索的情况下（事实上也不可能进行穷尽的现有技术检索），很有可能仅仅是发明人所作出的主要创新是具有创新高度的，该创新点所对应的独立权利要求从权利稳定性来说是相对可靠的。而对于其他创新点而言，由于其并非是发明人作出的主要创新，仅仅是结合发明点考虑优选实施的情况下进行的次要改进，这种次要改进的创新性就不如主要创新点那么具有稳定性。此时，如果仍然将这样的稳定性不强的技术方案作为单独一件专利申请来申请，则有相当大的可能性无法最终获得专利权。

当然，也并不排除发明人进行技术创新时针对现有技术围绕不同方向提出多个改进点，并最终形成一个包括多个改进点的整体技术方案。此时，针对这样的技术方案的确应该进行拆分，围绕不同改进点分别形成各自的技术方案并分别进行专利申请，从而针对发明人围绕不同方向所做的创新提供多件不同专利的保护。但是，常规来说，这种对于技术方案的拆分，一般应在技术交底书形成之前就进行。专利申请人最好在提供技术交底书时，就能有目的地分析技术方案中是否包括多个发明点，进而进行技术方案的拆分，形成不同的技术交底书。这一对技术方案拆分的过程是专利挖掘的一个环节，在专利申请人具备一定专利知识的情况下，是可以完成的。但是，也存在一些专利申请经验稍差的申请人，其会在技术交底书中包括多个不同的改进点。此时，就需要代理师做好前期的沟通，明确交底书中的不同发明点以及相互间的关系，在适合分案的时候进行分案申请，从而最大化地保护专利申请人的权益。

说完另两个改进点的处理问题，下面还是回到仅包括一个改进点的独立权利要求来进行分析。

1.4.5 以解决书写问题为逻辑主线，对独立权利要求进行分析

本小节假设以解决书写问题为逻辑主线，继续对独立权利要求的撰写进行分析。

1. "右侧"是必要技术特征吗？

我之前提到过，这项独立权利要求中仅包括写字板这一个改进点，但问题是，这个改进点到底应该如何写？在发明人所提供的技术交底书中，明确了写字板安装于椅子的右侧扶手上，且安装的方式不是和扶手固定连接，而是采用一种可以使写字板翻转打开的活动连接。那么，上述技术交底书中所介绍的连接位置、连接关系是否也应该在独立权利要求中加以体现呢？这个时候，逻辑

主线又能派上用场了。

对于写字板安装在右侧扶手上这一技术特征，其具有一处特殊的限定，即将写字板的安装位置限定为右侧扶手。结合之前的分析知道，只有当一个限定属于解决技术问题必不可少的技术特征时，该限定才属于必要技术特征，而是否属于必要技术特征，一个重要的衡量标准即为本发明所要解决的技术问题，也就是逻辑主线中的现有技术缺点。将写字板安装于哪一侧扶手上，并不是针对解决书写问题所提出的解决手段，写字板的安装位置和解决书写问题之间并没有必然的逻辑联系。由此，即使发明人给出的材料中明确写字板安装于右侧扶手上，代理师在撰写独立权利要求时，也应该利用逻辑主线确定"右侧"的限定并非是一个必要技术特征，不应该在独立权利要求中体现。那么，不限定安装于"右侧"，独立权利要求应该如何撰写呢？下面有两种可能的写法。

第一种写法：在所述椅子的左侧扶手或右侧扶手安装有写字板；

第二种写法：在所述椅子的扶手处安装有写字板。

相较而言，我更推荐第二种写法。第一种写法中，包括写字板安装于"左侧"或"右侧"的两种情况，因此，并没有将安装位置单独限定为某一处，由此不会出现位置限定所导致的保护范围不必要受限的问题。第二种写法则更为直接，其没有对安装于哪一侧扶手进行描述，由此同样没有对安装位置进行特别限定。这样看来，似乎第一种写法和第二种写法在保护范围上的结果是一样的，那么，为何还推荐第二种写法呢？

原因在于权利要求还有简洁这一要求。第一种写法直观上来说，描述的内容更多，在保护范围相同的情况下，当然采用第二种写法更为简洁。从这个角度来说，第二种写法是更优的写法。第一种写法中额外描述的内容，则有可能使阅读者的关注点分散，无法集中关注本发明的发明点。在第一种写法中，由于其描述写字板安装于扶手的哪一侧，阅读该权利要求的读者可能会误认为安装在哪一侧也是本发明的发明点之一。或者，就算阅读者没有上述误认，在权利要求中既包括发明点也包括现有技术限定的情况下，现有技术的限定过多，也会导致发明点被淹没于众多现有技术中，从而使发明点不突出，造成阅读者不能很快掌握权利要求中本想体现的发明点。这会导致阅读者不能一目了然地发现该权利要求的核心所在，从而增加对权利要求理解的难度。

2. "翻转打开"是必要技术特征吗？

解决了写字板安装于哪一侧扶手的问题，再来看是否有必要在独立权利要求中限定写字板打开方式的问题。

在该案例中，发明人所发明的椅子的写字板是可以以翻转的方式来打开的，这一写字板翻转打开的设置方式是否应当作为必要技术特征在独立权利要求中进行限定呢？

如果将现有技术的缺点定为现有的椅子不能提供书写功能，那么写字板的打开方式和能否提供书写功能之间并无必然的逻辑联系，在这样的情况下，不应将发明人所提供的材料中提及的写字板活动连接于扶手上作为必要技术特征体现于独立权利要求中。

在该案中，发明人提供的写字板活动连接于扶手上，是针对现有技术存在的缺陷所提出的特定方案。在现有技术中，是存在扶手上固定连接写字板的椅子的，只不过这样的椅子由于写字板固定位于椅座的上方，造成使用者坐下和起立不便，为此发明人提出将写字板活动连接于扶手上的方案，从而使使用者在需要坐下和起立时，可以通过活动连接将写字板收到扶手的侧部，方便使用者坐下和起立。如果是这样的情况，则有必要将写字板和扶手之间的活动连接关系作为必要技术特征体现在独立权利要求中。相反，如果在独立权利要求中并不限定该活动连接关系，则一方面会缺少解决技术问题的必要技术特征，另一方面，该独立权利要求的保护范围也会涵盖现有技术，显然是无法获得授权的。由此，对一个技术方案，代理师应该清晰、准确地确定逻辑主线。例如，上述案例中，代理师不应该笼统地将逻辑主线中的现有技术缺点确定为不能提供书写功能，而是应该结合现有技术的情况，将该逻辑主线的现有技术缺点确定为：现有技术无法在方便使用者坐下和起立的情况下，为使用者提供书写功能，而非笼统地无法提供书写功能。从以上分析可见，在确定逻辑主线的过程中，对于现有技术有较为全面的了解是十分必要的。这种对于现有技术的了解，需要代理师和发明人进行有效的沟通，也需要代理师进行适度的现有技术检索来达成该目标。例如，上述案例中，即使发明人并不知道现有技术中已经存在固定连接写字板的椅子，当代理师通过检索发现现有技术中已经存在这样的椅子时，则应该如上文介绍的那样，在独立权利要求中限定写字板和扶手之间是活动连接。当然，查新检索是无法穷尽的工作，不可能通过查新检索就能够将所有和本发明相关的现有技术都检索出来，代理师所能做的是针对本发明的发明点做尽可能充分的检索，从而尽可能发现有可能影响本申请新颖性、创造性的现有技术文献，并在撰写专利申请文件时提前做好应对。

由此，代理师结合技术交底书中的内容所确定的逻辑主线，仍然有可能在和发明人就技术方案进行沟通后，或者在进行相应的现有技术检索后，进行相应的调整。这样调整后的逻辑主线才是一个准确的逻辑主线。由此可见，和发明人进行充分沟通，对于撰写专利申请文件来说是至关重要的。这里总结一个不太严谨的结论：那些和发明人没有进行过电话或者邮件沟通撰写出的专利申请文件，肯定不是一个好的专利申请。

3. 需要限定"写字"吗？

对于逻辑主线，除了可以依据和发明人沟通以及现有技术的检索结果进行调整之外，还可以结合对技术交底书中的适度扩充来进行相应的调整。例如，在该案中，写字板这一限定内容明确"板"的功能是"写字"。但不难发现，将"板"的功能仅仅限缩于"写字"，就不必要地限缩该专利申请的保护范围，不论是本领域技术人员还是普通使用者，完全可以将写字板的功能转变为放置阅读的书籍、报片或者在就餐时放置餐具。因此，在该专利申请的独立权利要求中，不应该将"板"限定为"写字板"，而是应该进行相应的上位概括，例如置物板，从而谋求一个尽可能大的保护范围。此时，该专利申请的逻辑主线也要进行相应的调整，现有技术缺点也就不应仅仅局限于无法提供书写功能，而是应该调整为和独立权利要求相对应的上位的缺点，例如可以表述为：现有技术的椅子无法在方便使用者坐下和起立的前提下，为使用者提供能够用来放置物品的功能。此时，"写字板"发生了地位上的变化，其作为"置物板"的下位，仅仅是该方案一个下位的实施方式而已。

1.4.6 其他问题

1. 要"走火入魔"吗？

进一步来说，对于"置物板"这一概念，还可以进行进一步的上位概括。原因在于，"置物板"这一描述中仍然存在"板"这一限定。对于"板"而言，很有可能将其理解为"平板"。如果这一理解成立，那么"板"的限定就构成不必要的限定，他人完全可以采用并非平面形态的部件来实现置物，而这样的实现方式有可能并不在"置物板"文字表达的保护范围内。由此，有必要将"置物板"这一描述进一步上位为"置物部件"，从而消除"板"有可能带来的不必要限定的风险。当然，这样的进一步的上位概括有"走火入魔"之嫌，在上位概括方面要把握好度，过度的上位概括一方面有可能使权利要求的表述过于晦涩，从而造成权利要求的不清楚；另一方面，也有可能导致上位概括的权利要求过多地超出发明人的技术方案。这种上位概括的度的把握，需要凭借专利代理师的业务经验来完成，当然，作为专利申请人，也应做好这种度的把握，不应无限度地要求专利代理师进行技术方案的扩充与上位概括。

2. 等同侵权

需要说明的是，我之前的很多分析所得出的结论都是在没有上位概括的情况下，他人的方案有可能并不构成对于权利要求的字面侵权，即不落入该权利要求字面表达的保护范围内，但这并不意味着他人的行为最终不会被判定为构成专利侵权，因为完全有可能构成等同侵权。

所谓等同侵权，是指他人尽管没有采用权利要求中限定的某个技术特征来实现方案，但是其采用和该技术特征基本相同的手段，实现基本相同的功能，并达到基本相同的效果，此时，可以认定他人实施了权利要求中所限定特征的等同特征。在他人的行为同时满足全面覆盖原则的情况下，可判定其构成等同侵权。举例来说，针对上述案例，即使权利要求中限定的是"置物板"，他人采用凹凸状的部件来实现置物功能，尽管该凹凸状部件并非是"板"，但是其和"板"的实现手段基本相同，且均实现置物的功能，达到解决座椅进一步提供置物空间的效果，因此，可以认定其属于"置物板"的等同特征。

在权利要求未进行上位概括的情况下，既然可以采用等同侵权来判定构成专利侵权，为什么还要进行上位概括呢？我们应该认识到，基于等同侵权判定专利侵权成立还是存在一定不确定性的。在等同侵权的判定中，对于等同特征的认定需要满足三个"基本"，即基本相同的手段、基本相同的功能以及基本相同的效果，如何确定满足何种条件方能构成"基本相同"，并无明确的规定。由此，"基本相同"成为一个在程度上无法准确度量的判定标准，再加上专利侵权判定需要由人基于主观判断来完成，就更增加了判定结果的不确定性，使等同侵权的判定并不能确保得到唯一的、稳定的结论。这会增加专利权人维护其合法权益的风险。相比较来说，如果能够通过上位概括的方式，将专利的各种实现可能以文字的方式囊括于权利要求中，则可降低上述侵权判定中的不确定性风险。从这个角度来说，在撰写权利要求时，尤其是撰写独立权利要求时，对技术方案进行上位概括当然是必要的。

基于上述的分析，可以得出针对该椅子的一个独立权利要求，具体如下：

1. 一种椅子，其特征在于，该椅子包括：椅腿、椅座、椅背和扶手，在所述扶手上安装有可以翻转打开的置物板。

针对这个独立权利要求，我还有一些问题需要分析。

3. 谨慎划界

我要提到一个"划界"的问题。在权利要求中，存在"其特征在于"这样的特定表述，该表述的作用在于将权利要求中的现有技术与发明点进行区分。"其特征在于"之前的内容，为本发明和现有技术相同的内容，也被称为"前序"，而在"其特征在于"之后的内容，则是本发明相对于现有技术的贡献所在，也被称为"特征部分"。进行这样划界的意义在于，方便审查员以及公众通过这样的划界来掌握本发明的贡献所在。但对于代理师撰写权利要求而言，进行这样的划界则要谨慎。

谨慎划界的原因在于，不排除会出现划界错误的情况，这种划界错误会误将本发明的发明点划分到前序部分中，从而在性质上将其错误地界定为现有技术。例如，有的时候发明人会告知专利代理师其技术方案中的某技术特征属于现有技术，但发明人对于"现有技术"的认知可能并不准确，其有可能将仅在其公司内部使用（并不构成专利法所要求的"公开"）的技术也当作现有技术，此时，如果专利代理师将该技术特征划分到前序部分，无形当中就会减少该权利要求中能体现的和现有技术的区别，这实际上是撰写导致权利要求创造性被错误地降低。当然，也不排除专利代理师自身对于技术方案理解不到位从而错误地将某些发明点认定为现有技术的情况，如果基于这种错误的理解来进行划界，也会造成上述同样的问题。由此，对于"划界"问题一定要慎重，只有能够非常明确地确定某一技术特征确实属于专利法意义上的现有技术时，才有必要将其划分到前序部分。如果对于该特征到底属于现有技术还是发明点并不能够完全确定，则务必不要将其划分到前序部分中去。

需要注意的是，很多专利的权利要求是没有进行划界的。一方面，划界与否并不是专利能否获得授权的实质性条件；另一方面，对于难以进行划界的技术方案，例如一些方法，也是允许不进行划界的。

4. 权利要求中不是仅能包括发明点

除了有关划界的问题外，针对这个权利要求的疑问还有可能在于，代理师为什么还要将椅腿、椅背这样的现有技术特征写到独立权利要求中呢？是不是在独立权利要求中仅写明本发明的发明点就可以呢？

答案是否定的。在权利要求所包括的技术特征中，当然包括本发明的发明点，但也可以包括现有技术的特征，这些特征共同构成对权利要求的限定，使权利要求所保护的技术方案成为完整的技术方案。在权利要求中描述现有技术的特征并非错误；相反，如果在权利要求中仅仅描述发明点，则该权利要求可能由于缺少一些现有技术的特征，并不能构成一个完整的技术方案。那么，现有技术的特征在独立权利要求中要描述到什么程度呢？例如，在上述所撰写的独立权利要求中，为什么不写椅腿和椅座之间的支撑框架，这样会不会导致其所保护的方案并非是一个完整方案呢？

对于现有技术特征的描述程度问题，要基于权利要求的主题所能披露的技术信息来考虑。如果阅读者能够基于权利要求的主题，自然而然就能确定该主题中所应包括的技术特征，则由于该"主题"的存在，在这样的技术特征属于现有技术时，可以不在权利要求中予以限定。例如，当权利要求的主题是照相机时，如果其改进仅仅在于快门，在快门的改进和镜头并无关联的情况下，在独立权利要求中可以不限定该照相机包括镜头，因为本领域技术人员甚至普通公众在看到"照相机"这一主题后，已经能够知晓该照相机包括"镜头"了，或者说，"照相机"这一主题已经使该权利要求中包括"镜头"这一内容，无须再重复进行限定。相应地，如果权利要求的主题并不能使阅读者基于该主题确定某一现有技术的特征包括在该主题中，则仍然应该在权利要求中对该现有技术的特征予以限定，从而确保权利要求所要保护的方案是完整的技术方案。

除了上述考虑之外，独立权利要求中是否描述某一现有技术的特征（前提是该特征确实属于必要技术特征），也要基于从属权利要求的引用需要来考虑。例如，在上述案例中，由于代理师后续会在从属权利要求中进一步限定椅腿上安装有轮子，为了在从属权利要求中方便地引出"轮子"这一特征，代理师有必要在独立权利要求中将该"轮子"所在的椅腿首先予以记载,以便于在后续的从属权利要求中能够以独立权利要求中已经存在的"椅腿"为引用基础,进一步限定在该"所述椅腿"上进一步安装有轮子;相反,如果在独立权利要求中并不描述"椅腿",则在后续的从属权利要求进行进一步限定时,则会造成引用基础的缺乏,不太容易引出进一步限定的特征。当然,对于上述案例来说,即使在独立权利要求中并不描述椅腿,在从属权利要求中也可以不采用"所述椅腿进一步包括轮子"这样的表述方式,而可以采用"所述椅子的椅腿上进一步包括轮子"这样的表述方式,由于"椅子"在之前的独立权利要求中是已经存在的,"所述椅子"仍然是在独立权利要求中找到引用基础的,但此种处理方式仅为特例,并不是所有案件都能够适用这种方式来解决引用基础的问题。

在独立权利要求中描述的现有技术特征的多少,还涉及直观感受的问题。在我所讨论的现有技术特征都是必要技术特征的情况下,如果在独立权利要求中描述过多的现有技术特征,则有可能将本发明的发明点淹没于众多的现有技术特征中,造成本发明的发明点不够突出,从而使该专利申请的阅读者,例如专利申请公司的审核人,难以在感官上基于权利要求的文字表述迅速掌握该案的发明点,给有针对性的审核制造困难。从表述方式上来说,这种过多的现有技术特征的描述也使独立权利要求的表达不够简洁;相反,如果在独立权利要求中描述很少的现有技术特征甚至不描述现有技术特征,则有可能造成该独立权利要求中文字限定的内容很少。由于限定越少则保护范围越大,当审查员看到这样仅具有很少限定内容的独立权利要求时,直观感受是该权利要求所要求的保护范围过大,不应对其进行授权。审查员的这一直观感受会影响该专利申请的新颖性、创造性等审查,而一旦审查员最初得出专利申请不应获得授权的结论,后续进行扭转则需要有充足的理由和证据。这无形中会增加专利申请获得授权的难度。

1.4.7 利用基本概念确定必要技术特征

下面接着分析撰写的独立权利要求:

1. 一种椅子,其特征在于,该椅子包括:椅腿、椅座、椅背和扶手,在所述扶手上安装有可以翻转打开的置物板。

前文中我分析了在确定独立权利要求中的必要技术特征时，应该依据逻辑主线中的现有技术缺点来进行。其实，必要技术特征的确定还有另外一个确定标准，这个标准就是该权利要求的主题，也被称为本发明的基本概念。

在确定相应的技术特征是否为必要技术特征时，要从基本概念的角度来考虑该技术特征是否为该基本概念所必须包括的技术特征。如果是，则该特征为必要技术特征；如果不是，则该技术特征则为非必要技术特征。

回到上述案例中，基于基本概念来审视所撰写的独立权利要求，貌似也没有什么问题。不论是椅背、椅腿还是椅座，都是椅子这一基本概念所必需包括的技术特征，貌似基本概念这一工具在该案例中发挥不了什么作用。实则不然。

在考虑基本概念时，除了要考虑技术特征和基本概念之间的关系，还要考虑基本概念本身是否设定得合适，当前所设定的基本概念本身是否对权利要求的保护范围进行了不必要的限制。

例如，在上述案例中，以椅子作为基本概念，无形当中使该权利要求的保护范围仅仅能够局限于椅子这一具体形态，是否也有其他实现形态能够同样实现本发明的发明思路呢？在讲解这一内容之前，我们先对何谓"凳子"达成共识："凳子"和椅子的区别仅仅在于其没有靠背。在这一共识下再去审视当前所撰写的权利要求，就自然能够发现问题。

由于该权利要求的基本概念是椅子，而凳子又和椅子不同，该权利要求自然不能在文字上将凳子的实现方案也保护进来；而凳子和椅子的区别又仅仅在于是否有靠背，凳子也完全可以具有扶手，并在其扶手上安装可以翻转打开的写字板，因此，他人完全可以以凳子作为实现形态来实现本发明的核心思路，而这样的实现方式并不落入代理师所撰写的权利要求的文字保护范围。由此，针对权利要求的基本概念，代理师应该考虑其是否进行了不必要的限缩，或者除了当前的基本概念，是否还有和其类似的基本概念能够同样实现本发明的发明思路。在该案中，由于之前分析的"凳子"的存在，代理师就不应当将权利要求的基本概念仅仅限缩于"椅子"。

那么，在凳子和椅子都能实现本发明发明思路的情况下，代理师应该怎么办呢？上位啊！

代理师要针对"椅子"和"凳子"这两个下位层面的基本概念，通过概括得到一个上位层面的基本概念。这就到考验撰写者文字表达能力的时候了。

比如，有人会概括出"乘坐装置"这一上位概念，但问题是，"乘坐"给人的感觉是应用于交通工具的，这有可能造成权利要求保护范围的限缩；也有人将椅子和凳子概括成为"坐的装置"，这样的上位概念虽然直接但文学性差。现在所知道的比较好的上位概念是"坐具"，这样的上位概念既包括椅子和凳子的共性——坐，文学性又较好，是当前已知的较好的上位概括。至于这样的上位概括是如何产生的，有可能只能靠语文的积累以及感觉吧。进行这样的上位概括后，不论他人是以椅子还是以凳子甚至以其他方式来实现本发明的发明思路，只要从主题上来说其所实现的方案是一个能够用来供人"坐"的装置，则都会落入本发明独立权利要求的文字保护范围之内。这样进行基本概念的上位概括后，权利要求中的"椅腿""椅座""椅背"都要进行适应性的修改。

首先，这些限定中包括"椅"的字样自然都要进行改变，如果仍然用"椅"来描述具体的限定，那么之前在基本概念层面的上位概括就没有意义了。其次，对于"椅背"来说，其就不再是必要技术特征了，因为当坐具是凳子时，完全可以没有椅背。从这个角度来说，坐具这一基本概念并不必然包括椅背这一特征，该特征不应作为必要技术特征限定于独立权利要求中。

既然已经在扩大保护范围上做了这么多，我们不妨朝着"走火入魔"的方向再进一步。可以想一想，"腿"是不是该坐具实现的唯一方式？简单来说，如果这一坐具并不具有那种细长的"腿"的支撑结构，而是采用类似于墩子的形态来实现对于坐具的支撑，是不是也可以呢？由此，代理师就不应该在独立权利要求中限定的是椅腿了，可以考虑将其上位概括为"支撑部件"。

经过上述分析，之前撰写的权利要求可以修改为如下权利要求：

1. 一种坐具，其特征在于，该坐具包括：支撑部件、扶手，在所述扶手上安装有可以翻转打开的置物板。

好吧，既然已经"走火入魔"，那就朝着这个方向再继续前进一下。可以想象一下，在"坐具"上所设置的板，完全可以不用于放置物品，而用来支撑人体的胳膊,此时,将板限定为"置物"板,某种程度上也构成对保护范围的限缩。我们可以考虑将"置物板"中的"置物"这一限定去掉,将其上位为"平板"。但是,平板中的"平"限定其表面应为平面,也构成对保护范围的不必要限缩,可以将其修改为"面板"。

但"面板"是不是会有问题呢?这里涉及是否存在歧义的问题。面板有可能被理解为显示器中的显示面板,这种面板显然并非是申请人所要保护的。这种歧义的存在使后续权利要求的保护范围有可能出现难以准确确定的情况。为了消除上述问题,简单粗暴的处理方式可以是对"板"不进行任何限定,即在权利要求中直接表述在扶手上进一步设置有板,但这样的表述文学性稍差。结合"板"所起到的放置物品、支撑手臂的作用,或者可以结合其在支撑方面的共性,上位得到"支撑板"这一上位概念。这种表达不但文学性更好一些,而且能够通过支撑板的表达,直接和申请文件中所声称的"进一步提供支撑功能"这一发明目的相对应,从而更好地体现整个申请文件的逻辑性。

修改后的权利要求如下:

1. 一种坐具,其特征在于,该坐具包括:支撑部件、扶手,在所述扶手上安装有可以翻转打开的支撑板。

下面可以进一步来分析这个权利要求是否存在问题。主要涉及避免歧义的出现。

例如,其描述的是在扶手上安装有"可以翻转打开的"支撑板。那么,如何理解"可以翻转打开"呢?

从技术方案来看,这一翻转打开指的是支撑板和扶手之间的关系,即该支撑板在处于收起状态时,位于其所安装的扶手的侧方,由此并不妨碍人们对于座椅的常规使用;而在需要利用该支撑板起到支撑作用时,则通过将该支撑板从位于扶手侧部的收起状态,通过翻转的方式将该支撑板翻转到座椅使用者腿部上方,从而方便使用者进行物品放置或支撑手臂。但"可以翻转打开"这一表述,真的就能体现上述内容吗?从文字上来看,这一表述是否会有其他理解呢?

从文字直接体现的内容来看,所谓"翻转打开"完全可以理解为该支撑板自身的翻转打开。在这一理解下，支撑板自身可能处于折叠的状态，该折叠的状态使其所占空间变小，而通过翻转的方式，将折叠的置物板变成打开的状态，从而形成能够用于放置物品的平面。这样的"翻转打开"是置物板自身的翻转打开，并非是置物板和扶手之间的"翻转打开"，而依据于文字的表述，将"翻转打开"理解为置物板自身的翻转打开似乎也并非没有道理，甚至从文字的表达上来看更为正确一些。由此，采用"翻转打开"这样的表述，会导致歧义的出现，从而导致权利要求保护范围的不准确。基于此，代理师应对"翻转打开"这一表述方式进行修改。

代理师可以基于支撑板所处的收起、打开这两个状态，来描述支撑板和扶手之间的"翻转打开"关系。尝试修改后的权利要求如下：

1. 一种坐具，其特征在于，该坐具包括：坐具底部支撑部件、扶手，在所述扶手上安装有支撑板；

所述支撑板与所述扶手之间为活动连接，在所述支撑板处于收起状态时，该支撑板通过所述活动连接被置于所述扶手的侧部；在所述支撑板处于打开状态时，所述支撑板通过所述与扶手间的活动连接，从扶手侧部翻转、打开至所述坐具使用者腿部的上方。

需要注意的是，上述修改后的权利要求中，将原先描述的"支撑部件"修改为"坐具底部支撑部件"。进行这一修改的原因在于：原先的权利要求中，对于支撑部件也存在描述不准确的地方，该支撑部件到底是支撑什么的，例如，到底是用于支撑这个坐具的，还是类似于支撑板来支撑放置物品的呢？在权利要求中没有进行清晰的限定。代理师应该将支撑部件明确为坐具底部支撑部件，从而界定该支撑部件是用于支撑坐具而非作为其他对象的支撑部件。

当然，这一权利要求可能还有需要修改的地方，但基于当前的认识，我只能写出当前这一版本的权利要求。正如人无完人，权利要求也没有完美的权利要求，基于撰写者的技术理解能力、文字表达能力，同样的技术方案会呈现迥异的权利要求。撰写更高质量的权利要求需要撰写者具备更强的业务能力，也需要撰写者花费更多时间和心血去钻研，力图得到尽可能完美的权利要求。可以说，在追求完美权利要求的道路上，只有过程没有终点。

对于"椅子"这一看似简单的方案，我讨论了其独立权利要求的撰写，并进行了大量上位概括练习，将原先具体化的下位的"椅子"上位概括为"坐具"，将椅腿这一具体形态上位概括为"坐具底部支撑部件"。这样的上位概括能够扩大保护范围，但是，通过这样的上位概括已经将原先发明人所提供的具体化的方案"概括"化。用发明人的话来说，"我自己的方案已经找不到了"。由此，代理师还需要对独立权利要求的范围进行限定，撰写相应的从属权利要求，从而体现发明人所提供的具体的技术方案。所撰写的从属权利要求，一方面，要针对之前所进行的上位概括进行"细化"从而限定发明人最初提供的下位概念；另一方面，还要考虑针对独立权利要求的方案进行特征上的"增加"，从而形成技术内容更为充实的保护范围。

1.4.8 "椅子"的从属权利要求

从性质上来说从属权利要求是对其所引用的权利要求的进一步限定，通过这种限定，可以得到一个相较于所引用权利要求来说偏小的保护范围。

下面看一个例子。在独立权利要求1中，在其保护的方法中，其所限定的是采用"交通工具"这一上位概念来实现某一步骤，此时，通过"交通工具"这一上位概念概括可以得到较宽的保护范围。在该方法的某一具体实施方式中，可以采用汽车作为交通工具实现该方案，则在从属权利要求中可以通过对"交通工具"这一上位概念予以限定，将其限定为"汽车"这一下位概念，从而得到由"汽车"所限定的一个新的保护范围，相对于其所引用的独立权利要求来说，这一新的保护范围当然是偏小的。

既然从属权利要求的保护范围偏小，为什么还要撰写从属权利要求呢？

> 撰写从属权利要求的理由

理由之一在于通过从属权利要求增强整个专利权利要求的稳定性。正如我之前分析的那样，在独立权利要求中仅仅包括必要技术特征，这使独立权利要求的保护范围在各个权利要求中是最大的，但也导致独立权利要求的稳定性较其他权利要求来说要低一些。通过对现有技术进行检索，很有可能发现和独立权利要求所保护的方案相同或类似的现有技术，从而使该独立权利要求有可能因为新颖性、创造性的问题而无法获得专利权。此时，如果能够通过从属权利要求对独立权利要求进行进一步的限定，则能够使从属权利要求在独立权利要求的基础上，进一步具备独立权利要求中所不具备的下位技术特征或新增加的技术特征，使从属权利要求所保护的方案和现有技术相同或类似的可能性降低，从而提升权利的稳定性。

通过从属权利要求进一步限定的技术特征越多，则该从属权利要求的稳定性就越强，但保护范围会进一步变小。由此，在撰写从属权利要求时，应该把握好保护范围和稳定性之间的尺度，做到针对一个技术方案形成有层次的保护体系。在独立权利要求限定较大保护范围的情况下，不要仅通过某一个从属权利要求就直接限定得到一个保护范围很小的技术方案，这样虽然稳定性变强，但是会导致一旦独立权利要求稳定性出现问题的情况下，仅有这个保护范围很小的从属权利要求可用，从而出现保护范围层面"一退到底"的不利局面。我会就这一问题在从属权利要求撰写分析中进行详细分析。

从从属权利要求增强专利权稳定性的角度来考虑，在从属权利要求中要尽可能限定那些对于所要保护的技术方案在新颖性、创造性方面作出贡献的技术特征。通常来说，一个技术方案中的发明点的具体下位以及和发明点具有紧密联系的技术特征，是从属权利要求中需要进行进一步限定的。

理由之二在于通过从属权利要求体现本发明的具体实现形态，从而在侵权判定过程中，能够借助从属权利要求直接对应具体的侵权方案。基于之前的分析可以发现，为了扩大保护范围，代理师在独立权利要求中删除了非必要技术特征，并进行了相应的上位概括。这使独立权利要求并不具备某些具体实现过程中的技术特征，且阅读起来略显晦涩。这样的独立权利要求尽管能够在保护范围上覆盖具体的实现方式，确定相应的方案构成侵权，但判定过程不够直接，且独立权利要求的晦涩表述也会增加侵权比对的难度。如果能够通过一个或者多个从属权利要求，以进一步限定的方式将专利所对应的具体实现方案体现出来，则会使专利侵权判定的难度降低。代理师有必要针对专利申请所要保护的具体技术方案尤其是针对侵权过程中可能采用的具体实现方案，以从属权利要求的方式将其限定出来。

对于上述两个撰写从属权利要求的理由而言，以撰写从属权利要求的必要性来分析，第一个理由属于必选项，而第二个理由则属于可选项。也就是说，出于确保权利稳定性的考虑，有必要通过从属权利要求对独立权利要求的方案进行进一步限定，当然，这种进一步限定应该是对发明具有创造性贡献的；而如果某一从属权利要求中进一步限定的技术特征纯粹属于现有技术的特征，撰写该从属权利要求的作用仅仅在于对应可能的具体侵权形态，那么，在权利要求整体项数过多（例如超过 10 项）的情况下，撰写这样的从属权利要求可能增加申请费用，那么没有必要再撰写此种类型的从属权利要求。

> 从属权利要求的构成

从属权利要求可以分为两个部分，一部分为引用部分，另一部分为限定部分。引用部分通过引用其他权利要求的方式，将所引用权利要求的全部技术特征引用到该从属权利要求中，限定部分则体现出该从属权利要求所包括的进一步限定的内容。

引用部分中需要写明引用的权利要求的编号以及主题名称。需要注意的是，引用部分写明的是所引用的权利要求的主题名称，而非所引用的技术特征。例如，权利要求 1 是一个方法权利要求，包括步骤 A、步骤 B 和步骤 C，当需要在从属权利要求中对于步骤 A 进行进一步限定时，该从属权利要求的引用部分应为"2. 根据权利要求 1 所述的方法"，即该引用部分所引用的是权利要求 1 的主题，一定不要将引用部分中的主题错误地写成引用对象，即"2. 根据权利要求 1 所述的步骤 A"，这样的撰写方式是错误的。

从作用的角度来说，从属权利要求的引用部分通过引用其他权利要求的方式，将所引用权利要求的全部技术特征引用到该从属权利要求中，限定部分则体现出该从属权利要求所包括的进一步限定的内容。引用部分和限定部分作为一个整体，限定出一个完整的技术方案。下面以一个例子来说明一下。

例如，在独立权利要求 1 中保护一个方法，包括步骤 A、步骤 B 和步骤 C。对于该方法而言，具体可以采用 b1 + b2 的方式来实现步骤 B，那么，可以撰写从属权利要求 2 如下：

2. 根据权利要求 1 所述的方法，其特征在于，所述步骤 B 包括：b1 + b2。

在该从属权利要求 2 中，"2. 根据权利要求 1 所述的方法"为引用部分，通过这一内容，将所引用的权利要求 1 中的所有技术特征即步骤 A、B、C 首先引用到从属权利要求 2 中。

"其特征在于，所述步骤 B 包括：b1 + b2"为限定部分，通过该部分的内容，实现了对所引用的权利要求 1 中所包括的技术特征 B 进行细化方式的限定，从而进一步限定出 b1 + b2 这一特征。通过引用部分和限定部分，从属权利要求 2 形成一个完整的技术方案，即 A、b1 + b2、C。有人可能会疑惑，在权利要求 2 中明明只写有关步骤 B 的下位的内容，没有涉及任何步骤 A 和步骤 C 的内容，那么，权利要求 2 何以就保护一个包括步骤 A 和步骤 C 在内的完整的技术方案呢？需要注意的是，尽管从文字上来说，从属权利要求只是对其进一步限定的内容进行表述，但从属权利要求中除了限定部分，还有引用部分，正是因为引用部分的存在，该从属权利要求中也具备其所引用的权利要求的所有技术特征。例如，上述权利要求 2 中，尽管没有在文字上对步骤 A 和步骤 C 进行描述，但是，其所具有的引用部分即"2. 根据权利要求 1 所述的方法"，使该权利要求 2 中具有所引用的权利要求 1 中的所有技术特征，这些技术特征中包括步骤 A、步骤 B 和步骤 C，只不过，从属权利要求 2 对其中的步骤 B 进行了进一步限定，将其限定为步骤 b1 + b2，由此形成 A、b1 + b2、C 这样的技术方案。

> ➤ 撰写从属权利要求的三点要求

从实务的角度来讲，我们针对从属权利要求有三个要求，分别是：

（1）要明确从属权利要求和所引用权利要求之间的关系是"细化"还是"增加"；

（2）从属权利要求所保护的应该是一个完整的技术方案；

（3）从属权利要求应当满足"一从权一特征"的要求。

下面分别来对这些要求进行介绍。

1. 从属权利要求和所引用权利要求之间的关系要清晰

对于从属权利要求而言，明确其和所引用的权利要求之间的关系是十分重要的，这种关系的确定能够帮助代理师将从属权利要求"回引"到其所引用的权利要求中，从而判断其是否能够通过"回引"构成一个代理师所要保护的技术方案。

所谓"回引"，是指基于从属权利要求的记载，将该从属权利要求中进一步限定的技术特征带回到其所引用的权利要求中，从而以所引用的权利要求为基础，进一步的基于这样的"带回"，来确定该从属权利要求所要保护的技术方案。由此，如何"带回"就显得十分重要。如果出现"带回"的错误，那很有可能导致从属权利要求所限定的方案是一个错误的技术方案或者并非我们实际要保护的技术方案。明确"细化"还是"增加"的意义恰恰在于，对于这种"带回"予以规范化的处理，使从属权利要求中所限定的特征能够被正确地回引到其所引用的权利要求中，形成我们所要保护的技术方案。甚至，明确"细化"还是"增加"还能帮助我们通过分析从属权利要求来发现独立权利要求是否存在问题，我将在后续的案例分析中予以讨论。

（1）"细化"关系的从属权利要求

所谓"细化"，是指对于所引用权利要求中的某一技术特征，针对该特征进一步限定出其下位的技术实现，此时，所限定的技术特征为上位技术特征，而针对该上位技术特征所细化出的技术特征为下位技术特征，这种技术特征间的上下位关系构成所说的"细化"关系。例如，在独立权利要求中采用交通工具这一上位概念，则在从属权利要求中，可以对该交通工具予以下位，将交通工具这一上位概念细化得到"汽车"这一下位概念，从而以"细化"的方式完成对于所引用的独立权利要求的进一步限定。

对于"细化"的从属权利要求，可以采用特定的撰写形式，从而方便识别该从属权利要求与所引用权利要求之间的关系，进而方便进行回引。该撰写形式为：在从属权利要求的限定部分，首先明确限定对象，然后以"包括""为"或者"是"这样的表述方式来体现该从属权利要求是一个用以"细化"的权利要求，最后写出针对限定对象的限定结果，即针对上位概念所需限定出的具体下位概念。这样"细化"的从属权利要求的表现形式可以是如下样式：

2. 根据权利要求1所述的方法（产品），其特征在于，所述"限定对象"包括：限定结果。

当然，这样的撰写形式只是为了方便清晰地进行限定以及回引所推荐的一种撰写形式，法律上并无此种要求，如果能够做到准确限定以及清晰回引，当然也可以采用其他撰写形式来撰写这种"细化"的从属权利要求。例如，直接在从属权利要求的限定部分中写出细化后的下位概念，只不过，这样的撰写方式导致从属权利要求出现问题的概率会大一些，因为这样的撰写方式并没有在文字上将限定对象和限定结果相对应，而这恰恰是代理师针对"细化"从属权利要求特别要关注的。

限定对象和限定结果相对应，要求限定结果和限定对象之间应该的确为上下位关系，不应在针对某一限定对象的限定结果中出现和该限定对象之间不存在上下位关系的限定结果，如果出现这一情况，则可能导致该从属权利要求无法将限定结果回引到对应的所引用的权利要求中，从而无法准确确定一个所要保护的技术方案。

有关限定对象和限定结果的对应问题，我将在介绍完"增加"关系后，一并通过例子予以说明。

"增加"是和"细化"相对应的另一种限定关系，是指对于所引用的权利要求而言，额外添加技术特征，该额外添加的技术特征和所引用的权利要求中的各个技术特征之间并无上下位关系，而是和这些技术特征之间处于并列地位的新增加的技术特征。"增加"关系的从属权利要求，在其权利要求中一般通过"还包括"或"进一步包括"这样具有附加含义的表述来表达"增加"关系，在"还包括"或"进一步包括"之后，体现出其所附加的技术特征。"增加"关系的权利要求的表现形式通常为：

2. 根据权利要求1所述的方法（产品），其特征在于，该方法（产品）进一步包括：附加技术特征。

对于"增加"关系的从属权利要求需要注意的是，从性质上来说，其所增加的技术特征是一个对实现发明目的可有可无的技术特征。由于增加的技术特征与所引用的权利要求中的技术特征之间是并列关系，在独立权利要求中的技术特征为解决技术问题的必要技术特征的情况下，在从属权利要求中进一步增加的并列地位的新的技术特征自然也就应该为非必要技术特征。也就是说，是一个对于实现发明目的来说的"可有可无"的技术特征。"可有可无"意味着"没有"这一技术特征也能实现发明目的，其强调的是增加的技术特征的有无对于实现发明目的而言并无影响，这和"细化"所得到的下位技术特征是不同的。对于"细化"的从属权利要求而言，其所细化的非必要技术特征是可替代的非必要技术特征，而对于增加的从属权利要求而言，其所增加的非必要技术特征是可删除的非必要技术特征。

明确"增加"的这一性质，有利于代理师判断从属权利要求的撰写是否妥当，甚至能够帮助代理师验证独立权利要求是否缺少必要技术特征。

下面以一个例子来说明上述的"细化"和"增加"。

假设针对如何从北京到达上海，申请人提出一种新的方法。区别于现有技术中采用步行的方式，本发明采用交通工具实现从北京到上海。此处只是为了举例方便。姑且不论这个方法是否属于专利法保护客体以及是否满足新颖性、创造性的要求，只是分析针对该方法的权利要求撰写。针对该方案，代理师可以撰写这样的独立权利要求：

1. 一种从北京到达上海的方法，其特征在于，该方法包括：

步骤 A：起床；

步骤 B：采用交通工具从北京向上海行进；

步骤 C：到达上海。

其中，该权利要求 1 中的步骤 A 仅仅是为了针对从属权利要求的举例方便，将该方案限定为其必须是以"起床"作为开始，对于该技术特征是否确实为必要技术特征，读者可以不必在意。

在该发明中，发明人提供了几种具体实现形式，其中包括：采用自驾车的方式从北京到上海；乘坐长途车从北京到上海；乘坐高铁从北京到上海；骑摩托车从北京到上海；骑自行车从北京到上海；甚至骑马从北京到上海。

假设这些具体的实现形式也是现有技术中没有的，那么，在代理师针对这些具体形式进行上位概括后，当然有必要针对这些具体实现形式以从属权利要求的方式将其限定出来。由于这些具体实现形式和"交通工具"这一上位概念之间属于上下位关系，应当采用"细化"的从属权利要求将这些下位的具体技术实现限定出来。按照我之前的讲解，细化的从属权利要求应当明确限定对象，即"交通工具"，然后针对该限定对象限定出具体的限定结果。由此，可以撰写如下的从属权利要求：

2. 根据权利要求 1 所述的方法，其特征在于，所述交通工具包括：私家车。

通过限定对象的明确，并基于"细化"的引用关系，能够通过回引得到权利要求 2 所要保护的技术方案，即起床，驾驶私家车从北京向上海行进，以及到达上海。

可以看到，上述"细化"的从属权利要求中，是针对"交通工具"这一名词进行限定的，这样的限定当然可行，但对于初学者来说，我还是建议在方法的从属权利要求中针对动作也就是权利要求中的动词进行细化。原因在于，如果对名词进行细化的话，有可能会错误地将"解释"作为"细化"。所谓解释，是针对独立权利要求中某一特征的进一步阐述说明，这样的阐述说明和解释的对象之间是一种"相等"的关系，并非所谓的"上下位"关系。这样撰写的从属权利要求，其保护范围和所引用的权利要求一致，没有起到保护范围进一步限定的作用，并非真正的从属权利要求。例如，在独立权利要求中描述拼音输入的匹配准确率，撰写该独立权利要求时，代理师担心匹配准确率描述可能不清楚，由此，在从属权利要求中对匹配准确率进行"解释"，将其解释为"基于拼音转换得到符合用户预期的汉字候选项的概率"，从而撰写如下的从属权利要求：

> 2. 根据权利要求1所述的方法，其特征在于，所述匹配准确率包括：基于拼音转换得到符合用户预期的汉字候选项的概率。

在"概率"体现转换结果满足用户预期的盖然性的情况下，这一从属权利要求中所"限定"出的内容，实际上就是对独立权利要求中"匹配准确率"的解释而已，该从属权利要求和所引用的独立权利要求之间在保护范围上并没有区别，由此，该从属权利要求并没有对独立权利要求保护范围起到进一步限定的作用，是一个浪费的从属权利要求。

如果在该方案的具体实现中，可以采用词频即转换后的中文候选项的出现频率来作为匹配准确率，且又不排除还可以采用其他方式作为匹配准确率，那么，此时"词频"就是"匹配准确率"的一个下位概念，在从属权利要求中将"匹配准确率"进一步"细化"为包括词频，就能实现对独立权利要求保护范围的进一步限定，从而达到从属权利要求本应起到的作用。

除了避免"解释"，针对方法权利要求以"动作"为对象进行"细化"，也能够更为方便地实现回引，从而能够更为清晰地确定从属权利要求是否能够构成所要保护的技术方案。例如，上述举例中，从属权利要求2中将"交通工具"具体"细化"为"私家车"，但是，如果基于这样的限定对象和限定结果的对应关系，简单地将"交通工具"这一上位概念替代为"私家车"，回引出的技术方案中的第二步则会变成：采用私家车从北京向上海行进。尽管这一表述也是能够被理解的表述，但是作为方法权利要求中的动作特征而言不够严谨，改成"驾驶私家车从北京向上海行进"则能够体现出对于私家车的使用是一种"驾驶"的使用，而非别的使用，从而使权利要求更为清晰。在限定结果是"驾驶私家车"这一动作特征的情况下，与之对应的限定对象自然也应该是一个动作特征，即应该以"采用交通工具从北京向上海行进"作为限定对象，这样才能做到限定对象和限定结果的对应，也能够使从属权利要求能够更为清晰地通过回引构成所要保护的技术方案。

针对方法权利要求中的动作特征进行"细化"并不绝对，在权利要求撰写技能较为熟练、能够避免从属权利要求仅为"解释"的情况下，当然可以针对名词特征进行"细化"，而且，在所引用的权利要求的多个需要下位的特征中，仅仅是其中的名词需要下位时，为了避免从属权利要求过于烦琐，也应该针对这些特征中的名词进行"细化"，我将在后文结合具体案例来讲解此问题。

那么，针对上述案例中提及的多个不同的下位的"交通工具"，是不是就应该类似地采用从属权利要求2的方式撰写多个从属权利要求呢？事实并非如此。在撰写从属权利要求时，代理师仍然要考虑从属权利要求的保护范围，做到有层次地构建从属权利要求的保护体系，避免出现从属权利要求"一退到底"的情况。

例如，针对上述案例中提到的"私家车""长途车""高铁""摩托车""自行车""马匹"这些具体的交通工作，代理师应当分析这些交通工具是否具有相应的共性，从而得到对应的中位概念。在从属权利要求中，首先将独立权利要求的上位概念细化为中位概念，然后再逐步地限定得到最终的下位概念，从而构建一个由上位、中位、下位所形成的保护范围的层次体系，做到针对该技术方案的有层次保护。例如，"长途车""高铁"可以上位概括出"公共交通工具"这一中位概念，对应的"私家车""摩托车"可以上位概括出"私人交通工具"这一中位概念。由此，在撰写从属权利要求时，可以以如下结构形式来形成保护体系：

权利要求1是以交通工具限定出的技术方案。

从属权利要求 2 引用权利要求 1，其将"交通工具"限定为"公共交通工具"。

从属权利要求 3 引用权利要求 2，其将"公共交通工具"限定为"长途车"。

从属权利要求 4 引用权利要求 2，其将"公共交通工具"限定为"高铁"。

从属权利要求 5 与权利要求 2 属于并列关系，引用权利要求 1，其将"交通工具"限定为"私人交通工具"。

从属权利要求 6 引用权利要求 5，其将"私人交通工具"限定为"私家车"。

从属权利要求 7 引用权利要求 5，其将"私人交通工具"限定为"摩托车"。

当然，在实际撰写中，也可以考虑将权利要求 3 和权利要求 4 合并为一项权利要求，以"或"的方式来直接限定出"长途车"和"高铁"。此处的举例只是为了方便体现从属权利要求的保护层次。

按照以上方式撰写从属权利要求有何好处呢？

最主要的好处在于形成了中位的保护范围，这可以增加权利要求的保护层次，使在保护范围最大的独立权利要求受到攻击而面临失效时，能够基于不同层次的从属权利要求形成逐步限缩的多层保护体系，从而避免出现在独立权利要求失效的情况下只能"一退到底"到最小保护范围的情况。例如，在上述案例中，当以交通工具所限定的独立权利要求 1 在无效宣告程序中由于新颖性或创造性问题而无法继续维持有效时，如果从属权利要求直接限定的是"长途车""高铁"这样最为具体的下位概念，那么，在将这些下位概念所限定的从属权利要求作为新的独立权利要求后，即使能够维持权利有效，但无形当中会造成权利要求的范围损失过大，即直接从"交通工具"这一上位概念"一退到底"到"长途车""高铁"这样的下位概念，而对于"飞机"这一实现方式来说，至少在字面上就不再落入修改后的权利要求的保护范围内。相反，如果能够针对"长途车""高铁"上位概念概括出"公共交通工具"这一中位概念，即使在无效宣告程序中被迫限缩到"公共交通工具"所限定的保护范围，也能够将"飞机"这一具体实现方式保护在内，从而没有过多地损失保护范围。相应地，只有在"公共交通工具"也被现有技术公开的情况下，才会进一步退到"高铁""长途车"这样的具体下位概念,通过这样的方式,可以实现在无效宣告阶段逐层限缩,从而实现有层次的保护。

在从属权利要求中进行中位概括,除了有层次保护的考虑,还有一个现实的原因是代理师通常无法穷尽地罗列所有下位概念,由此,代理师需要针对多个下位概念的共性概括出一中位概念,从而通过该中位概念将代理师所未曾想到但具有相关下位概念共性的技术方案也保护进来,例如上述案例中的"公共交通工具""私人交通工具"就是如此。通过这些中位概念,将代理师并未在从属权利要求中所限定的"飞机""自行车"等下位概念也保护进来。

引申出去,在针对多个下位概念进行概括时,其概括是有方向的。针对独立权利要求是围绕解决现有技术缺点的解决手段,即发明点所进行的概括,该概括所得到的上位概念一方面要具有各个下位的共性,另外,该共性的体现应该能够达到足以解决现有技术缺点、实现发明目的的要求。而对于从属权利要求的中位概括,也应围绕发明点进行相应的中位概括,因为只有这样的中位概括才能是对本发明技术方案的新颖性、创造性提供贡献的概括;反之,如果是脱离发明点进行的中位概括,尽管也能体现多个下位的共性,但对于从属权利要求提高权利要求整体稳定性这一作用来说并无贡献。

结合上述案例我讲解了有关"细化"的从属权利要求,后续再来讲解"增加"的从属权利要求如何撰写。

(2)"增加"关系的从属权利要求

"增加"的从属权利要求中所增加的技术特征,是一个和所引用的权利要求中的技术特征处于并列关系的新的技术特征。

仍以上述例子来进行说明。独立权利要求1所保护的技术方案为:步骤A,起床;步骤B,采用交通工具从北京向上海行进;步骤C,到达上海。实际上,在起床之后通常还要洗漱和上厕所,这些动作和权利要求1中的各个动作之间并无上下位的关系,这两者间的关系是一种平等的并列关系。同时,从理论上来说,也完全可以在起床之后并不洗漱或者上厕所。由此,起床以及上厕所作为非必要技术特征,应当以"增加"的方式在从属权利要求中予以体现。例如,代理师可以尝试撰写如下的从属权利要求2。

2. 根据权利要求1所述的方法,其特征在于,在步骤A和步骤B之间进一步包括：洗漱以及上厕所。

该从属权利要求 2 属于"增加"的从属权利要求，其以"进一步包括"（当然也可以用"还包括"）的字样体现该"增加"的关系，在"进一步包括"之后限定新增加的特征。

虽然"增加"关系清晰，但该从属权利要求 2 的保护范围却有问题。

首先，在该权利要求中采用"以及"的字样将"洗漱"和"上厕所"用"且"的关系予以列举，这使该从属权利要求的保护范围局限于洗漱和上厕所这两个动作均要进行。如果只执行其中的一个动作，则这样的方案并不落入该从属权利要求的保护范围之内，这就造成该从属权利要求的保护范围受到不必要的限缩。

其次，该从属权利要求 2 中，将新增加的"洗漱"以及"上厕所"的动作限定为在步骤 A 和步骤 B 之间执行，可以想见的是，完全可能在步骤 B 也就是借助交通工具（例如高铁或者飞机）向上海行进的过程中再执行上述动作，这种对于动作执行时序的不必要限制，也会导致该从属权利要求的保护范围受到不必要的限缩。由此，代理师可以将该从属权利要求 2 修改为：

2. 根据权利要求 1 所述的方法，其特征在于，在步骤 A 之后，该方法进一步包括：上厕所或洗漱。

该从属权利要求 2 中，没有再以"且"的方式罗列两个新增的动作，而是改为以"或"的方式体现这两个动作的择一选择关系，从而避免了由"且"的关系所导致的对权利要求保护范围的不必要限缩。当然，也可以采用"上厕所和洗漱中的至少一种"这样的表述方式，这一表述可以同时体现"且"和"或"两种关系，能够在一个从属权利要求中直接体现出更多的技术实现方式。

此外，该修改后的从属权利要求 2 中，将"上厕所或洗漱"限定为在"起床"之后，去除了"在步骤 A 和步骤 B 之间"的限定，通过减少对动作执行时点的不必要限定，可以避免该从属权利要求 2 的保护范围被不必要地限缩。而实际上，上厕所和洗漱也只能在"起床"之后来实施，因此，修改后的权利要求 2 中所存在的执行时序的限定，没有不必要地限缩该从属权利要求的保护范围。

反之，如果没有限定上述动作在"起床"之后执行，则可能导致该权利要求得不到说明书的支持。这种不支持可能体现为两个方面：第一，在说明书中并未记载在起床以及起床之前执行上厕所或洗漱的实现方案（当然，除非是梦游或者夜里尿频，实际上也不可能存在这样的方案），而该从属权利要求2中由于没有进行上述两个动作执行时序位置的限定，其保护范围囊括上述说明书中并未记载的方案，这使该权利要求无法得到说明书的支持；第二，在该从属权利要求中没有限定上述两个动作执行时序位置的情况下，其保护范围中包括一个无法实现的方案，即在起床之前进行洗漱的方案，这也使该从属权利要求2的保护范围过宽，无法得到说明书的支持。基于上述分析，在修改后的从属权利要求2中将"洗漱或上厕所"限定为在"起床"之后执行是必要的。

其实，针对上述修改前的从属权利要求2，分析其存在不必要的限定完全也可以依赖于"一从权一特征"的要求来判断，后续我将进行分析。

前面讲解了"细化"的从属权利要求和"增加"的从属权利要求，严格意义来说，作为从属权利要求中进一步限定的技术特征，其和所引用的权利要求中的技术特征之间只有"细化"和"增加"这两种关系，并无其他关系。明确此点，有助于代理师清晰地界定从属权利要求中进一步限定的技术特征和所引用权利要求之间的相互关系，从而使从属权利要求能够通过回引构成代理师所想要保护的方案。需要注意的是，所谓只有"细化"和"增加"关系，强调的是"细化"和"增加"关系非彼即此，但这并不意味着一个从属权利要求中只能具备"细化"和"增加"中的一种关系，如果需要，完全可以在一个从属权利要求中既具备"增加"关系，也具备"细化"关系。当然，这两个关系进一步限定出的技术特征是不同的。这就好比从性别的角度来讲，人只能是男人或女人，非彼即此，但这种非彼即此的关系并不影响一个公司中同时存在男人和女人。

例如，在独立权利要求1中，其保护的方法包括A、B、C三个步骤，对于步骤B可以采用b1+b2这一下位方式来实现，但b1+b2需要与该方法中额外增加的步骤D成套出现。此时，在从属权利要求中，可以一方面通过"细化"的方式对步骤B进行进一步限定，将其"细化"为步骤b1+b2，另一方面则通过"增加"的方式体现出步骤D，由此通过回引权利要求1得到一个A、(b1+b2)、C、D的技术方案。在这个从属权利要求2中，尽管同时出现

"增加"和"细化"两个限定关系,但每个限定关系都是清晰的,由此使该从属权利要求2能够通过回引准确地得出所要保护的技术方案。

下面仍然以上述"北京到上海的方法"为例来说明如何撰写一个兼具"细化"和"增加"关系的从属权利要求。

例如,代理师撰写如下的权利要求2:

2. 根据权利要求1所述的方法,其特征在于,所述采用交通工具从北京向上海行进包括:从北京出发,骑车向上海行进;

在所述起床之后,该方法进一步包括:上厕所、补给以及休息。

这一从属权利要求中出现"增加"和"细化"两个限定关系,我前面讲过,这一既有"增加"又有"细化"的限定方式是可以的,但问题是,是否有必要这样做呢?也就是说,是否有必要将这两个进一步限定在一个从属权利要求中同时体现呢?

这涉及从属权利要求的第二个要求,即每一项从属权利要求都应该是一个完整的技术方案。

2. 每一项从属权利要求都是一个完整的技术方案

在将交通工具具体细化为自行车的情况下,不可能在不上厕所、不吃饭、不休息的情况下就能实现从北京到上海,由此,在骑行的情况下只有配合上述新增加的三个动作才能构成一个完整的可实施的方案。而对于每一项权利要求而言,不论其是独立权利要求还是从属权利要求,都应该独立地构成一个完整的技术方案,因此,对于上述从属权利要求2来说,出于满足"完整"的考虑,自然应当在其中下位出"骑车"这一特征同时也增加出"骑车"所必需的"上厕所""补给"以及"休息"的附加特征。

这里需要注意的是,我所强调的是每一项权利要求都是一个完整的技术方案,这要求一项权利要求自身所保护的方案应该是完整的,而不是通过其他从属权利要求对于该权利要求的引用使该权利要求所保护的方案完整。也就是说,不要试图通过后续进一步引用出的从属权利要求来保证当前权利要求在技术方案上的完整性。下面通过例子来说明一下。

例如,之前的从属权利要求2被修改为:

2. 根据权利要求1所述的方法,其特征在于,所述采用交通工具从北京向上海行进包括：从北京出发，骑车向上海行进。

在"骑车"这一表述并未隐含"上厕所、补给、休息"的情况下，该从属权利要求2显然并非是一个完整的方案。此时，有人会说，"我还写了如下的权利要求3：

3. 根据权利要求2所述的方法，其特征在于，在所述起床之后，该方法进一步包括：上厕所、补给以及休息。"

该从属权利要求3通过引用权利要求2，使其自身构成一个完整的技术方案。需要注意的是，权利要求3对于权利要求2的引用并不会使权利要求2本身的内容发生变化，权利要求2中的内容仍然是之前的那些。不要认为权利要求3引用权利要求2就是对权利要求2进行了解释，使权利要求2的内容发生了改变。应该知道，作为每一项权利要求的"我"，包括独立权利要求和从属权利要求，所保护的都是各自独立的技术方案，不会因为别的权利要求引用了"我"，"我"自身所保护的方案就因为这个引用而发生变化。发生变化的是基于引用所产生的新的从属权利要求，他通过"引用"把"我"的特征拿去，再在此基础上进一步限定，得到其自身所要保护的技术方案，而作为"我"而言，在此过程中始终没有发生变化。

综上所述，从属权利要求的第二个要求在于，每一项从属权利要求都应该是一个独立且完整的技术方案。

那么，明确是"细化"还是"增加"，以及每一项从属权利要求都应是一个完整的技术方案，这两个要求的出处是什么呢？貌似专利法中也没有相应的要求啊？实际上，这两个要求的出处源自《专利法》第26条第4款，权利要求书应当以说明书为依据，清楚、简要地限定要求专利保护的范围。

上述规定涉及权利要求的支持问题以及清楚问题，而我对从属权利要求的如上两个撰写要求，恰恰是对应于这两个问题的具体操作要求。

如果"细化"和"增加"的关系不清楚，则有可能导致从属权利要求无法通过"回引"的方式得出正确的技术方案，不正确的方案一方面会使该从属权利要求本身是不清楚的，另一方面，由于说明书中所记载的是正确的技术方案，当从属权利要求以"回引"的方式得出的是错误的技术方案时，该错误的技术方案显然无法在说明书中找到用以对其支持的方案，从而使该从属权利要求得不到说明书的支持。类似地，如果从属权利要求保护的并非是一个完整的技术方案，那么，这一残缺的技术方案也很有可能在说明书中无法找到对应记载的方案，从而使该从属权利要求无法得到说明书的支持。当然，也可能存在另一种情况，代理师本身对方案完整与否的认识是错误的，由此导致从属权利要求以及说明书中所撰写的方案都是不完整的残缺的方案，那么此时问题就更严重了。说明书中所记载的方案会被质疑无法实现，从而无法满足公开充分的要求。进而，在说明书所记载的方案被否定的情况下，权利要求则仍然会面临无法得到说明书支持的问题。

前面我讲了明确是"细化"还是"增加"、每个从属权利要求都是一个完整的技术方案，如果说这两个要求是从专利法的规定出发所进行的操作层面的要求的话，那么，"一从权一特征"则是出于维护客户利益、形成有层次的保护体系所做的操作层面的要求，我后续将分析该要求。

3. "一从权一特征"

"一从权一特征"不能顾名思义地去理解，这一说法实际上是一个简称，准确的含义应该是在一个从属权利要求中只能限定一个方面的特征，只不过这一准确含义的内容较长，我们才采用"一从权一特征"这一简称。

为什么不能"顾名思义"呢？原因在于不要误认为"一从权一特征"的要求是在一个从属权利要求中只针对一个特征进行进一步的限定。其实这不是这一要求的本意。在一个从属权利要求中进行两个或者多个特征的进一步限定，如果这些特征是针对一个方面的相互关联的进一步限定，那么仍然是满足"一从权一特征"的要求的。下面以之前分析的从属权利要求2，来分析"一从权一特征"的要求。

该从属权利要求2的内容如下：

2. 根据权利要求1所述的方法，其特征在于，所述采用交通工具从北京向上海行进包括：从北京出发，骑车向上海行进；

在所述起床之后，该方法进一步包括：上厕所、补给以及休息。

在该从属权利要求中，尽管通过"细化"和"增加"进行两个特征的进一步限定，但是由于这两个特征之间存在必然的依存关系，这两个特征只有配合在一起才能共同构成针对骑行这一方面的限定（上厕所等是配合骑行的必要手段),因此,该从属权利要求仍然是满足"一从权一特征"的要求的。

相反,在如下的从属权利要求中,就不满足"一从权一特征"的要求:

2. 根据权利要求 1 所述的方法,其特征在于,在步骤 A 和步骤 B 之间进一步包括:洗漱以及上厕所。

可以发现,该从属权利要求限定以下几个方面的内容。

首先,其进一步增加了洗漱和上厕所两个动作,在洗漱和上厕所之间并无必然逻辑联系的情况下,用"以及"的方式将这两者罗列出来,使该从属权利要求中不仅进一步限定了洗漱以及上厕所的动作内容,还进一步限定了这两个动作需要兼具。对于动作内容以及动作数量这两方面的进一步限定,使该从属权利要求已经不能满足"一从权一特征"的要求。

其次,该从属权利要求中还限定了上述动作是在步骤 A 和步骤 B 之间执行的,在这些动作并非必须在这一时序位置执行的情况下,该从属权利要求额外进行的执行时序方面的限定,构成该从属权利要求第三方面的限定。这更使该从属权利要求不满足"一从权一特征"的要求。

那么,为什么要满足"一从权一特征"的要求呢?

这和从属权利要求的保护范围有关。我们可以认为,每一项从属权利要求都是一个用以解决某一方面问题的方案,这和我之前所讲解的独立权利要求只针对一个技术问题类似。如果出现针对多个方面的限定,那么,和独立权利要求的情况类似,该从属权利要求的保护范围也会由此变小。

满足"一从权一特征"的要求,会使从属权利要求自然形成一个有层次的保护体系。在每项从属权利要求都是一个保护范围尽可能大的从属权利要求的情况下,自然使多项从属权利要求能够形成一个有层次的保护体系。

我们利用解决问题唯一的思路,也可以进行"一从权一特征"的分析。例如,权利要求 2 的内容如下:

2. 根据权利要求 1 所述的方法,其特征在于,在步骤 A 和步骤 B 之间进一步包括:洗漱以及上厕所。

我们可以利用和之前讲述的针对独立权利要求的分析方式来进行分析:针对该从属权利要求确定其所要解决的技术问题,并结合该技术问题,确定该从属权利要求中所进一步限定的特征是否都有必要在该从属权利要求中进行限定。

从所要解决的问题出发可以发现，该从属权利要求中所要解决的问题是两个问题，即洗漱以及上厕所这两个各自独立的问题。我们之前讲解过，对于独立权利要求而言，为了让其保护范围尽可能大，其所要解决的问题应为一个问题，由此才能基于该一个问题确定仅对于解决该问题而言必不可少的必要技术特征，从而以这些必要技术特征来获得一个尽可能大的保护范围。针对从属权利要求同样如此。如果从属权利要求所要解决的问题是两个甚至多个，那么，在该从属权利要求中所需进一步限定的特征就会相应地变多，由此会导致该从属权利要求的保护范围被错误地限缩。因此，对从属权利要求，也应只针对"一个附加的所要解决的问题"，来确定该从属权利要求中所需进一步限定的特征，而不应针对多个附加的所要解决的问题来撰写该从属权利要求。所谓"一个附加的所要解决的问题"，当然对应方案的某一特定方面的解决方案，这也正是我所说的"一从权一特征"中的针对"一个方面"来撰写从属权利要求。

当然，也可能出现在撰写从属权利要求时，代理师预期是针对一个方面进行进一步的限定，但是却在撰写该从属权利要求的过程中错误地将一些并非和该"方面"相关的内容也体现在该从属权利要求中的情况。解决这一问题，可以采用和确定独立权利要求中是否存在非必要技术特征类似的方式进行。例如，上述从属权利要求中，即使"洗漱和上厕所"能够被界定为是用以解决人体清洁这一唯一的问题，但是将"洗漱和上厕所"限定在起床之后、出发之前，对于该解决该问题而言并无必然的逻辑关系，由此并无必要在该从属权利要求中进行这方面的进一步限定。通过这样的分析，同样可以得出该从属权利要求不满足"一从权一特征"的结论。

至此大家可以理解，从属权利要求其实是独立权利要求的进一步延伸，在撰写从属权利要求时，可以采用和独立权利要求相同的分析方式来确定该从属权利要求中所应进一步限定出的特征。也就是说，首先明确该从属权利要求所要解决的某一个而非多个附加所要解决的技术问题，然后针对该一个技术问题来确定解决该从属权利要求中所必须进一步限定出的技术特征。这实际上就是"一从权一特征"的要求。

以和独立权利要求相同的处理方式来确定从属权利要求中应进一步限定的技术特征,和从属权利要求所能起到的作用是相匹配的。尽管在申请文件撰写阶段,从属权利要求处于从属的地位,但是在后续的专利审查、无效宣告程序中,当独立权利要求无法继续成立的情况下,从属权利要求是有可能或者需要变成独立权利要求的。在从属权利要求会发生如此身份改变的情况下,代理师自然应按照其身份改变后的角色(独立权利要求)的撰写要求来撰写从属权利要求。

综上所述,我对从属权利要求有三个方面的要求:一是要明确所谓的进一步限定关系,即到底是"细化"还是"增加",以便基于明确的限定关系来实现针对进一步限定的特征的回引;二是每一个从属权利要求都应该是一个完整的技术方案;三是"一从权一特征"即每项从属权利要求只针对一个方面进行进一步的限定。

在对从属权利要求的撰写要求进行如上介绍后,我们再回到之前所给出的"椅子"这一案例,分析一下针对该方案如何来撰写从属权利要求。

上文所撰写的"椅子"的独立权利要求为:

1. 一种坐具,其特征在于,该坐具包括:坐具底部支撑部件、扶手,在所述扶手上安装有支撑板;

所述支撑板与所述扶手之间为活动连接,在所述支撑板处于收起状态时,该支撑板通过所述活动连接被置于所述扶手的侧部;在所述支撑板处于打开状态时,所述支撑板通过所述与扶手间的活动连接,从扶手侧部翻转、展开至所述坐具使用者腿部的上方。

应该注意到,在"发明人"所提供的材料中,提及其椅子所具有的特点包括:

(1)具有可以翻转打开的写字板,且在该写字板上具有杯槽和笔槽。该写字板安装于椅子的右侧扶手上。

(2)该椅子的靠背上具有一系列规则分布的小孔,以便于进行通风散热。

(3)该椅子的椅腿底部安装有轮子,以便于移动该椅子。

仍然基于之前的假设,即上述特点均为现有技术中并不存在的技术特征,那么,结合这些特征代理师如何来撰写从属权利要求呢?

> "椅子"中和发明点相关的从属权利要求

一般来说,代理师可以首先针对核心发明点来撰写相关的从属权利要求。所谓核心发明点,是指用以解决逻辑主线中现有技术缺点的本发明的创新点所在,也就是独立权利要求中与解决现有技术缺点之间具有因果关系的核心改进点。在上述案例中,有关活动连接的"写字板",即权利要求1中所述的活动连接的"支撑板"是本发明的核心发明点。由此,我们先针对该技术特征来撰写相应的从属权利要求:

2. 根据权利要求1所述的坐具,其特征在于,所述支撑板包括:安装于右侧扶手上的写字板,所述写字板具有杯槽和笔槽。

这个从属权利要求有什么问题呢?下面逐一来对比一下之前所提及的从属权利要求的三个要求。

首先,从"限定关系"来看,该从属权利要求2以"包括"的字样体现出该从属权利要求是一个针对上位特征进行"细化"的从属权利要求,其在"包括"之前明确限定对象为"支撑板",在"包括"之后给出具体的下位限定结果。从限定对象和限定结果是否相互对应来分析,在限定结果中只具有写字板这一支撑板的下位,并未出现不在"支撑板"上位概括范围之内的其他技术特征。由此,上下位特征之间相互对应,"细化"的限定关系清晰,通过该限定关系能够将从属权利要求2中所进一步限定的特征回引到权利要求1中,构成一个所要保护的技术方案。由此可见,该从属权利要求2在限定关系方面没有问题。

其次,从每一项从属权利要求都是一个完整技术方案的角度来分析。该从属权利要求2通过将"支撑板"下位为"写字板",这一下位并不需要其他技术特征的进一步配合。从技术上来分析,该从属权利要求2所要保护的技术方案是完整的。

最后,分析该从属权利要求是否满足"一从权一特征"的要求。应该注意到,该从属权利要求2限定了多个方面的内容。其一方面将"支撑板"下位为"写字板",另一方面强调"写字板"上具有杯槽、笔槽,还限定了杯槽和笔槽需要兼具,最后还限定了该"写字板"特定的安装于右侧的扶手上。该从属权利要求限定了四个不同方面的特征,并不满足"一从权一特征"的要求，导致该从属权利要求的保护范围偏小。例如，仅具有杯槽的写字板就不在该从属权利要求所进一步限定的保护范围内。代理师应当对该从属权利要求2进行拆分，得到如下的多项从属权利要求：

  2. 根据权利要求1所述的坐具，其特征在于，所述支撑板包括：写字板。

该从属权利要求2中仅仅将支撑板限定为写字板，没有包括其他方面的进一步限定，由此满足了"一从权一特征"的要求。进一步地，考虑写字板上进一步所具有的杯槽或笔槽，代理师可以采用从属权利要求3来限定：

  3. 根据权利要求2所述的坐具，其特征在于，所述写字板包括：具有杯槽和笔槽中的至少一种的写字板。

该从属权利要求3中仅是提及写字板进一步增加的杯槽和/或笔槽，并未强调杯槽和笔槽一定是同时具备，因此也是符合"一从权一特征"的要求的。需要注意的是，该从属权利要求3引用的是权利要求2，原因在于其所引用的"写字板"只是在权利要求2中才首次出现，为了保证引用有出处，该权利要求3只能引用权利要求2，而针对有关安装位置的从属权利要求就并非如此了。

对于"写字板"的安装位置，其可以安装于右侧扶手上，这可能是一种优选的手段，假设安装于右侧扶手上是一个能够对技术方案创造性带来贡献的手段，那么，代理师有必要针对此种下位的实现方式来撰写从属权利要求4：

  4. 根据权利要求2所述的坐具，其特征在于，所述在扶手上安装有支撑板包括：在右侧扶手上安装有所述写字板。

问题是，该从属权利要求4为何不引用权利要求3而是引用权利要求2呢？

显然，如果该权利要求4引用权利要求3，则其保护范围需要以权利要求3所限定的保护范围为基础进行进一步的限定，在权利要求3中本身就限定了"杯槽""笔槽"的情况下，如果权利要求4引用权利要求3，则会使该权利要求4所保护的方案中需要首先在写字板上具备杯槽、笔槽，然后再满足安装于右侧扶手这一条件。这使该从属权利要求4的保护范围偏小。对于从属权利要求而言，从保护范围的角度考虑，如果能够往前引用就尽可能地往前引用。也就是说，要尽可能地引用那些保护范围大的权利要求。当然，也可以从另一个角度来考虑。权利要求4中所限定的安装位置和权利要求3中所限定的杯槽与笔槽之间并无必然的逻辑联系，在此情况下，没有必要特别选出权利要求3作为权利要求4的引用对象，而是可以考虑是否可以以更大保护范围的权利要求作为引用对象。

那么，上述从属权利要求4为何引用权利要求2而不引用权利要求1呢？这其实和权利要求3的情况相类似。正是因为在权利要求4中出现"所述写字板"，而"写字板"只是在权利要求2中才第一次出现，为了确保引用有出处，权利要求4才引用权利要求2。但是应该注意的是，从属权利要求4只不过是对安装位置的限定，至于安装的到底是上位概念的"支撑板"还是下位概念的"写字板"，其实和安装位置并无关系，其实可以不必在该从属权利要求4中特别限定是写字板的安装位置，而是针对权利要求1中支撑板的安装位置进行限定，这样就能够实现引用权利要求1。代理师完全可以这样来撰写从属权利要求4：

> 4. 根据权利要求1所述的坐具，其特征在于，所述在扶手上安装有支撑板包括：在右侧扶手上安装有所述支撑板。

需要注意的是，上述的权利要求3和4是严格按照我之前所讲解的"细化"权利要求的撰写方式来撰写的，其首先描述限定对象，之后用"包括"体现"细化"关系，最后再体现限定结果。这样的撰写方式虽然严谨，但有时不免啰唆，在代理师能够确保从属权利要求可以正确回引的情况下，完全可以采用较为简洁的方式来撰写上述从属权利要求，例如可以将权利要求3和4修改如下：

> 3. 根据权利要求2所述的坐具，其特征在于，所述写字板进一步具有杯槽和笔槽中的至少一种。
>
> 4. 根据权利要求1所述的坐具，其特征在于，在右侧扶手上安装有所述支撑板。

上述的权利要求2、3、4均是对坐具中的支撑板所进行的限定，这3项从属权利要求可以被看作有关针对支撑板进行进一步限定的一套从属权利要求。

接下来，代理师可以撰写和椅背通风孔有关的另一套从属权利要求。

> "椅子"中和"通风孔"相关的从属权利要求

我们继续撰写和椅背通风孔有关的另一套从属权利要求。

发明人所提供的材料中，提及椅背上具有一系列规则分布的通孔。

结合我之前的分析，有关孔的分布形态是否为"规则"并非必然的要求，即使代理师在从属权利要求中进一步限定出椅背上具有通孔，也没有必要限定其分布方式。加上此种限定，只会限缩该从属权利要求的保护范围，实际上，这也是一种"一从权多特征"的体现。

但上述问题其实还不是有关椅背上具有通孔的从属权利要求首先要面对的问题，首先要面对的是有关"椅背"的引用出处的问题。

由于在独立权利要求1中将椅子上位概括为"坐具"，而坐具不一定包括椅背（在坐具是凳子的情况下），因此，首先需要将"坐具"下位为"椅子"，然后再以椅子为基础引出椅背上具有通孔的技术特征。代理师可以撰写出如下的从属权利要求5：

> 5. 根据权利要求1所述的坐具，其特征在于，所述坐具为椅子，所述椅子的椅背上具有散热孔。

如果散热孔的均匀分布也是能够对该方案的创造性提供贡献的技术特征，那么，可以考虑再撰写如下的从属权利要求6：

> 6. 根据权利要求5所述的坐具，其特征在于，所述散热孔在所述椅背上均匀分布。

如上的从属权利要求5和6构成对散热孔进行限定的一套从属权利要求，代理师还可以针对椅腿上安装有轮子的特点，再撰写一套从属权利要求。

> "椅子"中和"轮子"相关的从属权利要求

对于轮子这一技术特征，应该注意到其是为了解决移动不方便所提出的技术改进，而解决移动不方便的问题当然并不限于采用"轮子"作为解决手段。假设可以采用滑轨、滚珠同样可以实现移动的效果，那么在从属权利要求中就不应只是进一步限定具有轮子，而是应该进行相应的上位。代理师可以撰写出如下权利要求 7：

> 7. 根据权利要求 1 所述的坐具，其特征在于，在所述坐具底部支撑部件的下方进一步安装有移动部件。

该从属权利要求 7 为一个"增加"关系的从属权利要求，这一关系用"进一步"这一表述予以体现。对于发明人最初所提供方案中提及的轮子，该从属权利要求 7 结合轮子以及其替代方案进行了上位，上位得出"移动部件"这一上位概念，从而在发明人原有提供方案的基础上扩大了保护范围。

对于在椅腿上安装轮子这一方案而言，其属于发明人原始提供的技术方案，该方案很有可能也是侵权产品的具体实现形态。基于此，仍有必要在从属权利要求中对该方案予以体现，代理师可以撰写如下的权利要求 8：

> 8. 根据权利要求 7 所述的坐具，其特征在于，所述坐具底部支撑部件为椅腿，所述移动部件为轮子。

需要注意的是，有关轮子的安装位置也可能存在多种情况。常规情况下，轮子会安装于各个（例如四个）椅腿的底部；但也存在这样的情况，只在四个椅腿中的两个椅腿的下部侧方安装轮子，在需要移动椅子时，只需要将没有安装轮子的椅腿抬起，使椅子倾斜，实现具有轮子的椅腿上的轮子能够和地面相接触，从而满足拖动椅子移动的需要。代理师在权利要求 8 中对于在几个椅腿上安装轮子并未限定，上述提及的不同情况，可以在如下的从属权利要求 9 和 10 中予以限定：

> 9. 根据权利要求 8 所述的坐具，其特征在于，在所述椅子的每个椅腿的底部安装有所述轮子。

> 10. 根据权利要求 8 所述的坐具，其特征在于，在所述椅子的多个椅腿中的两个椅腿的下部侧方安装有所述轮子。

结合从属权利要求 8、9 和 10，下面可以回顾一下从属权利要求中引用部分的作用。

对于从属权利要求 8 而言，其对于底部支撑部件以及移动部件进行了细化，但并未体现这些细化的下位特征之间的连接关系。也就是说，并未在该从属权利要求中限定轮子和椅腿之间的连接关系。我之前讲过，对于一个产品而言,既要限定其组成又要限定连接关系。那么,从属权利要求8是否缺少组成间的连接关系,从而不是一个完整的技术方案呢?

我们应该认识到,从属权利要求8引用从属权利要求7,在从属权利要求7中限定"底部支撑部件的下方进一步安装有移动部件"这一连接关系的情况下,从属权利要求8中通过对于从属权利要求7的引用也将该连接关系引用到从属权利要求8中,在"轮子"和"椅腿"这样的下位特征不会导致连接关系也需要进行相应的下位的情况下,从属权利要求8中已经具备轮子和椅腿之间的连接关系,从而使该从属权利要求8是一个完整的产品权利要求。

也可以这样考虑,对于从属权利要求8而言,其仅仅是针对产品中组成的细化,这样的细化不会导致连接关系也需要进行相应的细化,由此,我们只需要对相关的组成进行细化即可,无须再将已经出现于从属权利要求7中的连接关系重复描述。

类似的思路,下面可以来分析一下从属权利要求9和10。

从属权利要求9和10分别是对轮子安装于哪些椅腿上这一连接关系来进行细化,但其所引用的从属权利要求8中,文字上并未直接体现轮子和椅腿之间的连接关系,这是否会导致从属权利要求9和10的引用无出处呢?

不难发现,尽管在从属权利要求8中并未直接以文字的方式体现上述连接关系,但通过对于权利要求7的引用,权利要求8中实际上已经包括上述连接关系,在从属权利要求8中存在这样的连接关系的情况下,从属权利要求9和10对从属权利要求8的引用就不会存在引用无出处的问题了。

实际上,上述所撰写的从属权利要求9和10只不过是为了讲解上述内容方便所撰写出的从属权利要求,从保护范围的角度来考虑,从属权利要求9和10并不应该引用从属权利要求8。

原因在于,到底是在所有的椅腿上安装移动部件还是仅在其中的两个椅腿上安装移动部件,和移动部件到底是不是轮子之间并无必然的逻辑联系。也就是说,在移动部件是滑轨、滚珠的情况下,同样可以将其安装在全部椅腿或部分椅腿上。由此,从属权利要求9和10不应在从属权利要求8的基础上进行进一步的限定,其完全可以再"往前引",引用首次出现移动部件的从属权利要求7。由此可以撰写出如下的权利要求:

7. 根据权利要求1所述的坐具，其特征在于，在所述坐具底部支撑部件的底部进一步安装有移动部件。

8. 根据权利要求7所述的坐具，其特征在于，所述坐具底部支撑部件为椅腿，所述移动部件为轮子。

9. 根据权利要求7所述的坐具，其特征在于，所述坐具底部支撑部件为椅腿，在所述椅子的每个椅腿的底部安装有所述移动部件。

10. 根据权利要求7所述的坐具，其特征在于，所述坐具底部支撑部件为椅腿，在所述椅子的多个椅腿中的至少两个椅腿的下部侧方安装有所述移动部件。

撰写至此，不难发现，从属权利要求9和10的"所述椅子"很是扎眼，即使这两项从属权利要求回引到权利要求7，再进一步回引到权利要求1，都找不到"椅子"这一"所述"的目标。由此，会导致这两项从属权利要求出现引用无出处的问题。

怎么克服这一问题呢？大家可以想一想。考验代理师认真钻研的工作态度的时候到了。

克服这一问题，简单粗暴的办法是将这两项从属权利要求中的"所述椅子"的字样删掉，但针对这一问题，如果再仔细想想，或者能够得到一套更好的从属权利要求。

例如，为了克服"所述椅子"无出处的问题，是不是可以改为"所述坐具"呢？这倒是可以解决引用无出处的问题，但是，"所述坐具的每个椅腿"显然是前后不对应的。坐具是一上位概念，椅腿是一下位概念，其表达的腿是椅子的腿，而不能是凳子的腿。这样的兼具上位和下位概念的表述，逻辑上是跳跃的，会让人感觉不舒服。

进而，可以思考一下，是不是只能是椅子才能采用"腿"这一底部支撑方式呢？当然并非如此。简单来说，凳子当然可以采用腿来作为底部支撑部件，只不过这个时候的"腿"不能被称为"椅腿"罢了。

综合上述两点思考，是否可以在从属权利要求9和10中，先将所述坐具底部支撑部件限定为支撑腿（没有限定到底是椅子腿还是凳子腿），然后针对支撑腿来限定到底是全部安装还是部分安装有移动部件。

分析至此，可以发现，除了从属权利要求 9 和 10 具有上述所分析的问题外，从属权利要求 8 中也存在将底部支撑部件局限于"椅"腿的情况，这样的限定也导致该从属权利要求的保护范围不必要地缩小。

如果大家乐于思考、勤于思考，还能进一步思考得出，即使将"腿"不再局限于"椅腿"，也不一定仅能在"腿"上来安装轮子，完全可以在墩子这样并不具有"腿"这一支撑形式的坐具的底部来安装轮子，同样可以实现该发明的技术方案。也就是说，在从属权利要求 8 中仅仅想限定出移动部件是轮子的情况下，没有必要一定与之配合地限定出底部支撑部件为"腿"这一支撑结构。

结合上述的思考，从属权利要求 8、9、10 可以修改如下（为了方便对照，也将权利要求 7 列出）：

7. 根据权利要求 1 所述的坐具，其特征在于，在所述坐具底部支撑部件的下方进一步安装有移动部件。

8. 根据权利要求 7 所述的坐具，其特征在于，所述移动部件为轮子。

9. 根据权利要求 7 所述的坐具，其特征在于，所述坐具底部支撑部件为支撑腿，所述移动部件安装于全部所述支撑腿的底部。

10. 根据权利要求 7 所述的坐具，其特征在于，所述坐具底部支撑部件为支撑腿，所述移动部件安装于部分所述支撑腿的下部侧方。

在上述例子的权利要求撰写过程中，从轮子到滑轨、滚珠的改变，从安装于四个椅腿到只安装于两个椅腿的改变，从椅腿到凳子腿的改变，从腿到墩子支撑部分的改变，表面上是文字表述的改变，实质上是在针对发明人所提供的技术方案进行扩充。这种扩充所考虑的是，是否可以将发明人所提供技术方案中的某一技术手段进行替换，达到相同或类似的技术效果。多个替代技术手段的得出，可以帮助代理师基于原手段和替代手段上位得到一上位的技术手段，从而获得更大的保护范围。另外，有可能得到的替代手段本身也是对方案能够起到创造性贡献的手段，这也会进一步提高权利的稳定性。有关针对技术方案的扩充，后续会结合案例进行更为详细的说明。

我承认，上述所进行的扩充以及权利要求的多次更改中，有一些内容已经有些"走火入魔"，这里并不是要求所有的案件都要以如此的标准和思路来撰

第1章　应用逻辑主线撰写"椅子"的权利要求

写权利要求,只是想说明撰写出一个好的权利要求其实是要付出心血的(说给客户听的),也是没有止境的(说给代理师听的)。我们只有在发明人所提供的材料的基础上不断思考、不断自我否定、不断琢磨,才能撰写出当前阶段基本满意的权利要求。

比如,针对上述的权利要求8、9和10,我们可以考虑调整一下他们的顺序,并增加相应的引用关系,从而形成如下一套从属权利要求(同样为了查阅方便,我们将从属权利要求7也予以列出):

7. 根据权利要求1所述的坐具,其特征在于,在所述坐具底部支撑部件的下方进一步安装有移动部件。

8. 根据权利要求7所述的坐具,其特征在于,所述坐具底部支撑部件为支撑腿,所述移动部件安装于全部所述支撑腿的底部。

9. 根据权利要求7所述的坐具,其特征在于,所述坐具底部支撑部件为支撑腿,所述移动部件安装于部分所述支撑腿的下部侧方。

10. 根据权利要求7或8或9所述的坐具,其特征在于,所述移动部件为轮子。

为何这么改呢?因为这样修改能够通过从属权利要求的引用关系直接体现出更多的所要保护的技术方案。

当从属权利要求10引用从属权利要求7或8或9的情况下,既能够将移动部件是轮子的情况在该从属权利要求中直接体现,也能够将部分以及全部支撑腿的底部安装有轮子的情况在该从属权利要求中体现。而对于未进行顺序调整前的那一套权利要求来说,其并没有通过从属权利要求间的引用关系直接体现出后者的情况。

那么,不进行上述的顺序调整,仅仅增加相应的引用关系是不是也可以呢?比如,如下一套从属权利要求:

8. 根据权利要求7所述的坐具,其特征在于,所述移动部件为轮子。

9. 根据权利要求7或8所述的坐具,其特征在于,所述坐具底部支撑部件为支撑腿,所述移动部件安装于全部所述支撑腿的底部。

10. 根据权利要求7或8所述的坐具,其特征在于,所述坐具底部支撑部件为支撑腿,所述移动部件安装于部分所述支撑腿的下部侧方。

在这一套从属权利要求中,针对权利要求 9 和 10 分别增加对权利要求 8 的引用,从而也能够将既具有轮子又是安装于全部或部分支撑腿底部的情况予以保护。但这样的一套从属权利要求却出现上位概念向下位概念来回引的问题。

具体而言,从属权利要求 9 和 10 引用权利要求 8,在权利要求 8 中已经将移动部件下位为轮子,但是在权利要求 9 和 10 中所采用的表述却是移动部件这一上位表述,这样的引用关系不免使人感觉混乱。

在进行上述的一系列撰写、修改后,可以得出如下一套权利要求:

1. 一种坐具,其特征在于,该坐具包括:坐具底部支撑部件、扶手,在所述扶手上安装有支撑板;

所述支撑板与所述扶手之间为活动连接,在所述支撑板处于收起状态时,该支撑板通过所述活动连接被置于所述扶手的侧部;在所述支撑板处于打开状态时,所述支撑板通过所述与扶手间的活动连接,从扶手侧部翻转、展开至所述坐具使用者腿部的上方。

2. 根据权利要求 1 所述的坐具,其特征在于,所述支撑板包括:写字板。

3. 根据权利要求 2 所述的坐具,其特征在于,所述写字板进一步具有杯槽和笔槽中的至少一种。

4. 根据权利要求 1 所述的坐具,其特征在于,在右侧扶手上安装有所述支撑板。

5. 根据权利要求 1 所述的坐具,其特征在于,所述坐具为椅子,所述椅子的椅背上具有散热孔。

6. 根据权利要求 5 所述的坐具,其特征在于,所述散热孔在所述椅背上均匀分布。

7. 根据权利要求 1 所述的坐具,其特征在于,在所述坐具底部支撑部件的下方进一步安装有移动部件。

8. 根据权利要求 7 所述的坐具,其特征在于,所述坐具底部支撑部件为支撑腿,所述移动部件安装于全部所述支撑腿的底部。

9. 根据权利要求 7 所述的坐具,其特征在于,所述坐具底部支撑部件为支撑腿,所述移动部件安装于部分所述支撑腿的下部侧方。

10. 根据权利要求 7 或 8 或 9 所述的坐具,其特征在于,所述移动部件为轮子。

这一版本不能说完美,但是确实是经过思考、打磨后的产物。

1.4.9 "椅子"独立权利要求的查漏补缺分析

针对椅子这个案例,我之前一共给出三个版本,只是对版本一进行非常简单的分析,那么是不是还要看看其他两个版本呢?

实际上,要是真正掌握我前面讲的内容,其他两个练习的版本就已经没有必要看了,或者说,已经入不得您的法眼。

下面我就这三个版本进行点评,算作查漏补缺。

【版本一】

1. 一种椅子,其特征在于,包括:椅腿、椅座、椅背、扶手以及轮子。

我之前分析了有关逻辑主线方面的问题,还需要注意的是,在该权利要求中,并没有体现出新增加的轮子和其他部件的连接关系。在缺乏这一连接关系的情况下,怎么解读这个权利要求就是问题了。

善意的解读当然会将轮子安装于椅腿上,但怎么能保证别人都善意呢?别人完全可以基于该权利要求的文字记载,将轮子解读为安装在椅背、扶手上。读者可能认为这样的理解太恶意了,但在没有通过文字对相应内容进行准确限定的情况下,并没有充足的理由来禁止他人这样理解。反之,他人甚至能够基于这样的理解来指出权利要求不清楚或者得不到说明书的支持。

当然,也可能认为,可以采用说明书来解释权利要求,在说明书中已经记载轮子是安装于椅腿的情况下,基于说明书的解释,该权利要求自然也是将轮子安装于椅腿上。采用说明书来解释权利要求当然是可以的,但问题是,不能把权利要求的问题都寄希望于通过说明书的解释来加以解决。采用说明书解释权利要求,很多情况下是在权利要求本身不清楚的情况下进行的,但为什么要让权利要求不清楚呢,直接把权利要求写清楚不更好吗?

有关连接关系的进一步的问题是,椅座和椅腿以及扶手是不是也要限定出它们的连接关系呢？

我认为这个连接关系倒是可以在权利要求中不予体现。原因在于，这些内容属于纯粹的现有技术内容，而这些名词已经隐含了相应的连接关系，仅仅描述这些现有的组成并不会导致连接关系的缺失。而在轮子是本发明改进点的情况下，这种"改进"的性质使轮子安装于何处是一个未知的要素，它和其他部件的连接关系也不能通过"轮子"这一表述隐含地予以体现。

版本一中另一个问题是椅座这个特征要不要写。

出于技术方案完整性角度来考虑，椅座确实是椅子中不可缺少的必要技术特征，但即便如此，该特征也无须在独立权利要求中体现。这其实在我之前的分析中已经提及。在权利要求的主题是椅子的情况下，自然隐含椅座这一特征，即使不写椅座也不会导致该权利要求方案不完整。当然，如果椅座是后续从属权利要求的引用对象，就可以考虑将椅座在独立权利要求中予以体现。

其实，不写椅座还有一个考虑，当代理师把椅子上位为坐具的情况下，对椅座怎么上位呢，这其实不太好解决。综合各方因素，在代理师所撰写的权利要求中，并没有体现椅座或者与之对应的上位概念。

【版本二】

1. 一种办公座椅，其特征在于，包括：

可折叠的办公桌板；

底部有可以动的滑轮。

软性通风的座椅靠背。

首先映入眼帘的就是"办公"，如果读者比较好地掌握了之前所讲的内容，哪怕没有达到"走火入魔"的状态，只是对权利要求的保护范围有些许敏感，都会发现这个"办公"属于不必要的限定。

在该权利要求的特征部分中，"可折叠的办公桌板"存在歧义。到底是什么样的可折叠？是发明人提及的收起、展开，还是字面意义上也能对应的使办公桌板变大变小的折叠？这样的多种解读导致该权利要求保护范围不清楚。另外，办公桌板是什么鬼？是办公桌的板吗？没有办公桌，这是不是也是一个问题？

特征部分中第二部分是"底部有可以动的滑轮。"这是原汁原味的原始版本。这里面的"句号"是明显的形式错误。这个形式错误的问题一定要注意!

专利代理师写出的申请文件千万不能让人一眼就挑出形式错误,千万不能让审核人、指导教师出现这样的感受:怎么又出形式错误呢,这小子爱犯形式错误的毛病又被我逮住了。

如果代理师能做到只被挑形式错误,那就比较好了。我现在审核案件,基本上就只能挑形式错误了。因为写得都挺好,甚至都比我好,我只能关注于是否有形式错误了,这种情况是我乐于见到的。作为新人,如果你的案子做到让你的老师只能挑形式错误,那么你离出师就不远了。

这个"底部有可以动的滑轮"还有很多问题。首先,这个底部到底是谁的底部。其次,既然已经是轮子,那么,为什么还要说这个轮子可以动呢?是很细致地想到轮子也可以是那种固定不动的轮子,所以特别予以排除吗?我估计他想得没那么细;还是"可以动"实际上是"可移动",又出现一次形式错误?不论是哪种情况,都是有问题的。最后,这里面提及滑轮,这一表述是错误的。本发明的方案在椅子底部的轮子,并非滑轮。采用滑轮这一表述,日后在专利无效宣告过程中,无效宣告请求方很可能找出物理教科书来说明滑轮到底是一个什么部件,从而将本发明的方案解读为一个很怪异的样子。要说滑轮中的"滑"是用以说明椅子如何移动的,也是错误的。椅子是通过轮子在地面的滚动而移动的,并非是通过滑动来移动的,这一解读也不正确。

该权利要求中的最后一个特征是"软性通风的座椅靠背"。首先,这个"软性"就是非必要的限定;其次,对于通风这一所要达到的目的而言,本发明的技术方案是采用通风孔来实现的,而在该特征中,只有效果的描述并没有对应的技术手段。

【版本三】

1. 一种多功能椅子,其特征在于,包括:
滑轮、支架、底座、书写板、靠背、扶手;
所述滑轮安装于所述支架底部;
所述底座安装于所述支架的上部;
所述靠背与所述底座连接;
所述书写板与所述支架连接;

所述扶手与所述支架与所述靠背连接。

主题中的"多功能"是不必要的描述，代理师在主题中只需要写明主题本身就可以了，没有必要再加上例如效果、功能等不必要限定，这些内容要么啰唆且没有用处，要么会不必要地限缩权利要求的保护范围。

版本三中的其他问题我之前或多或少地讨论过，该版本中的其他问题就留给读者自己去分析吧。

通过针对"椅子"的分析以及练习，我基本上将独立权利要求以及从属权利要求的撰写要求进行了较为具体的讲解，后续我会进一步结合国内知名公司的真实案例，对上述所讲解的内容再作重申，以便读者能够结合案例对上述要求加深理解，做到真正加以掌握（实际上不通过较多的案件撰写实践是达不到真正掌握的）。

我们一起努力吧。

第 2 章

结合案例对权利要求的分析

2.1 方案介绍

本章案例为一种实现彩色回铃音的方法及系统，在其说明书中描述，在现有技术中如果采用智能网的方式来实现彩色回铃音业务，需要对智能网中的业务控制点（SCP）进行改造，此种针对智能网中现有设备的改造使彩铃业务的推广受到技术上的束缚。在现有技术中，还存在以改造归属位置寄存器（HLR）和端局 MSC/VLR 的方式来实现彩铃业务，这种改造的问题在于需要对 HLR 以及全网中众多的 MSC/VLR 进行改造，改造量大。该发明针对现有技术的缺点，提出一种新的实现彩色回铃音业务的方法和系统。从系统的角度来说，该发明新增加了一个信令处理系统（SPS）设备，该新增加的 SPS 设备连接于移动交换中心（GMSC/MSC）与 HLR 之间，这两个设备之间的信令交互经由该 SPS 设备来进行。具体如图 2-1 所示。

在进行上述系统改造后，该发明采用如图 2-2 所示的流程来实现彩色回铃音业务。

其中，步骤 801 到步骤 804 这四步为一组步骤，这组步骤中首先由主叫用户的 MSC/GMSC 向 HLR 发出一 SRI 消息，该消息的目的在于从 HLR 处获得被叫用户的路由信息，以便根据该信息寻找到对应的被叫用户，以最终实现主、被叫用户之间建立通信连接以及通话。在步骤 801 中，基于信令路由的配置，主叫所发出的 SRI 消息首先到达新增加的 SPS 设备。该 SPS 设备基于该消息中所携带的被叫用户的号码，判断被叫用户是否为签约了彩铃业务的用户，如果

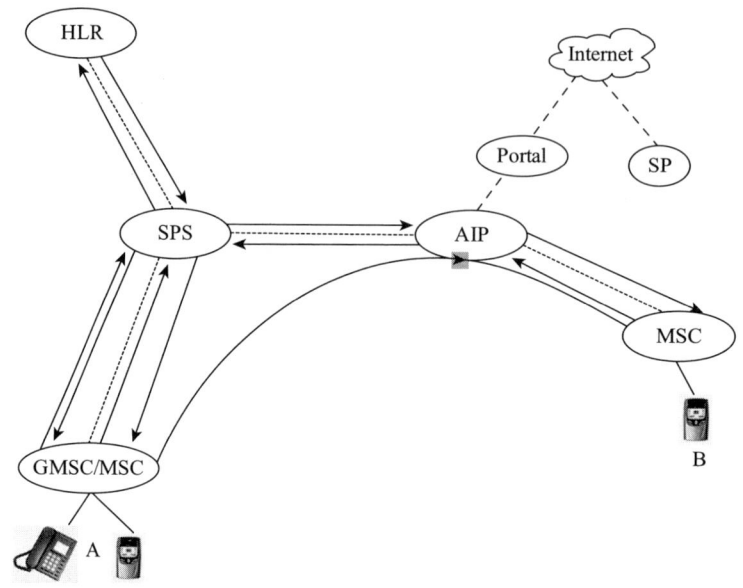

图 2-1 该发明实现彩色回铃音业务的系统组网

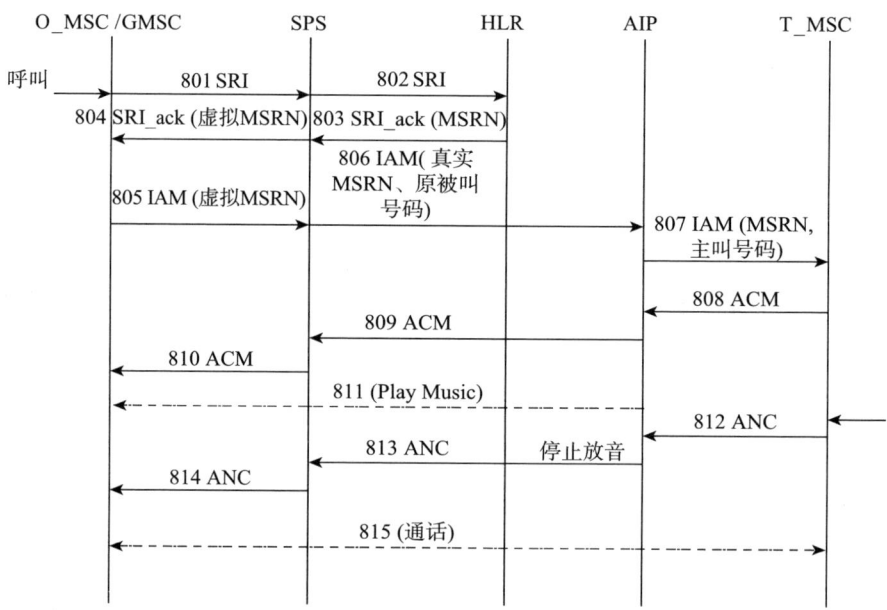

图 2-2 该发明实现彩色回铃音业务的流程

是，则将该 SRI 消息中的主叫用户的地址信息更改为 SPS 设备的地址信息，以便 HLR 在针对所述 SRI 消息返回响应消息时，能够基于修改后的地址将该响应消息首先返回到所述 SPS 设备。在步骤 802 中，SPS 将 SRI 消息发送到 HLR，HLR 根据该消息中所携带的被叫用户号码，获得被叫用户的路由信息，并将该路由信息携带于 SRI 的响应消息中返回给所述 SPS 设备（步骤 803）。该发明的关键点在于在 SPS 设备收到 SRI 响应消息后，将该响应消息中所携带的被叫用户的路由信息更改为彩铃中心（图 2 - 2 中的 AIP）地址，并将更改后的 SRI 响应消息发送给主叫 GMSC/MSC。

上述步骤可以理解为是一个主叫从 HLR 获得被叫用户路由信息的过程，只不过，当被叫用户是彩铃用户时，新增加的 SPS 设备会采用彩铃中心地址这一假的被叫用户路由信息，来替代 HLR 所返回的真实的被叫用户路由信息，从而实现对主叫用户的"欺骗"。那么，为什么要进行这样的"欺骗"呢？原因在于要想实现彩铃业务，必须建立主叫用户和彩铃中心之间的连接。正是基于上述的欺骗，主叫才能够基于被欺骗后的地址信息向彩铃中心发起呼叫。这一呼叫过程在步骤 805 至步骤 807 中予以体现。在步骤 805 中，由于主叫 GMSC/MSC 并不会判别所谓 SRI 响应消息中所携带的地址信息到底是不是真实的被叫用户路由信息，因此，其会基于 SRI 响应消息中所携带的彩铃中心地址（假的被叫用户路由信息）构建一条发往彩铃中心的 IAM 消息，该消息首先经过 SPS 设备。需要注意的是，此时 SPS 设备将该消息中所携带的假的被叫用户路由信息（彩铃中心的地址）更改为真实的被叫用户路由信息。其中，真实的被叫用户路由信息是该 SPS 设备在收到 HLR 所返回的 SRI 响应消息时所记录的。进行这样的"更改"其目的在于使后续彩铃中心能够基于真实的被叫用户路由信息实现对被叫用户的寻呼。这一寻呼过程在步骤 807 中予以体现，即 AIP 基于真实的被叫用户路由信息向被叫用户 T_MSC 发送 IAM 消息。在步骤 808 到步骤 810 中，在 T_MSC 收到 IAM 消息后，寻呼相应的被叫用户。寻呼到相应被叫用户之后，T_MSC 向 AIP 发送地址全消息（ACM），AIP 再向主叫侧的 MSC/GMSC 发送 ACM 消息。之后，当被叫用户还未摘机应答时，彩铃中心向主叫用户播放彩色回铃音，当被叫用户摘机应答后，则建立主、被叫之间的话路，实现两者之间的通话。

针对该技术方案，下面看一下可能撰写出的如下独立权利要求，并作相应的分析。

2.2 版本一的独立权利要求分析

版本一的独立权利要求如下：

1. 一种实现彩色回铃音业务的方法，其特征在于，该方法包括以下步骤：

信令处理系统 SPS 接受由主叫侧 GMSC/MSC 发来的请求，并判断被叫用户是否登记彩铃业务；若所述 SPS 判断被叫用户登记了彩铃业务，修改请求中的信息，发送给 HLR；

所述 SPS 接收从所述 HLR 发回的消息，并更改消息中的信息，发送给所述主叫侧 GMSC/MSC；

所述 SPS 接收从所述主叫侧 GMSC/MSC 发来的呼叫信息，更改所述呼叫信息内容，并将更改后的呼叫信息发送给放音中心，使放音中心能够寻找到被叫用户并将被叫用户所在的 MSC 发送的 ACM 发送给主叫侧 GMSC/MSC，然后向主叫用户播放被叫用户定制的彩铃音。

2.2.1 上位"过狠"

版本一的第一个问题在于上位"过狠"，这首先使该独立权利要求本身难以符合"清楚"的要求。

例如，其在第一步中指出，SPS 接受由主叫侧 GMSC/MSC 发来的请求，至于是何种请求并未进行限定。从之前的技术方案介绍中可以得知，只有在"请求"是获得被叫用户路由信息的请求时，才能基于该请求获得被叫用户的路由信息，进而才能基于对所获得的被叫用户路由信息的修改，使主叫 GMSC/MSC 向彩铃中心发起呼叫。如果是别的请求，则不能实现后续的一系列处理步骤。在版本一的独立权利要求中，在对"请求"没有清晰界定的情况下，HLR 基于该"请求"所获得的信息是什么信息也就无法明确，也就无法从原理上说明为何对这一信息进行修改后，能够使更改后的呼叫信息发送给放音中心，从而使这一方案在整体上并非是一个清楚的技术方案。相应的不清楚的问题还出现在权利要求中"修改请求中的信息""更改消息中的信息"等内容中，读者可以进行类似分析。上述"不清楚"问题的出现，背后对应的是对于"上位"的误解。这种误解体现为认为上位就是删除定语，基于这种误解所进行的"上位"，是见到定语就想删，这种针对定语不分青红皂白地"斩尽杀绝"，是我所说的上位"过狠"的表现之一，而这种上位"过狠"的结果是，其所得到的并非是上位概念，而是一个"模糊"的结果。

结合我之前的讲解可以发现，在某些情况下，代理师对于多个下位概念所进行的上位的确是通过将下位概念中的定语予以删除来实现的。例如，之前提及的椅子的例子，对于支撑板安装于左侧扶手、右侧扶手、两侧扶手这样三个下位概念，上位方式是将"哪一侧"的定语删掉，从而得到安装于扶手这一上位概念。由此，有人可能会认为，所谓的上位就是将特征中的相应定语删掉，也就出现上述案例中将"获得被叫用户路由信息的请求"这一技术特征上位为"请求"这样的做法。殊不知，删除定语只是上位的表象，并非是上位的本质。

从思维的角度来说，上位并不是一个"删掉"的思维方式，而是一个"抽取"共性的思维方式，只不过在抽取出的共性中并不包括某些以定语形式出现的个性内容而已。简单地删除定语，脱离了上位的本质，更有可能因为其简单粗暴的处理方式，使所得到的结果是一个模糊的内容。例如，我之前针对安装于左侧扶手、右侧扶手、两侧扶手这样的技术特征进行上位，得到扶手这一上位概念，表象上来说，是删掉了"哪一侧"这一定语，但实质上是抽取了这三者的共性内容，即都是安装于扶手上。由于哪一侧并非是共性而只是下位概念中的个性内容，在抽取共性内容的时候没有被抽取出来。同时，所抽取出的"扶手"这一共性内容，本身也满足最基础的"清楚"的要求，这样通过抽取共性所进行的上位是合理的。由此，代理师在上位的时候要注意，不要以删掉定语的思维方式来进行上位，更不能以一股脑儿地删掉所有定语的方式来进行上位的操作。

举个不恰当的例子，在椅子的案例中，代理师不能总出于上位的考虑，将扶手上位为"手"吧，支撑板安装于"手"上显然是不清楚的。同样，在"彩铃"案例中，简单地将"获得被叫用户路由信息的请求"这一表述中定语删掉，得到"请求"这一所谓上位概念，实质上所得到的并非是上位概念，而是一个模糊的内容。

实践中，对于如上所述的"请求"这样的"过狠"地上位，有代理师会说："我有说明书以及从属权利要求的多个下位来解释这个上位，因此，这个'上位'是清楚的啊，你看从属权利要求或者说明书不就明白了吗？"这其实还是混淆了"下位"和"解释"的关系。我所说的下位，是在上位概念本身清楚的情况下，将该上位概念所包括的其中一种下位概念体现出来，这种"下位"不是用来解释上位的，而是用来限定一个较小的保护范围的。

下位存在的意义并不在于使上位概念清楚，也不要寄希望于通过下位来使上位概念清楚。由此，自然就不能通过下位来解释上位，从而实现上位概念的清楚，而是应该确保上位概念本身就是清楚的。例如，上述扶手的例子，并不是通过安装于左侧、右侧或者两侧扶手这些下位概念来"解释"什么是安装于扶手上。安装于扶手上本身就是清楚的，无须也不应该通过这些下位概念来"解释"。而在"彩铃"的案例中，如果上位概念仅仅采用"请求"，那么，这一概念本身就是不清楚的，即使在从属权利要求中将该请求下位为"获得被叫用户路由信息的请求"，该下位概念也起不到对上位概念进行解释的作用，从而使该上位概念本身仍然不清楚。

总结来说，我所讲的上位是一个抽取多个下位概念共性的上位概括，并不是一个简单地删除相应定语即可实现的模糊化处理。实践中，一定要将"上位"和"模糊"区分开，如果"上位"的结果是模糊不清的内容，那么就算限定再少，也不是一个正确的"上位"。

其实，一项好的权利要求应该让阅读者在"不听、不看、不想"的情况下就能准确地把握其所要保护的技术方案。所谓"不听、不看"，是指不听代理师对方案的讲解，不看说明书中对于本发明技术方案的详细介绍，仅仅通过权利要求的文字记载就能把握其所要保护的内容。"听和看"意味着要引入权利要求文字记载之外的内容，如果需要借助于这些外在的内容才能使权利要求是清楚的，那么该权利要求本身或多或少已经是不清楚的。有关"不想"的内容，重点强调逻辑连贯，我后续会进行介绍。当然，这种上位"过狠"，有可能是基于对"上位"的错误理解而出现的，也有可能是对技术方案理解不到位所导致的。代理师有可能对于方案的技术实现只是做到"知其然"而没有做到"知其所以然",只看到技术实现的表象,忽视技术特征对技术方案实现的作用,从而误认为采用其他下位特征也可以实现该方案,如此进行错误的上位。例如,在"彩铃"的案例中,代理师很有可能就没有意识到只有在请求是"获得被叫用户路由信息的请求"时才能实现该发明的方案,其可能只将该请求笼统地理解为是一个请求消息,而忽视该请求的实质内容和实现该发明方案之间的关系,从而得出只要是"请求"都能实现该发明技术方案的结论。形象地说,代理师对图2-2的理解是局限于不同主体之间的消息传递的。也就是说,只理解到了谁向谁发送什么消息,而对于发送消息的目的是什么,发送这一消息和实现该发明的发明目的之间是何关系,则没有进行进一步的研究。这种对于技术方案的理解仅停留在技术方案实现的表面,只知道这个方法要进行什么样的步骤,但不知道为何要执行该步骤。

这种理解只能被称为"知其然"的理解。对于重现技术方案来说,"知其然"的理解可能就够了;但如果落实到权利要求的撰写,代理师需要决定相关技术特征是否为必要技术特征,是否需要或者能够对相应技术特征进行上位,这种"知其然"的理解就不够了。准确地说,专利撰写层面的理解技术方案应当是一个"知其然"也"知其所以然"的理解。不但要知道技术方案实现本身是什么样的,还要知道这个技术方案为什么要这样实现,如此才能使代理师真正掌握技术方案的实质,为撰写专利申请文件做好准备。当然,上位"过狠"除了会带来如上分析的"不清楚"的问题之外,更为直接的问题是保护范围过宽。所谓上位,是指对多个存在共性的下位概念进行上位概括,从而得到上位概念。要进行上位,前提是存在上位的基础。所谓上位的"基础",是指要有下位概念的支持方能进行上位。如果存在多个下位概念,或者存在一个下位概念但不排除或者很容易想到该下位概念的等同实现方式,那么就存在上位的"基础";反之,则不存在上位的"基础"。在上述案例中,主叫侧GMSC/MSC发来的请求就是"获得被叫用户路由信息的请求",而且,只有是该请求才能使后续步骤得以执行,进而实现该发明的技术方案。因此,该请求就是"获得被叫用户路由信息的请求",针对该请求而言,并无其他实现可能。在此情况下,代理师就不应也不能对"获得被叫用户路由信息的请求"进行上位了。不能因为我们前面讲了要尽可能地获得一个大的保护范围,就针对任何技术特征不加区分地进行上位,这样不加区分的上位"过狠"了。而一旦上位不具有上位基础，上位的内容自然就得不到说明书的支持，这会使上位概括的内容最终也无法成立。这种不具有上位基础的情况也进行上位，是上位"过狠"的第二个通常表现。例如，在上述案例中，不明确是何种"请求"实际上包括了各种请求的情况，而实际上，只有请求是"获得被叫用户路由信息的请求"时，才能实现该技术方案。再如，不明确"更改消息中的信息"是何种信息，那么，这一信息就包括所有可能的信息。实际上，只有将消息中所携带的被叫用户路由信息更改为彩铃中心的地址才能实现该发明的技术方案。以上种种都导致了所谓的上位的权利要求包括了不能实现的技术方案，从而使该独立权利要求的保护范围过宽，基于其包括不能实现的技术方案而出现无法得到说明书支持的问题。

讲完上位"过狠"的问题，下面再来看一下独立权利要求中不同特征之间的逻辑联系问题。

2.2.2　不同特征间的逻辑联系

逻辑联系，是指独立权利要求中的各个技术特征之间要相互依存，换言之，独立权利要求中某一技术特征的结果要能被其他技术特征用到，直到通过各个技术特征的联系，最终实现该独立权利要求所对应的技术主题。

下面以上述逻辑联系要求来分析版本一的独立权利要求中所限定的各个步骤。版本一的独立权利要求如下：

1. 一种实现彩色回铃音业务的方法，其特征在于，该方法包括以下步骤：

信令处理系统 SPS 接受由主叫侧 GMSC/MSC 发来的请求，并判断被叫用户是否登记彩铃业务；

若所述 SPS 判断被叫用户登记了彩铃业务，修改请求中的信息，发送给 HLR；

所述 SPS 接收从所述 HLR 发回的消息，并更改消息中的信息，发送给所述主叫侧 GMSC/MSC；

所述 SPS 接收从所述主叫侧 GMSC/MSC 发来的呼叫信息，更改所述呼叫信息内容，并将更改后的呼叫信息发送给彩铃中心，使彩铃中心能够寻找到被叫用户并将被叫用户所在的 MSC 发送的 ACM 发送给主叫侧 GM-SC/MSC，然后向主叫用户播放被叫用户定制的彩铃音。

其中，在步骤的第三段中描述了"所述 SPS……并更改消息中的信息，发送给所述主叫侧 GMSC/MSC"，该特征的结果之一在于更改消息中的信息，但从该步骤之后的描述可以发现，并没有哪个步骤在文字上体现出利用所述"更改"后的结果，从而使该"更改"成为一个逻辑上孤立的技术特征。这样的逻辑孤立对应以下两种结论：

一是该技术特征在逻辑上的孤立说明其和独立权利要求中的其他技术特征之间并无关联。此种无关联使在没有该孤立的技术特征的情况下，并不会影响其他技术特征的实施。由此，该孤立的技术特征是一个对技术实现而言可有可无的技术特征，其属于非必要技术特征，不应在独立权利要求中予以限定。

二是该孤立的技术特征实际上在技术上并非孤立，而是和其他技术特征之间存在关联关系。只不过在独立权利要求中并未记载或未写明此种关联关系而已，这种未记载或未写明使独立权利要求缺少必要技术特征或存在不清楚的问题。

版本一的独立权利要求正好对应上述第二种结论。对于消息中信息的更改，更准确地说，步骤 803 中将 SRI 响应消息中所携带的被叫用户路由信息更改为彩铃中心地址，当然是和其他步骤之间存在逻辑联系的。后续步骤，也就是步骤 805，要利用所更改的彩铃中心地址向彩铃中心发起呼叫。只不过，这一"利用更改后的彩铃中心地址"的内容并未在独立权利要求中予以体现，从而使该独立权利要求缺少必要技术特征。具体可参考图 2-2。

类似的问题还可以在版本一的独立权利要求中发现多处，例如，

其记载了"SPS 修改请求中的……发送给 HLR"，然而，HLR 接收请求这一结果在独立权利要求 1 中的后续步骤中并未用到，使该技术特征成了一个孤立的技术特征。通过分析可以发现，该技术特征并非是非必要技术特征，只有在 HLR 收到"请求获得被叫用户路由信息的请求"后，才能根据该请求去获得被叫用户的路由信息，进而才能执行后续的将真实的被叫用户路由信息修改为假的被叫用户路由信息（彩铃中心地址）的步骤。

然而，在版本一的独立权利要求中，既没有明确"请求"是何请求，也

没有明确 HLR 基于该请求来获得信息以及什么样的信息，这些不明确使最初 SPS 发送给 HLR 的"请求"，成了一个在该独立权利要求中的孤立的技术特征。经过上述分析可以发现，此种"孤立"其实是缺少上述本应存在于独立权利要求中的记载导致的，这使该独立权利要求缺少必要技术特征，也可以这样说，这种对于相关内容记载的缺失，使该独立权利要求成了一个不清楚的权利要求。

逻辑上的联系使独立权利要求中的各个技术特征紧密关联。要注意的是，在不会导致表述啰嗦的情况下，这种关联性要以文字表达出来。所表达出的逻辑关联，要能够使独立权利要求（从属权利要求其实也是如此）在阅读者"不想"的情况下，也能够迅速地理解技术方案，并且确定出相应技术特征是该权利要求中所应存在的技术特征。

所谓"不想"，是指不用去想为什么存在这个技术特征，或者说，能够通过文字表达，使阅读者跟着代理师的思路，来理解权利要求所保护的方案。如果代理师能够将各个技术特征之间的逻辑联系都以文字准确表达出来，那么，自然就不需要阅读者再去琢磨到底在权利要求中为什么存在这个特征了。而逻辑上的联系也能使权利要求中技术特征始终沿着一个逻辑脉络进行。当代理师用文字表达将逻辑联系体现出来时，自然也就将这样的逻辑脉络呈现给阅读者。阅读者在阅读权利要求时，只需要沿着文字所表达的逻辑脉络，依次理解权利要求中所包括的内容即可，无须自行理清权利要求的逻辑脉络，从而可以节省阅读者的这一思考过程。这一逻辑脉络的作用，尤其在方法类权利要求中体现得更为明显。原因在于，方法中各个技术特征多为动作，而不同动作之间具有先后时序时，通过将动作间的逻辑关系予以明确，能将不同时序的各个动作以一个逻辑脉络连接为一个整体，方便阅读者在该逻辑脉络下依次理解方法权利要求中的各个动作，进而更为细致地利用这种逻辑关系，甚至还有可能发现方法权利要求中存在的时序上的不必要的限定。例如，在方法权利要求中，步骤 A 的动作结果在步骤 B 中没有被用到，而是在步骤 C 中被用到了，在步骤 A、B、C 存在先后时序关系限定的情况下，我们就可以产生怀疑，既然在步骤 B 中没有用到步骤 A 的结果，而是在步骤 C 中才被用到，那么，产生步骤 A 结果的动作是不是就可以不在步骤 A 中来执行，而是也可以在步骤 B 中来执行。如果得到确定的结论，就可以相应地修改权利要求的时序限定，例如，将步骤 A 和步骤 B 放在一起来描述，消除两者之间时序关系方面的限定。

体现特征间的逻辑联系，就意味着要用文字表达出来。不要将本就存在的逻辑联系隐含在模糊的表达中，让阅读者自己去想，或者通过说明书的相关内容去解释。这实际上是将客观上存在的逻辑联系以代理师主观的认识以及由此所进行的撰写操作人为地消灭了。例如，上述分析的"所述 SPS……修改请求中的信息，发送给 HLR；"以及"所述 SPS 接收从所述 HLR 发回的消息，并更改消息中的信息，发送给所述主叫侧 GMSC/MSC；"就是这样的问题。

当然，还要注意，体现逻辑联系，不能以啰唆为代价。这主要是指，特征间的逻辑联系可能以多种方式出现，要注意不要在权利要求中以不同的方式来重复表达这种逻辑联系。

例如，在上述案例中，对于版本一的独立权利要求可以简单修改如下：

1. 一种实现彩色回铃音业务的方法，其特征在于，该方法包括以下步骤：

信令处理系统 SPS 接受由主叫侧 GMSC/MSC 发来的请求，并判断被叫用户是否登记彩铃业务；

若所述 SPS 判断被叫用户登记了彩铃业务，修改请求中的信息，发送给 HLR，**HLR 获得被叫用户路由信息后，将该信息通过响应消息发回给所述 SPS**；

所述 SPS **接收**从所述 HLR 发回的消息，并更改消息中的被叫用户路由信息，发送给所述主叫侧 GMSC/MSC；

所述主叫侧 GMSC/MSC 接收所述 SPS 更改信息后的所述消息，向所述 SPS 发送呼叫信息；

所述 SPS **接收**从所述主叫侧 GMSC/MSC 发来的呼叫信息，更改所述呼叫信息内容，并将更改后的呼叫信息发送给彩铃中心，使彩铃中心能够寻找到被叫用户并将被叫用户所在的 MSC 发送的 ACM 发送给主叫侧 GMSC/MSC，然后向主叫用户播放被叫用户定制的彩铃音。

上述权利要求中，加粗文字部分的表述体现了技术特征间的逻辑关系。其中，"HLR……将该信息通过响应消息发回给所述 SPS"体现出和后续步骤即"SPS 更改消息中的信息"的逻辑联系。也就是说，只有在 HLR 将被叫用户路由信息返回给所述 SPS，才能使 SPS 对该信息进行修改。但是，这一逻辑联系的文字表达有些啰唆。既然在"HLR……**将该信息通过响应消息发回给所述 SPS**"已经体现 HLR 向 SPS 发送响应消息的含义，该内容就已经使 HLR 的处理能够和后续的 SPS 的处理建立起逻辑联系，这种逻辑联系已经通过"发回给所述 SPS"这一文字表述体现出来。由此，也就没有必要再在后续步骤中描述"所述 SPS **接收**从所述 HLR 发回的消息"这一"接收"动作。上述的"发回"和"接收"两次在文字表达上体现了所需要的逻辑联系。从动作内容上来说，这两个动作内容又是一致的，这样的表达使得权利要求的表述有些啰唆。

类似的问题还出现在：

所述主叫侧 GMSC/MSC 接收所述 SPS 更改信息后的所述消息，向所述 SPS **发送**呼叫信息；

所述 SPS **接收**从所述主叫侧 GMSC/MSC 发来的呼叫信息；

……

上述表述中同样也是针对"发送""接收"进行重复的表达，使整个表述啰唆、不简洁。

当然，这种逻辑关系表达上的不简洁，并不一定是以"发送""接收"重复描述的形式出现的。如果代理师发现逻辑关系在权利要求中被重复表达，应考虑是否有必要进行相应的删除。

2.2.3 "结果"式的限定

版本一的权利要求中的第三个问题在于**采用"结果"来进行限定而没有描述相应的技术实现**，这其实也是导致上述所分析的缺少必要技术特征或不清楚的原因所在。

对于一个技术方案而言，其通过一系列技术手段来达到某一技术效果，为了清楚地描述一个所要保护的技术方案，代理师应该在独立权利要求中对构成该方案的技术手段加以描述，如果仅描述相应的"结果"，则会使技术手段本身不清楚，进而影响权利要求整体上的"清楚"。

对于方法权利要求而言，技术方案是由动作这一技术手段构成的，为此，代理师应该对方法中的各个动作本身进行清晰的描述，而不应寄希望于以"结果"的方式来反过来限定动作。如果纯粹以"结果"来限定动作，有可能造成动作本身的描述内容缺失，这种"结果"限定的方式并不是所谓的上位，而是一种不清楚的表达方式。

其描述了"所述 SPS……更改所述呼叫信息内容，并将更改后的呼叫信息发送给彩铃中心，使彩铃中心能够寻找到被叫用户"这一内容。基于之前的技术讲解可知，SPS 更改呼叫信息中的内容具体而言是要将其中的彩铃中心地址更改为真实的被叫用户路由信息，只有如此，才能使后续彩铃中心能够基于真实的被叫用户路由信息寻找到被叫用户。

然而，在版本一的上述论述中，只是泛泛地指出更改呼叫信息中的内容，并未明确该内容是什么内容以及修改成什么样的结果。之后，采用"结果"的方式对该"更改"予以限定，即将该"更改"限定为"使彩铃中心能够寻找到被叫用户"所进行的"更改"。貌似这样的描述方式获得了一个很宽的保护范围，将所有可能实现上述"结果"的方式都囊括其中，但是，其并没有对更改这一动作本身进行清晰的介绍。本领域技术人员在看了上述表述之后，只知道要实现何种结果，但无法知道通过何种手段来实现该结果，从而使该权利要求所记载的方案是一个对于本领域技术人员来说不清楚的技术方案。

这里，要对上位概括和结果式的限定加以区分。所谓上位概括，其目标仍然是各个下位的技术实现，上位并非是将各个下位概念模糊化，而是要找出各个下位概念的共性所在，并基于此得到一个由该共性所限定出的技术实现。而所谓结果式的限定，是将技术实现手段中本应具备的相应内容删除，仅仅描述技术实现后所带来的结果，用这一结果反过来解释缺失相应内容的技术实现。结果式的限定造成技术手段的不完整、不清楚，这一不完整也不能通过"结果"的方式予以弥补。由此，"结果"式限定中的所谓"结果"，并非是技术手段本身，这样的"结果"式的限定并不能带来所谓的上位，而只会带来不清楚的问题。

2.2.4 基本概念问题

下面再来看版本一独立权利要求中的下一个问题——有关"基本概念"的问题。这是一个简单到很容易被人忽略的问题，但这一问题却对权利要求的保护范围有很大的影响。

基于版本一的独立权利要求。例如，在版本一的独立权利要求的最后，限定了向主叫用户播放被叫用户定制的彩铃音。这里涉及权利要求的基本概念的问题。

所谓权利要求的基本概念，是指独立权利要求主题所对应的基本概念。在撰写独立权利要求时，要考虑主题的基本概念所必须涵盖的技术特征有哪些，在确定独立权利要求所应包括的必要技术特征时，要紧扣基本概念，既不能缺失基本概念所应包括的技术特征，也不能超出基本概念所涵盖的技术特征的范畴，增加无谓的限定。

例如，对于彩铃业务而言，其所播放的彩铃可以是被叫用户定制的，但也可能播放由系统默认设置的彩铃，此时，所播放的彩铃是一个**无须被叫用户定制的彩铃**。基于这一基本概念，代理师在撰写独立权利要求时，就不应该将彩铃业务这一基本概念限缩于只能播放被叫用户定制的彩铃，这和彩铃业务这一基本概念并不完全契合，增加了不必要的限定，限缩了保护范围。由此，在版本一中，只需在其限定的步骤最后描述"向主叫用户播放彩铃"就可以了。

对于基本概念，除了不能增加基本概念范畴之外的不必要限定，还要求权利要求中的所有技术特征最终能够实现该基本概念。例如，对于实现彩铃业务的独立权利要求而言，最终要落到播放彩铃这一步，至此方能实现主题所对应的基本概念，达成"扣住"的目标。引申出的问题是，如果基本概念所对应的内容很多，是不是需要将这些内容都体现在独立权利要求中呢？

应当注意，如果某一内容属于和发明点无关的现有技术，并且其不是和基本概念直接对应的内容或者能够通过权利要求的主题得以隐含公开的内容，那么，出于权利要求撰写简洁的考虑，这样的内容可以在独立权利要求中不作描述。

例如，对于一个主题是照相机的产品权利要求而言，其基本概念是"照相机"，当其改进仅仅在于快门，而镜头和快门的改进并无关联的情况下，由于镜头与快门这一发明点无关，且基于"照相机"这一基本概念已经能够隐含公开包括镜头这一内容，此时可以在独立权利要求中不再体现镜头的描述。

再如，对于上述案例而言，彩铃业务作为方法权利要求的主题，在该方法的实现中，尽管最终彩铃中心向主叫用户播放彩铃和发明点无关，但是由于该内容直接对应于"实现彩铃业务"这一基本概念，即使其属于现有技术，也应当将其体现在独立权利要求中。

针对上述案例，读者可以结合基本概念的要求想一下，该案例的技术方案中包括，在被叫用户摘机应答后，接通主、被叫之间的话路，实现主、被叫之间的通话，对于这一内容，是否有必要体现在独立权利要求中呢？

2.2.5　工作态度

版本一的权利要求中还存在一些形式错误的问题。这些问题看似是小问题，却有可能带来大的影响。

在独立权利要求1的第一步中描述"信令处理系统SPS **接受**由……发来的请求"。这里的"接受"实际上是一个笔误，本应为"接收"。看似只是一字之差，却有可能对保护范围造成影响。

"接收"体现的是从另一方收到相关的内容，体现了一个不同实体间的消息传递过程。但"接受"就不一样了，其强调的是对于相应内容的肯定、承认。如果权利要求1中的表述是"接受"，那么直接体现的含义是SPS设备对于发来的请求的肯定。实际上，该技术方案中并不涉及对于请求的接受与否，进而，原本该步骤所想要表达的请求传递的含义，也不能通过"接受"直接体现，充其量只能间接地解读：在对于"发来的请求"进行"接受"的情况下，自然首先要先"接收"该请求。这样的解读尽管也能将"接收"的含义解读出来，但这毕竟是"间接"的解读，而非直接的、清楚的文字表达。在该专利申请涉及向国外申请时，问题会进一步延伸。当进行中译英的翻译时，"接受"会被翻译为accept而非receive，二者含义显然不同。

上述的形式错误在保护范围方面产生了实质性的影响，更为重要的影响是，一旦出现形式错误，代理机构内部的专利申请的审核人员会基于这样的形式错误而对撰写该案的专利代理师产生不信任感，信任一旦失去就很难重建，这将给专利代理师的实际工作带来很大的影响。他们会认为你工作态度不认真，对你完成的工作不放心。

说到工作态度的问题，我很庆幸能够在刚刚进入专利代理行业时遇到非常好的老师。指导我的老师中，有的老师逻辑严谨、一针见血，往往一眼就能看出申请文件中的逻辑问题；有的老师和蔼可亲，对我写的申请文件中的各个问题都会全面、细致地审核，并给予耐心的指导。这些老师都有一个共同的特点，那就是工作态度极其认真、做事非常严谨。不论是对于技术方案的理解、申请文件的文字表达还是权利要求中技术特征的取舍，他们都精雕细琢，真正体现了代理工作的"良心"。

给我印象最为深刻的是王丽琴老师。王老师是老"清华"，指导我的时候虽然她岁数已很大了，但在审核我的案件前仍然仔细阅读技术交底材料，在审核过程中认真阅读申请文件、仔细听我并不专业且又错误百出的解读。王老师看案子细致到什么地步呢？当年我写好的一个案子，该申请文件中的一个表述是英文缩写，而该英文缩写后面的逗号，我忘记切换成中文输入法，所以输入的就是一个英文格式的逗号，王老师看出了这一问题，并要求我进行修改。王老师如此严谨的工作态度、认真踏实的工作作风，深深感动了我，使我后续的职业生涯受益无穷。在实质问题的审核上，王老师也能运用严谨的逻辑，将复杂问题简单化，高屋建瓴地给予相应的指导。正是这些老师的指导，使我掌握了逻辑主线和工作态度这两个在专利代理工作中最重要的武器，在此深深感谢这些老师们！

再回到工作态度的问题上。如果一名专利代理师工作态度不认真，对于形式错误的问题不重视，放任自己出现形式错误，以这样的工作态度来工作，即使工作时间再久，也断无成为一名好的专利代理师的可能。

我记得曾指导过一位专利代理师，这位代理师——方案理解快、沟通顺畅、逻辑严谨，唯独就是总出现错别字这样的形式错误。我苦口婆心地和这位代理师做了很多思想工作，告诫他不要出现形式错误，出现形式错误有很严重的不良影响。这位代理师口头都表示接受，可还是出现形式错误。到年终总结的时候，我又很严厉地批评了这位代理师，告诉他一定不能再出现形式错误。这位代理师几乎声泪俱下地说"一定改正"。

结果在他提交的工作总结里面还是存在很多形式错误。我拿着他的总结质问他。

这次他被触动了，从此真的不怎么出现形式错误了，并逐渐成为一名优秀的专利代理师。

我希望通过上述真实的例子，让大家认识到工作态度问题的重要性。只有保持认真、严谨的工作态度，才能做好专利代理工作，才能成为一名好的专利代理师。

2.3 版本二的独立权利要求分析

1. 一种实现彩色回铃音业务的方法,其特征在于,该方法包括以下步骤:

步骤 A：SPS 接收由主叫侧的 MSC/GMSC 发来的向被叫用户所属的 HLR 请求被叫用户路由信息的消息；经 SPS 判定该被叫用户是登记了彩色回铃音业务的被叫用户后,SPS 向 HLR 发送请求被叫用户路由信息的消息,并接收由 HLR 返回的包含被叫用户路由信息的消息；SPS 将该响应消息中的被叫用户信息替换为彩铃中心的地址,并且更改其中的路由消息,然后将该消息发送到主叫侧的 MSC/GMSC；

步骤 B：根据步骤 A 中 SPS 向主叫侧的 MSC/GMSC 发送的消息,SPS 接收由主叫侧的 MSC/GMSC 构造的向彩铃中心发送的消息,并且在将消息中的彩铃中心的地址替换为被叫用户的路由消息后,将该消息发送给彩铃中心；

步骤 C：彩铃中心根据步骤 B 中呼叫信息的被叫用户路由信息,将呼叫路由到被叫用户所在的 MSC,待被叫侧的 MSC 向彩铃中心返回消息后,彩铃中心向主叫侧的 MSC/GMSC 发送该消息,并向主叫用户播放彩色回铃音。

版本二克服了版本一中的一些问题,下面来分析版本二中所出现的新问题。

2.3.1 "消息"和"信息"的故事

针对版本二,我首先来讲一个"消息"和"信息"的故事。对于权利要求的撰写而言,其要求文字表达务必严谨,这种严谨体现在,针对同样的事物要用相同的文字来表达。从这样的要求来反推,如果在权利要求中使用的是不同的文字表述,那么有理由认为这两个不同的文字表述所对应的是不同的事物。基于此,下面来分析一下版本二中的"消息"和"信息"。首先来看版本二中的步骤 A。

步骤 A：SPS 接收由主叫侧的 MSC/GMSC 发来的向被叫用户所属的 HLR 请求被叫用户路由信息的消息；经 SPS 判定该被叫用户是登记了彩色回铃音业务的被叫用户后，SPS 向 HLR 发送请求被叫用户路由信息的消息，并接收由 HLR 返回的**包含被叫用户路由信息的消息**；SPS 将该**响应消息中的被叫用户信息**替换为彩铃中心的地址，并且更改其中的**路由消息**，然后将该消息发送到主叫侧的 MSC/GMSC；

在步骤 A 中，其描述了"接收由 HLR 返回的包含**被叫用户路由信息的消息**；SPS 将该响应消息中的被叫用户信息替换为彩铃中心的地址"，其中，"消息"和"响应消息"是不同的表述，但实质上应为同一内容，因此，不应采用上述这样的不同的文字内容来表述。当然，代理师可能会解释："我在'响应消息'之前增加了'该'，用以指代这个响应消息就是之前的'消息'。"应该注意的是，"该"和"所述"是类似的表述，都是对在其之前已经出现内容的再次引用。例如，在权利要求中提及 SPS，那么再次描述到该 SPS 时，严谨来说，应该采用"所述 SPS"这样的表述方式，以便强调该 SPS 即是之前所提及的 SPS。但在版本二的步骤 A 中，首次出现的是"消息"，并没有出现"响应消息"的字样，由此，之后提及"该"响应消息就会导致引用无出处的问题，通过"该"来将前后两个对象统一为一个并不现实。

我们继续看步骤 A。步骤 A 中有这样的表述：

接收由 HLR 返回的包含**被叫用户路由信息**的消息；SPS 将该响应消息中的**被叫用户信息**替换为彩铃中心的地址，并且更改其中的**路由消息**。

此时我关注的是有关"被叫用户路由信息"的问题。不难发现，上述表述中 HLR 所返回的是包括"被叫用户路由信息"的消息，而之后 SPS 所进行的替换，却是对消息中的"被叫用户信息"进行替换。上述进行的替换实际上就是对被叫用户路由信息的替换，但是此时由于用不同的文字表述，尽管这种不同只是细微的差别，但也可能被解读为并非相同的含义。例如，他人完全可以将被叫用户信息解读为其手机号码，这和路由信息是不同的含义，甚至有人将"被叫用户信息"解读为是被叫用户是否签约彩铃业务的签约信息也未尝不可，但这明显与权利要求中所要真实表达的含义相去甚远。这些理解虽然都不正确，却都是基于文字表述所产生的理解，具备"存在"的合理性，从而增加权利要求"不清楚"的风险性。上述表述中,有意思的是在该表述的最后还有"并且更改其中的**路由消息**"这一内容。

接收由 HLR 返回的包含被叫用户路由信息的消息;SPS 将该响应消息中的被叫用户信息替换为彩铃中心的地址,并且更改其中的**路由消息**。

在这一内容中,路由消息到底是谁的路由消息,是被叫用户的?可是没有限定;还是别人的?那就和实际的方案不对应了。更有意思的是,此处是"路由消息"而非"路由信息"。这个路由消息到底是什么?基于我之前的分析,不同的文字表述所对应的是两个不同的事物,"路由消息"显然并非路由信息,可是步骤 A 提及的是"向 HLR 请求被叫用户路由信息",那么,在 HLR 所返回的响应消息中,自然应该是被叫用户的路由信息而非路由消息,在该响应消息中都不具备路由消息的情况下,怎么能涉及"更改其中的路由消息"呢?由此可见,"信息"和"消息"的一字之差,导致上述表述十分混乱。还需要说明的是,在上述表述中提及"替换"和"更改"两个动词,但结合技术方案知道,实际上 SPS 只执行了一个动作,即将响应消息中的被叫用户路由信息替换为彩铃中心的地址。上述表述中采用两个动词的表述,会使人误认为对应执行两个不同的动作,而这并非是本发明正确的技术方案。

本来讲完步骤 A,针对同一事物采用相同表述这一要求基本就能讲清楚,无须再分析后续步骤了,但是后续步骤在这方面的问题太有意思了,我将继续分析步骤 B 和步骤 C。

在版本二的步骤 B 中,首先提及了"根据步骤 A 中……发送的消息,SPS 接收由主叫侧……构造的向彩铃中心发送的消息"。

由技术方案的介绍可知,主叫侧构造出向彩铃中心发送的消息是根据更改后的被叫用户路由"信息"来进行的,正是将真实的被叫用户路由信息更改为虚拟的被叫用户路由信息,也就是彩铃中心地址,才能使主叫侧能够基于彩铃中心地址构造向彩铃中心发送的消息。由此可见,步骤 B 中"根据步骤 A 中……发送的消息"中的"消息"又表述错了,应该为"消息中的彩铃中心地址(也就是虚拟的被叫用户路由信息)"。当然,这一错误也有可能并非是代理师将"消息"和"信息"相混淆所导致的,而是其误认为仅仅根据步骤 A 中 SPS 向主叫侧所返回的响应消息即能实现上述的消息构造过程。显然,仅仅收到响应消息,而不基于其中所携带的虚拟的被叫用户路由信息,是无法完成构造一条发往彩铃中心的消息的。结合这一表述,下面可以来看一下步骤 C。

步骤 C:彩铃中心根据步骤 B 中呼叫信息的被叫用户路由信息,将呼叫路由到被叫用户所在的 MSC,待被叫侧的 MSC 向彩铃中心返回消息后,彩铃中心向主叫侧的 MSC/GMSC 发送该消息,并向主叫用户播放彩色回铃音。

步骤 C 中描述的是"彩铃中心根据步骤 B 中呼叫信息的被叫用户路由信息,将呼叫路由到被叫用户所在的 MSC"。

我发现,在步骤 B 中根本没有提及"呼叫信息",甚至连"信息"的字样都没有。实际上,该表述想体现的是根据步骤 B 中向彩铃中心所发送的"消息"中的被叫用户路由信息。但是代理师首先将"消息"和"信息"相混淆了,其次增加了在步骤 B 中本来并未出现的"呼叫"作为信息的定语,导致出现上述问题。进一步地,仔细观察后不难发现,步骤 C 中彩铃中心所根据的是呼叫信息的"被叫用户路由信息",而在步骤 B 中所进行的替换却是"替换为被叫用户的路由消息","信息"和"消息"的不同导致二者其实也是不一样的,但实际并非如此。

说了这么多,有人可能会提出"消息"和"信息"有那么大的区别吗?需要这么细致对这二者加以区分吗?从实质含义来分析,会发现这二者的含义根本不同。"信息"强调的是内容,"消息"强调的则是传播载体。描述"发送信息"并不体现出是以何种消息载体来实现的发送,而"发送消息"则不能体现出该消息中携带何种信息。在这二者具有上述不同的情况下,自然有必要对其进行明确的区分。当然,版本二的步骤 C 中还出现了"被叫用户所在的 MSC"以及"被叫侧的 MSC",二者实际是同一内容但采用不同的表述,也应将其统一成相同的文字表述。总结来看,我将版本二的独立权利要求 1 中出现的表述不一致问题,用标注的方式展示如下:

1. 一种实现彩色回铃音业务的方法,其特征在于,该方法包括以下步骤:

步骤 A:SPS 接收由主叫侧的 MSC/GMSC 发来的向**被叫用户所属的**

HLR 请求被叫用户路由信息的消息；经 SPS 判定该被叫用户是登记了彩色回铃音业务的被叫用户后，SPS 向 HLR 发送请求被叫用户路由信息的消息，并接收由 HLR 返回的包含**被叫用户路由信息**的**消息**；SPS 将**该响应消息**中的**被叫用户信息**替换为彩铃中心的地址，并且更改其中的**路由消息**，然后将该消息发送到主叫侧的 MSC/GMSC；

步骤 B：根据步骤 A 中 SPS 向主叫侧的 MSC/GMSC 发送的**消息**，SPS 接收由主叫侧的 MSC/GMSC 构造的向彩铃中心发送的**消息**，并且在将消息中的彩铃中心的地址替换为**被叫用户的路由消息**后，将**该消息**发送给彩铃中心；

步骤 C：彩铃中心根据步骤 B 中**呼叫信息**的**被叫用户路由信息**，将呼叫路由到**被叫用户所在的** MSC，待**被叫侧的** MSC 向彩铃中心返回消息后，彩铃中心向主叫侧的 MSC/GMSC 发送该消息，并向主叫用户播放彩色回铃音。

其实，版本二中还有一个功亏一篑的问题，那就是没有做到单侧写。

2.3.2 单侧写的问题

单侧写是一种为了满足专利侵权判定中的全面覆盖原则的要求，针对方法权利要求的特殊撰写方式。之前讲过，全面覆盖原则是指对于被控侵权一方来说，只有在其实施独立权利要求中的所有技术特征的情况下，才落入该权利要求的保护范围之中，构成专利侵权。落实到方法专利中，全面覆盖原则的适用要考虑方法中动作的执行主体问题。

一般而言，人们会认为只有在某一主体执行方法权利要求中的所有动作的情况下，才构成对该方法权利要求的侵权；反之，如果方法权利要求中包括了由不同执行主体所执行的不同动作，则在专利侵权判定中较难针对某一主体采用全面覆盖原则判定其构成对该方法权利要求的侵权。

例如，某一方法独立权利要求中，包括步骤 A、步骤 B 和步骤 C。其中步骤 A 由甲设备作为执行主体，而步骤 B、C 以乙设备作为执行主体。在采用该方法权利要求进行专利侵权判定时，如果对于甲设备的所有者或使用者发起侵权诉讼，其会辩称其仅仅执行该方法中的步骤 A，没有执行步骤 B 和步骤 C，即没有实施该方法权利要求中的所有步骤，不满足专利侵权判定中全面覆盖原则的要求，并不构成专利侵权，同样的情况和结论当然也适用于乙设备的所有者或使用者。由此，如果在方法权利要求中采用多个执行主体来撰写，很有可能在后续的侵权判定中出现无人可诉的情况。这时，该方法权利要求就有可能成为一个"无用"的权利要求。

当然，上述观点在"执行主体""侵权主体"方面还是存在一些混淆的问题，在特殊情况下，即使执行主体不同，但也有可能这些执行主体是受控于同一侵权主体而实施方法中的动作的，那么，即使执行主体具有多个，仍然可以基于同一侵权主体采用全面覆盖原则判定其构成专利侵权。有兴趣的读者，可以参考我的《方法专利的侵权主体问题探讨》一文。

此外，即使是采用多个执行主体来撰写方法权利要求，也并非绝对无法实现判定某一主体构成专利侵权，有兴趣的读者可以参考我的"多执行主体方法专利侵权探讨——兼议 Akamai 及西电捷通专利侵权案"以及《多主体实施方法专利侵权判定的情和理》这两篇文章。

排除上述文章所讨论的特殊情况，我继续针对一般情况来讨论所谓的"单侧写"的问题。

由于单侧写的目的在于能够针对某一侵权主体采用全面覆盖原则判定其实施方法权利要求中的所有步骤，因此，一般认为单侧写的重点在于在一项方法权利要求中应该仅具有一个执行主体，在该方法中存在多个执行主体交互的情况下，要对其他执行主体所执行的动作以名词限定的方式，或者以相应动作的状语或补语的方式予以体现。

例如，针对上述提及的方法，在采用单侧写时可以以乙设备作为唯一的执行主体来撰写，其撰写出的权利要求如下：

1. 一种方法，其特征在于，该方法包括：
在甲设备执行步骤 A 后，乙设备执行步骤 B；
乙设备执行步骤 C。

在上述权利要求中，仅仅包括乙设备所执行的各个动作，而甲设备所执行的动作则是通过状语的方式予以体现。在进行专利侵权判定时，完全可以单独针对乙设备的所有者或使用者发起侵权诉讼，由于其通过乙设备实施上述方法权利要求中的所有动作,满足全面覆盖原则的要求,因此构成专利侵权。

当然,上述的方法权利要求也可以以甲设备作为唯一的执行主体来进行单侧写,处理方式和上述处理方式类似。

基于之前的案例分析会发现,单侧写中的"单侧"是指在方法中存在多个交互主体时,以多侧交互中的一侧,即所谓的"单侧"作为方法的唯一执行主体来撰写方法权利要求。这是一种纯粹的描述方式的改变,实质的技术内容并不因为这种撰写方式的改变而改变。但是,这种撰写方式的改变有时往往会导致方法权利要求的撰写十分痛苦,撰写出的权利要求也会由此晦涩难懂,甚至有时都不像人话。

例如,当一个方法中涉及四个主体的交互时,例如在步骤 A 中,甲向乙发送消息;在步骤 B 中,乙执行某一操作后,向丙发送消息;在步骤 C 中,丙向丁发送消息;在步骤 D 中,丁执行操作后向甲传输数据。假设以其中的一个主体"乙"作为"单侧"来撰写方法权利要求,那么,要撰写出"丁"在步骤 D 中所执行的动作,就会十分痛苦。有兴趣的读者可以在此先尝试一下,当然,我后续也会以案例分析的方式来体现上述撰写过程。

在明确"单侧写"的出发点以及相关要求后,再来分析上述版本二的独立权利要求就能明显发现问题。上述版本二的独立权利要求为:

1. 一种实现彩色回铃音业务的方法,其特征在于,该方法包括以下步骤:

步骤 A:<u>SPS 接收</u>由主叫侧的 MSC/GMSC 发来的向被叫用户所属的 HLR 请求被叫用户路由信息的消息;经 SPS 判定该被叫用户是登记了彩色回铃音业务的被叫用户后,<u>SPS 向 HLR 发送</u>请求被叫用户路由信息的消息,并<u>接收</u>由 HLR 返回的包含被叫用户路由信息的消息;<u>SPS</u> 将该响应消息中的被叫用户信息<u>替换</u>为彩铃中心的地址,并且<u>更改</u>其中的路由消息,然后将该消息<u>发送</u>到主叫侧的 MSC/GMSC;

步骤 B:根据步骤 A 中 SPS 向主叫侧的 MSC/GMSC 发送的消息,<u>SPS 接收</u>由主叫侧的 MSC/GMSC 构造的向彩铃中心发送的消息,并且在将消息中的彩铃中心的地址<u>替换</u>为被叫用户的路由消息后,将该消息<u>发送</u>给彩铃中心;

步骤 C：彩铃中心根据步骤 B 中呼叫信息的被叫用户路由信息，将呼叫路由到被叫用户所在的 MSC，待被叫侧的 MSC 向彩铃中心返回消息后，彩铃中心向主叫侧的 MSC/GMSC 发送该消息，并向主叫用户播放彩色回铃音。

我用下画线将上述版本二的独立权利要求中所涉及的动作标注出来，可以发现，步骤 A 和步骤 B 中的动作执行主体均为 SPS 设备，而在步骤 C 中，动作的执行主体却变成了彩铃中心。在该权利要求中出现了两个不同的动作执行主体，由此使该方法权利要求并不满足单侧写的要求。一旦 SPS 设备和彩铃中心是分属不同主体的设备，例如 SPS 设备是运营商控制下的设备，而彩铃中心是彩铃服务提供商控制下的设备，那么，在采用该方法权利要求进行专利侵权判定时，就可能会出现无人可诉的情况，因为不论是运营商还是彩铃服务提供商，其均没有通过其设备实施该方法权利要求的所有步骤，因此并不满足全面覆盖原则的要求，不构成专利侵权。我再引申一下，如果彩铃中心和 SPS 设备是同一主体控制下的设备呢？例如，彩铃中心和 SPS 设备均是运营商所控制下的设备（实际情况下很有可能就是如此），那么，对于该运营商来说，其是否构成专利侵权呢？进一步引申一下，如果想针对产品提供商进行专利侵权诉讼，在彩铃中心和 SPS 设备均是由一个产品提供商提供的情况下，是否可以采用上述方法权利要求针对该产品提供商判定其构成专利侵权？如果彩铃中心和 SPS 设备是由不同产品提供商所提供的，那么，结论是否会有不同呢？这些问题，还请读者自行思考。

2.4 版本三的独立权利要求分析

接下来，我会分析版本三的独立权利要求。针对版本三，我主要分析三个问题，分别是方法权利要求中的时序问题、长句还是短句的问题以及"根据"这一表述方式的问题。

版本三的独立权利要求 1 如下。

1. 一种实现彩色回铃音业务的方法，其特征在于，该方法包括以下步骤：

步骤 A：SPS 接收来自主叫侧的 MSC/GMSC 根据主叫用户呼叫产生的对被叫用户路由信息的请求，并在确定所述被叫用户办理了彩色回铃音业务后，将更改所述请求中的主叫地址信息并将所述请求发送到被叫用户归属的 HLR，随后接收所述 HLR 得到被叫用户路由信息得到的被叫用户路由信息的响应信息，将所述响应消息中携带的被叫用户路由信息更换为 AIP 地址，并将所述更改后的响应消息发送到主叫侧的 MSC/GMSC；

步骤 B：所述 SPS 接收主叫侧 MSC/GMSC 根据步骤 A 中响应消息发送的呼叫消息，并对该呼叫消息进行修改，同时根据所述呼叫消息中包含的 AIP 地址向所述 AIP 发送呼叫消息；

步骤 C：所述 AIP 根据步骤 B 中发送的呼叫消息与被叫侧 MSC/GMSC 建立联系并向主叫用户播放被叫用户预先定制好的彩色回铃音。

2.4.1　方法权利要求中的时序问题

在版本三的权利要求中，读者可以注意其中包括几个表明时序的词，分别是步骤 A 中的"将更改所述请求中的主叫地址信息并将所述请求发送到被叫用户归属的 HLR"中的"将""随后接收所述 HLR 得到被叫用户路由信息得到的被叫用户路由信息的响应信息"中的"随后"以及步骤 B 中"同时根据所述呼叫消息中包含的 AIP 地址向所述 AIP 发送呼叫消息"中的"同时"。我逐一来分析这些时序词。

步骤 A 中的"将"，可以被理解为一种一般将来时的时态表达。例如，"我将去参加一个会议"中的"将"，就体现出我是在未来要去参加一个会议，而不是现在参加一个会议。对于权利要求而言，其所记载的方案是一个现在时态下的方案，其方案描述一般采用一般现在时这一时态形式，并不存在将来时态表述的需要。采用将来时态进行方案描述，不但没有必要，而且会导致权利要求无法满足"清楚"的要求。

当"将"是"将要"这一表达未来时态的含义时，会使其后所表达的动作处于一种可能执行也可能不执行的状态。人们无法明确，这个动作现在到底执行没有，如果是将来执行，那么从现在来看也不知道将来执行还是不执行。"将"使其后所限定的动作从方案中确定执行的动作变成一种未来的执行可能。此种权利要求中技术特征的不确定性，使该权利要求表述是不清楚的。

即使能把"将"所体现的未来时态理解为其后所限定的动作是相对于其之前动作的未来时刻来进行的，采用这样的方式来进行表述也并无必要。此时，"将"和"随后"的含义是类似的，这种不必要性可以结合步骤 A 中"随后"这一表述来进行分析。

步骤 A 中的"随后"，体现出接收响应消息的动作是在发送请求后所执行的。也就是说，"随后"限定了这两个动作的执行先后顺序。在该案中，进行这样的限定没有问题，因为这两个动作的确具有这样的先后执行顺序，且只能按照这样的先后顺序来进行。但是，应当尽可能地避免这种对于执行时序的限定。

完全存在这样的情况，两个动作之间本不具有先后的执行顺序关系，或者，尽管当前存在先后的执行顺序但并不排除之后也可以采用其他执行时序来执行。此时，如果代理师仍然采用例如"随后""然后""将"这样的时序词来进行限定，则会限缩权利要求的保护范围或者带来这方面的风险。由此，从谨慎的角度来考虑，步骤 A 中的"随后"也应该予以删除。

说到这里，代理师要注意在撰写权利要求时要有一个"抠"的意识。在考虑哪些特征要写到权利要求中时，不要那么大方，要小气一些，尽可能地少放技术特征到权利要求中。所谓"抠"，不但是不要那么大方，更多的是对于权利要求中的每个表述甚至每个字都要在意。某些表述即使在代理师看来可能仅是纯粹文学性质或无关紧要的表述，也有可能对权利要求的保护范围起到限定作用。这一问题在版本三的步骤 B 所采用的"同时"这一表述中就有所体现。

在步骤 B 中，提及对呼叫消息进行修改，之后描述"同时……向所述 AIP 发送呼叫消息"。基于之前的技术讲解可见，只有在对该呼叫消息进行修改后，才能将该修改后的消息向 AIP 发送，由此才能使 AIP 根据修改后的呼叫消息中所具有的被叫用户的路由信息和被叫 MSC/GMSC 建立连接。在上述"修改"和"发送"具有上述先后顺序关系的情况下，如果"同时"强调的是"同一时刻"这一时序关系的话，那么显然这样的表述就是一个错误的技术方案。

我推测，版本三的撰写者采用"同时"并非想体现"同一时刻"这一含义,而是仅想体现出类似于"以及""并且"这一逻辑上的关系而已,或者说,"同时"在这里只不过是作为一个没有具体含义的连接词出现而已。但是,将"同时"解读为"同一时刻"本身也是可以的。采用"同时"这一表述并不会对权利要求的清楚产生任何贡献,也没有在表述的文学性上产生任何积极的影响;相反,却使权利要求的保护范围有可能被错误地解读,因此应当将"同时"这一表述删除。

除了考虑保护范围方面的影响之外,使用时序词时还要考虑权利要求的简洁这一要求。在"将""随后""同时"并非权利要求中必须予以限定的时序的情况下,采用这样的描述只会不必要地增加权利要求的文字表述内容,和权利要求本身应该"简洁"这一要求并不相符。

2.4.2 长句还是短句的问题

版本三的独立权利要求 1 如下:

1. 一种实现彩色回铃音业务的方法,其特征在于,该方法包括以下步骤:

步骤 A:<u>SPS 接收来自主叫侧的 MSC/GMSC 根据主叫用户呼叫产生的对被叫用户路由信息的请求</u>,并在确定所述被叫用户办理了彩色回铃音业务后,将更改所述请求中的主叫地址信息并将所述请求发送到被叫用户归属的 HLR,<u>随后接收所述 HLR 得到被叫用户路由信息得到的被叫用户路由信息的响应信息</u>,将所述响应消息中携带的被叫用户路由信息更换为 AIP 地址,并将所述更改后的响应消息发送到主叫侧的 MSC/GMSC;

步骤 B:<u>所述 SPS 接收主叫侧 MSC/GMSC 根据步骤 A 中响应消息发送的呼叫消息</u>,并对该呼叫消息进行修改,同时根据所述呼叫消息中包含的 AIP 地址向所述 AIP 发送呼叫消息;

步骤 C:所述 AIP 根据步骤 B 中发送的呼叫消息与被叫侧 MSC/GMSC 建立联系并向主叫用户播放被叫用户预先定制好的彩色回铃音。

在版本三的权利要求 1 中,出现几处长句。

在步骤 A 中,其描述"SPS 接收来自主叫侧的 MSC/GMSC 根据主叫用户呼叫产生的对被叫用户路由信息的请求",这一长句中采用定语的方式限定出

"请求"是"根据主叫用户呼叫"所产生的,且该"请求"是一个对被叫用户路由信息的请求,进一步地,还限定出该"请求"是来自于主叫侧的 MSC/GMSC。

这样的表述通过一个句子囊括较多的技术信息,且存在多个定语的限定,阅读者在阅读这一个句子时还需要厘清多个定语与所限定对象的关系,这些都给阅读者造成一定的阅读困难。

形象地说,这样的长句使阅读者一口气读完都会很费劲。在阅读这样的表述时,阅读者往往要皱着眉头使劲看,阅读感受很不"友好"。这种阅读上的不友好配合之前提及的单侧写的特殊要求,会使整个权利要求愈发晦涩难懂。

此外,中文表述的不友好还可能带来后续针对该权利要求英文翻译的困难。例如,对于上述表述,"来自主叫侧的 MSC/GMSC"这一定语限定到底是仅仅对"请求"的发送方的限定,还是针对由谁产生这一请求即"产生"的限定呢? 由于存在多层的定语限定,这些限定之间的关系往往比较复杂,而在英文翻译中结合其语法需要明确某一定语的限定对象。在中文表述复杂、不清晰的情况下,会给英文翻译制造困难,甚至有可能导致翻译错误。

将这样的长句改成短句,则能够在一定程度上克服上述问题。例如,步骤 A 中的上述表述可以修改为:SPS 接收来自主叫侧的 MSC/GMSC 发送的请求获得被叫用户路由信息的请求,所述请求由所述主叫侧的 MSC/GMSC 根据主叫用户的呼叫而产生。

如果说上述表述还只是产生一些阅读上的困难的话,那么步骤 A 中的另一处长句的表述则是晦涩难懂了。

步骤 A 中描述了"随后接收所述 HLR 得到被叫用户路由信息得到的被叫用户路由信息的响应信息",这一表述的原意是,接收 HLR 返回的响应消息,该响应消息中包括所述 HLR 获得的被叫用户路由信息。但是,上述表述中,采用"所述 HLR 得到被叫用户路由信息得到的"作为定语来限定"被叫用户路由信息的响应信息",使该表述晦涩难懂,而改为如上给出的短句表达并不会增加描述的篇幅,相反能使权利要求表述清晰易懂。

2.4.3 "根据"表述的使用方式

在版本三中,出现多处"根据",下面来逐一分析一下。

第一处"根据"出现在步骤 A 中,其描述为"主叫侧的 MSC/GMSC 根据主叫用户呼叫产生的对被叫用户路由信息的请求",这一表述中,采用"根据"明确了"请求"是基于主叫用户的呼叫而产生的,由于该内容为现有技术,本领域技术人员在看了上述的表述后,完全可以知道如何根据主叫用户的呼叫来产生所述请求,因此,对于这一内容无须在"根据"的对象以及"根据"所对应的处理上再作进一步详细的描述,该第一处"根据"的描述并无不清楚的问题。

版本三中所出现的第二处"根据"就不是这样的情况了。

版本三中第二处的"根据"在步骤 B 中,其描述为"所述 SPS 接收主叫侧 MSC/GMSC 根据步骤 A 中响应消息发送的呼叫消息",这里采用"根据"所体现的是主叫侧 MSC/GMSC 发送呼叫消息的动作是基于步骤 A 中的响应消息来进行的。结合之前对技术方案的介绍可以发现,所谓"根据步骤 A 中响应消息",准确来说,应当是根据该响应消息中的彩铃中心地址,只有基于该地址才能使主叫侧 MSC/GMSC 得以构建一个目的地址是彩铃中心的呼叫消息。

在上述描述中,在有关"根据"的描述中并未明确所根据的对象是彩铃中心地址,使该表述不能充分体现上述分析的实际技术手段,这会导致该表述出现不清楚的问题。

那么,同样是采用"根据"这样的表述,且同样所"根据"的对象均为"呼叫"或者"响应消息"这一类似的内容,为什么第一处"根据"的表述就不存在问题,而第二处则存在问题呢?

这二者最根本的区别在于"根据"所描述的技术手段到底是属于现有技术还是本发明的发明点。

如果是前者,则对于本领域技术人员来说并非是陌生的技术手段,即使仅仅采用"根据"作一笼统的描述,对于本领域技术人员来说也是完全可以知晓如何进行技术实现的;反之,如果"根据"描述的是有关发明点的内容,由于其属于本发明所提出的新的技术手段,本身并不为本领域技术人员所熟知,如果仅仅通过"根据"作一笼统的描述,这一描述对于本领域技术人员来说则是难以明确其对应的技术实现手段的,从而导致不清楚问题的出现。

应该注意的是,对于发明点所对应的技术手段,我所强调的是不能以"根据"仅仅作一笼统的描述。

这样笼统的描述多体现为，给出的"根据"的内容过于笼统，从而无法根据该笼统的内容得知如何来实现"根据"后的操作；给出"根据"的内容，但"根据"后的操作却过于笼统，没有给出"根据"的内容如何在"根据"后的操作中被使用。在所要描述的技术内容属于本发明的发明点而非现有技术的情况下，这样的笼统描述就不清楚了。

需要注意的是，我并不是说对于发明点就不能使用"根据"的描述方式，如果"根据"之后的技术实现能够介绍清楚如何使用"根据"的内容，那么，当然是可以采用"根据"来描述发明点的。如果将"根据"的内容放到"根据"之后所描述的操作中，能够清晰地得知"根据"的内容如何被使用，从而得到相应的操作结果，那么，此时这一"根据"的描述就是清楚的。

版本三中第三处出现的"根据"就是一个和发明点相关但仍然清楚的表述。

该第三处"根据"表述出现在步骤 B 中，其描述了"根据所述呼叫消息中包含的 AIP 地址向所述 AIP 发送呼叫消息"，这一表述给出 AIP 地址这一具体的"根据"对象，"根据"后的操作为"向所述 AIP 发送呼叫消息"。由于本领域技术人员知晓在得知消息地址的情况下，自然能够实现向该地址所对应的设备来发送消息，即使该内容是发明点所对应的新的技术手段，其描述也是清楚的。

版本三中第四处出现的"根据"在步骤 C 中，其仍然采用一个较为笼统的描述方式，其指出"所述 AIP 根据步骤 B 中发送的呼叫消息与被叫侧 MSC/GMSC 建立联系"。结合技术方案的介绍可以知道，在步骤 C 中，AIP 只有基于在步骤 B 中修改到呼叫消息中的真实的被叫用户路由信息，才能够和被叫侧 MSC/GMSC 建立连接。而在上述表述中，仅仅是笼统地给出"根据步骤 B 中发送的呼叫消息"，并未指出所根据的是修改到该呼叫消息中的被叫用户路由信息，由此使本领域技术人员无法知晓根据该呼叫消息的什么内容得以实现和被叫 MSC/GMSC 建立连接。更为重要的是，针对呼叫消息的修改在步骤 B 中也没有介绍清楚，其仅仅描述了"对该呼叫消息进行修改"，并未指出该修改是将真实的被叫用户路由信息修改到该呼叫消息中，由此使本领域技术人员对于"修改"是什么样的修改也是不清楚的。在"修改"是不清楚的情况下，后续步骤 C 的"根据"就更没有依据了，进一步导致该表述的不清楚。

"根据"的表述有的时候还被用于进行上位,此时,尤其要注意避免通过"根据"来进行不恰当的上位概括。

现实中,某一技术方案可能存在多种下位的具体实现手段,虽然这些具体实现手段中的处理过程不同,但所基于数据以及最终所产生的结果是相同的。一些专利代理师有可能会考虑针对多个具体实现手段进行上位概括,其发现这些手段在"根据"对象以及最终结果方面的共性,因此采用"根据某一对象进行处理从而得到处理结果"这一方式来进行上位概括。

此时应当注意的是,如果上述具体实现手段均为现有技术,那么采用上述"根据"的方式来进行上位概括并无问题,因为这一上位概括对于本领域技术人员来说是清楚的。但是,如果上述具体实现手段为本发明的发明点,上述采用"根据"所进行的上位概括就很可能存在问题了。

原因在于,这样的上位概括只是给出一个针对数据进行处理的黑箱,即仅仅给出数据处理所"根据"的对象以及处理后的结果,并未给出该黑匣子的中间处理过程,而本领域技术人员无法从其描述中获知如何进行该中间处理,进而无法基于该表述实现相应的技术方案,由此使该表述是不清楚的。这种利用"根据"所进行的上位实际上并非是一种真正意义上的上位概括,甚至可能是一种逃避问题、回避困难的所谓"上位概括"。

应该知道,上位概括的对象是多个不同的实现手段,而这些实现手段在方法权利要求中通常是以动作来体现的。在进行上位概括时,应当寻找这些不同的动作本身所具有的共性,并结合所得出的共性完成上位概括。即使这样的动作本身所具有的共性是难以挖掘或者难以表述的,代理师也应该针对这样的共性进行上位概括,而不应回避这一困难,仅仅简单地结合动作所根据的对象以及处理结果来挖掘并概括"共性",因为这样的上位概括并不是真正意义上的针对方法中动作的上位概括,尤其是在该上位概括所对应的内容为本发明的发明点时,这一概括就更不恰当了,其会导致权利要求"不清楚"问题的出现。

2.5 较好的独立权利要求

结合对上述三个版本独立权利要求的分析,相对来说如下是一个较好的独立权利要求。

1. 一种实现彩铃业务的方法，其特征在于，该方法包括：

在主叫用户发起向被叫用户的呼叫后，信令处理系统 SPS 设备接收主叫移动交换中心 MSC 发送的获取被叫用户路由信息的请求，其中，所述请求为所述主叫 MSC 经由所述 SPS 设备向被叫用户归属的归属位置寄存器 HLR 所发送的；

在所述 SPS 设备判断得到所述被叫用户签约彩铃业务后，所述 SPS 设备将所述 HLR 经由所述 SPS 设备向主叫 MSC 所返回的被叫用户路由信息更改为彩铃中心地址；

所述 SPS 设备收到所述主叫 MSC 基于所述彩铃中心地址向所述彩铃中心发起的连接请求，将所述 HLR 返回的被叫用户路由信息携带于所述连接请求中，以便所述彩铃中心基于所述被叫用户路由信息呼叫被叫用户，并在所述被叫用户未摘机应答时向主叫用户播放彩铃。

2.6 上述案例从属权利要求撰写分析

针对上述案例，我采用四个版本对独立权利要求进行分析，接下来，我们来分析一下该案的从属权利要求。

之前我在讲解从属权利要求的撰写要求时，重点强调三方面的要求，分别是：

（1）从属权利要求和所引用的权利要求之间的限定关系要清晰，要明确到底是"细化"还是"增加"，如果是"细化"关系，则要保证限定对象和限定结果的相互对应；如果是"增加"关系，则要确保通过"增加"所进一步限定出的特征是一个"可有可无"的技术特征。

（2）每一项从属权利要求所保护的都是一个完整的技术方案。

（3）对于从属权利要求而言，应确保满足"一从权一特征"的要求，从而做到有层次的保护。

我结合上述三方面的要求，分别对相应的从属权利要求进行分析。

下面先来看有关"细化"和"增加"的问题。

2.6.1 有关"细化"类型从属权利要求的分析

➤ "包括"的含义

我之前讲过,"细化"是一个针对所引用的权利要求中的上位概念进行限定从而限定出下位实现方案的过程。为了在从属权利要求中体现这种"细化"关系,在表达方式上通常首先要在从属权利要求中明确限定对象,之后采用"包括""为"这样的字样体现所要进行的限定是一种"细化"的限定,在"包括"等字样之后,再将具体的限定结果即与上位概念相对应的下位实现方式具体限定出来。

此处需要注意的是,"包括"是一种用以体现"细化"关系的表述,其所体现的是下位概念和上位概念之间"包含"与"被包含"的关系。通过"包括",将囊括了多种下位实现方式的上位概念中所包含的一种或多种下位实现方式列举出来。

如果以 A 包括 a1 为例,那么,"包括"的作用在于明确在具有 a1、a2 以及其他下位实现方式的上位概念 A 中,包含 a1 这一下位实现方式。这里的包含关系是上位集合与该上位集合中某一下位实现方式之间的包含关系。

需要区分的是,不要将权利要求中的"包括"理解为是整体和局部之间的包含关系。例如,针对上述案例,某一从属权利要求为:

> 2. 根据权利要求 1 所述的方法,其特征在于,所述 SRI 消息包括被叫用户的 MSISDN。

此处所使用的"包括"的含义就是如上所说的整体包含局部。其对应的实际意思为在 SRI 消息中具有被叫用户的 MSISDN,而非"被叫用户的 MSISDN"是"SRI 消息"的一种下位实现方式。

这种对于"包括"的错误理解以及使用有可能导致所撰写的从属权利要求无法正确地回引构成想要保护的技术方案。

以上述从属权利要求为例,如果按照"包括"所体现的是上下位之间的包含关系来理解,那么在针对该从属权利要求进行回引时,代理师会采用"包括"后的下位概念来替代"包括"之前的上位概念,而进行这样的替代显然是无法得到正确的技术方案的。

针对"包括""为""是"这样的用以体现"细化"关系的表述，可以简单地将其理解为一个代数中的等于关系。当所引用的权利要求中的技术方案为A、B、C时，如果在从属权利要求中描述所述A"包括"a1，则相当于将a1赋值给A，建立一个A = a1的等式关系，从而回引得到一个a1、B、C的技术方案。当然，上述的A还可以被赋值为a2、a3等下位实现方式，这可以通过从属权利要求中的其他细化类型的限定来实现。

结合上述分析的"等于"关系，应该认识到，细化类型的限定应当满足限定对象和限定结果的相互对应。在针对上位概念进行细化的过程中，进一步限定的下位具体实现手段应当能够在其限定对象中找到对应的上位内容；否则，该下位实现手段就不应该作为针对上位概念所细化出的特征。明确此点，有助于代理师准确地分析从属权利要求是否可以正确回引。更为重要的是，通过对于下位实现手段角色定位的区分，能够帮助代理师做到通过从属权利要求形成有层次的保护，甚至能够借此发现独立权利要求中存在的问题。这些我会结合如下的从属权利要求来进行分析。

> 限定对象和限定结果的对应

3. 根据权利要求1所述的方法，其特征在于，所述SPS接收来自主叫侧的MSC/GMSC发送的请求被叫用户路由信息的消息包括：

所述SPS接收来自主叫侧的MSC/GMSC发送的SRI消息，然后根据所述SRI消息中的被叫用户信息判断该被叫用户是否在所述SPS上登记了彩色回铃音业务，如果是，所述SPS将所述SRI消息发送给HLR；当所述HLR接收到所述SRI消息后，所述SPS接收所述HLR返回的SRI_ACK消息，并将所述SRI_ACK消息中携带的被叫用户路由信息更改为虚拟的MSRN，然后，所述SPS将更改后的SRC_ACK消息发送到给所述主叫侧的MSC/GMSC。

该从属权利要求3是一项细化的从属权利要求，其限定的对象是"SPS接收……消息"，但是，其限定结果中包括"接收""判断""发送""接收""更改""发送"等一系列下位动作，在这些下位动作中，显然第一个"接收"之后的动作均在"SPS接收……消息"这一上位概念中找不到与其对应的上位内容，由此，这些动作均非针对这一概念的下位细化，采用这些下位动作无法实现针对所限定的上位概念的替换,从而使该从属权利要求无法进行正确的回引。

进一步地,下面可以看一下该从属权利要求3所引用的独立权利要求1。

1. 一种实现彩色回铃音业务的方法,其特征在于,该方法包括:

步骤A:当主叫用户呼叫登记了彩色回铃音业务的被叫用户时,SPS接收来自主叫侧的MSC/GMSC发送的请求被叫用户路由信息的消息,并发送给HLR;所述SPS接收所述HLR返回的请求被叫用户路由信息的响应消息,并将该响应消息中携带的被叫用户路由信息更改为虚拟的MSRN,然后,所述SPS将更改后的响应消息发送给所述主叫侧的MSC/GMSC;

步骤B:所述SPS接收来自所述主叫侧的MSC/GMSC的呼叫;所述SPS将所述呼叫中的所述虚拟的MSRN更改为真实的MSRN,并将修改后的呼叫经播音中心路由到被叫侧的MSC,并使所述播音中心向所述主叫用户播放彩色回铃音。

结合我之前提及的限定对象与限定结果不对应的问题,撰写者可能会将从属权利要求修改如下:

在该从属权利要求中,由于限定对象不再仅仅局限于"所述SPS接收……请求被叫用户路由信息的消息",而是以整个步骤A来进行限定,那么是不是就没有限定对象和限定结果不对应的问题呢?

情况并非如此。可以注意到,在该从属权利要求中的限定结果中,包括"判断"这一下位实现手段,具体而言是判断被叫用户是否为彩铃用户。然而,在作为限定对象的步骤A中,却没有一个和该判断相对应的上位动作描述,其仅仅描述了"主叫用户呼叫登记了彩色回铃音业务的被叫用户"这一结果,并无所谓的判断过程。由此导致出现从属权利要求中限定对象与限定结果不对应的问题。

但有人可能会说:"即使出现这样的不对应,也不会影响将从属权利要求3进行回引,完全可以将从属权利要求3中所细化出的特征来整体替代权利要求1中的步骤A,这样仍然可以得到所要保护的方案。"其实,代理师确定限定对象和限定结果的对应与否,很重要的一个目标是要明确从属权利要求中进一步限定出的内容是何种限定逻辑关系，而限定逻辑关系的确定，甚至能够帮助代理师确定独立权利要求的撰写是否存在问题。

例如在上述修改后的权利要求3中，"判断"这一动作在其所限定的限定对象，即步骤A中找不到与之对应的上位，由此可以得出，"判断"这一动作不是"细化"类型的进一步限定，而对于从属权利要求的进一步限定而言，只有两种类型，一种是"细化"，另一种则是"增加"。在"判断"并非是"细化"的情况下，只能是"增加"类型的进一步限定。而如果作为"增加"类型的进一步限定，该进一步限定出的内容就应该是一个"可有可无"的技术特征。

落实到该案中，要想实现彩铃业务，显然是必须判断被叫用户是否属于彩铃用户的，由此，该进一步限定出的特征也并非是一个"增加"的技术特征。如果既不是"细化"又不是"增加"，那么这个特征是什么呢？答案是，这个特征应该是一个需要出现在独立权利要求中的必要技术特征。

回到独立权利要求1，其在方法的一开始就描述"当主叫用户呼叫登记了彩色回铃音业务的被叫用户时"，这实际上是假定被叫用户就是彩铃用户，由此，自然在其后续的描述中没有体现针对是否签约彩铃业务的判断。但在实际实现彩铃业务的过程中，我们完全无法实现呼叫的被叫用户即为彩铃用户这一假定，由此，针对被叫用户是否为彩铃用户的判断应该是一个必要技术特征。这一结论和我之前借助于通过"细化"和"增加"关系的分析所得出的结论是一致的。

下面再巩固一下之前的分析过程。

如果一项从属权利要求中进一步限定出的特征并非是"细化"的特征，那么只能是"增加"的特征，而"增加"的特征则要求其对方案的实现是可有可无的，如果不满足这一要求，则该特征也并非是"增加"的特征。在该特征既不是"细化"也不是"增加"的情况下，则只能是独立权利要求中应当出现而未出现的必要技术特征。

> 限定对象和限定结果之间不能相互矛盾

对于"细化"类型的限定来说，除了之前所分析的限定对象和限定结果要对应这一核心要求，更为基础的要求是限定结果应当是限定对象上位概括内容中的一个下位实现，限定结果不能与其限定对象相互矛盾，也不能是针对限定对象的一个并列的替代方案。

例如，在独立权利要求中限定了"根据被叫用户号码播放被叫用户定制的彩色回铃音"，某从属权利要求引用该独立权利要求，其限定部分描述：

"所述根据被叫用户号码播放被叫用户定制的彩色回铃音包括：播放系统预先定制的彩色回铃音。"

可以发现，在该从属权利要求中限定对象和限定结果是两个并列的下位实现手段，从属权利要求中针对"根据被叫用户号码播放被叫用户定制的彩色回铃音"所进行的进一步限定，实际上是"否定"掉了独立权利要求所限定的实现手段，继而替换为该从属权利要求所进一步限定出的另一种实现手段。这种"否定"关系使从属权利要求与所引用的权利要求之间所应具有的进一步限定的关系无法成立，进而无法通过回引构成申请人所想要保护的技术方案。

> 针对特定限定对象进行限定

针对"细化"类型的从属权利要求，在撰写方式上还要注意尽可能地将限定对象特定化，不要动辄就对方法权利要求中的某个"步骤"整体进行限定，而是最好针对"步骤"中的某个动作来进行限定。这既能使从属权利要求所要保护的进一步限定的内容更为清晰，也能使撰写者撰写某一项从属权利要求时的目的性更为明确，避免出现为了撰写从属权利要求而撰写从属权利要求的问题。

例如，上述案例的某一独立权利要求及从属权利要求如下：

1. 一种实现彩色回铃音业务的方法，其特征在于，该方法包括以下步骤：

步骤 A：SPS 接收由主叫侧的 MSC/GMSC 发来的向被叫用户所属的 HLR 请求被叫用户路由信息的消息，经 SPS 判定该被叫用户是登记了彩色回铃音业务的被叫用户后，SPS 将所述请求被叫用户路由信息的消息中的主叫地址信息更改为所述 SPS 的地址信息，并将该消息向 HLR 发送，SPS 接收由 HLR 返回的包含被叫用户路由信息的消息，将该响应消息中的被叫用户信息替换为彩铃中心的地址，并且更改其中的路由信息，然后将该消息发送到主叫侧的 MSC/GMSC；

  步骤 B：SPS……；

  步骤 C：彩铃中心……向主叫用户播放彩色回铃音。

2. 根据权利要求 1 所述的方法，其特征在于，步骤 A 包括：

  步骤 A1：SPS 接收由主叫侧 GMSC/MSC 发送的请求被叫用户路由信息 SRI 的消息；

  步骤 A2：所述 SPS 收到 SRI 消息后，根据该消息中的被叫用户信息判定该被叫用户是否登记了彩色回铃音业务，如果是，则将该消息中的信令连接控制部分 SCCP 的主叫地址信息更改为所述 SPS 的全局码 GT，然后，将 SRI 消息发送到所述 HLR；

  步骤 A3：在 HLR 获得被叫用户的路由信息后，基于步骤 A2 中修改的 SPS 的全局码 GT，SPS 接收到由 HLR 发送的 SRI 的证实 SRI_ack 消息，该 SRI_ack 消息中包含被叫用户的路由信息；

  步骤 A4：所述 SPS 将 SRI_ack 消息中所携带的被叫用户的路由信息更改为彩铃中心地址，并对其中的路由消息进行修改，确保主叫侧发送给彩铃中心的消息也经过 SPS；然后，将进行更改后的 SRI_ack 消息发送到主叫侧的 MSC/GMSC。

上述的从属权利要求 2，针对整个步骤 A 来进行限定，其限定出的步骤 A1 至 A4 确实也能和作为限定对象的步骤 A 相互对应，能够实现正确的回引。但仔细分析该从属权利要求 2 可以发现，该从属权利要求 2 实际上只是针对如何修改消息中的主叫地址信息进行了下位，其余内容如步骤 A 中的"SPS 接收……请求被叫用户路由信息的消息""SPS 判定被叫用户登记了彩色回铃音业务"以及后续的彩铃中心地址的替换、路由信息的更改，均和所限定的步骤 A 中的内容一致。由此可知，该从属权利要求 2 实际上并不是也无须对整个步骤 A 进行限定，对于限定对象来说，只需明确是"SPS 将所述请求被叫用户路由信息的消息中的主叫地址信息更改为所述 SPS 的地址信息"以及"SPS 接收由 HLR 返回的包含被叫用户路由信息的消息"即可，实际上该从属权利要求只是针对这两个上位对象进行下位而已。由此，可以将上述从属权利要求 2 修改如下：

2. 根据权利要求 1 所述的方法，其特征在于，所述 SPS 将所述请求被叫用户路由信息的消息中的主叫地址信息<u>更改</u>为所述 SPS 的地址信息包括：

所述 SPS 将该消息中的信令连接控制部分 SCCP 的主叫地址信息更改为所述 SPS 的全局码 GT；

所述 SPS <u>接收</u>由 HLR 返回的包含被叫用户路由信息的消息包括：

所述 SPS 接收到由所述 HLR 基于所述 SPS 的全局码 GT 向所述 SPS 发送的 SRI 的证实 SRI_ack 消息。

这样修改后的从属权利要求，限定对象更为清晰，限定出的下位特征更为明确，可以避免将实际所需限定出的特征淹没于众多并未进行下位的技术特征中，能够更加方便地进行针对性的回引，也使从属权利要求的表述更为简洁。

> "细化"是下位的限定而非等于的解释

我前面讲解了"细化"的从属权利要求一定要确保限定对象和限定结果的相互对应，应该注意的是，这种相互对应是一种上下位之间的相互对应，而不是一种相同内容之间的相互对应。后者的体现是一些"细化"类型的从属权利要求实际上只是一种针对所限定对象的解释，而非下位。这样的从属权利要求没有实现对所引用的权利要求的进一步限定，保护范围和所引用的权利要求一致，并非真正意义上的从属权利要求。

例如，某一独立权利要求中采用"归一化前述失效模式"这一表述，撰写者可能担心"归一化"这一专业用语导致表述不清楚，因此，在从属权利要求中对"归一化"进行了限定，其限定部分描述为：

"所述归一化前述失效模式包括：采用同一失效模式来描述内容相同的问题数据。"

应该注意到，这样的从属权利要求尽管在形式上是一个"细化"的从属权利要求，但是"包括"前后的内容实质上是相同的，只不过是表述方式有所不同而已，如此撰写的从属权利要求并不能起到进一步限定的作用，该从属权利要求和独立权利要求的保护范围也是完全相同的。这实际上是浪费了一项从属权利要求。

2.6.2 有关"增加"的权利要求

讨论完"细化"类型的从属权利要求后，下面再来分析一下有关"增加"类型的从属权利要求。

对于"增加"类型的从属权利要求来说，其进一步限定出的技术特征对于本发明技术方案的实现来说，是一个"可有可无"的技术特征。代理师可以通过"可有可无"属性的判别，来判断采用"增加"这一限定关系是否妥当。例如，上述案例中某一独立权利要求为：

1. 一种实现彩色回铃音业务的方法，其特征在于，该方法包括以下步骤：

步骤 A：在主叫用户发起向被叫用户的呼叫后，SPS 接收主叫侧的 MSC/GMSC 发送的请求被叫路由信息的消息，并发送给 HLR；

步骤 B：SPS 接收 HLR 获得的被叫路由信息的响应消息，并将该响应消息中所携带的被叫路由信息更改为彩铃中心地址，然后发送到主叫侧的 MSC/GMSC；

步骤 C：主叫侧 MSC/GMSC……经由所述 SPS 向彩铃中心发送 IAM 消息，所述彩铃中心……向主叫播放彩色回铃音。

其权利要求 2 中采用"增加"的限定关系进行进一步限定，具体为：

2. 根据权利要求 1 所述的方法，其特征在于，步骤 A 中进一步包括：所述 SPS 根据所述接收到的消息中所携带的被叫用户信息，判断所述被叫用户是否为签约彩铃业务的用户。

由于该从属权利要求 2 采用"增加"这一限定关系进行进一步的限定，其所进一步限定出的特征应该属于对于本发明技术实现来说可有可无的技术特征。不难发现，判断被叫用户是否为彩铃用户是一个必须执行的动作，如果不进行这样的判断，则实现彩铃业务就无从谈起，因此，该特征并非是一个"可有可无"的技术特征，以"增加"的逻辑关系将其进一步限定出来并不妥当。同时，该特征也并非针对独立权利要求中所具有的特征"细化"出来的技术特征，因此，也不属于"细化"的限定关系。在既不是"增加"又不是

"细化"的情况下，该特征应当属于独立权利要求中应该具备的必要技术特征。当然，仅仅从该特征并非是可有可无这一点，也可以得出相同的结论。

除了"可有可无"这一特殊属性之外，"增加"这一限定关系的从属权利要求和"细化"类型的从属权利要求一样，也要关注是否能够通过回引构成一个所要保护的技术方案这一问题。尤其要注意，当前所增加的技术特征是否能够足以使该从属权利要求构成一个完整的技术方案。

例如，上述案例中提及要在 IAM 消息中增加被叫用户的 MSISDN，并将该 IAM 消息发送给彩铃中心，针对该内容，某一从属权利要求的内容如下：

> 4. 根据权利要求 1 中所述方法，其特征在于，步骤 C 中进一步包括：
> SPS 将被叫用户的移动台国际识别号 MSISDN 插入到该 IAM 消息中。

实际上，将被叫用户 MSISDN 插入 IAM 消息中，是为了后续彩铃中心能够基于该 IAM 中所携带的被叫用户 MSISDN 来查找被叫用户所定制的彩色回铃音，并采用该彩色回铃音向主叫用户播放，从而实现基于被叫用户的定制来播放彩铃。如果脱离后续的彩铃选择，那么单纯地将被叫用户的 MSISDN 插入 IAM 消息中并不能实现任何技术目标，其本身并不足以构成一个完整的技术方案。由此，上述从属权利要求 4 通过回引所构成的技术方案并非是一个完整的技术方案。

那么，从"完整"的角度来考虑，该从属权利要求 4 应该如何修改呢？

对该从属权利要求 4 的第一次修改如下：

> 4. 根据权利要求 1 所述的方法，其特征在于，步骤 C 进一步包括：
> SPS 将被叫用户的移动台国际识别号 MSISDN 插入到该 IAM 消息中；
> 所述彩铃中心根据所述 IAM 消息中所携带的被叫用户 MSISDN，选择对应的彩色回铃音向主叫用户播放。

在这一从属权利要求中具有有关彩铃中心根据 MSISDN 选择彩铃进行播放的特征，似乎克服了之前提及的方案不完整的问题。但撰写者需要考虑的是，基于从属权利要求所采用的"增加"这一限定关系，是否能够回引得到正确的技术方案。

不难发现，在上述修改后的从属权利要求中，其"增加"出了两个进一步限定的特征，分别是有关"将……MSISDN 插入到该 IAM 消息中"以及"彩铃中心……选择对应的彩色回铃音向主叫用户播放"。而在独立权利要求 1 中，其步骤 C 中已经具有有关彩铃中心播放彩铃的技术特征，因此，如果按照上述权利要求 4 的撰写方式，基于其所描述的"增加"关系，回引到权利要求 1 之后所得到的方案中会具有两个"播放彩铃"的特征，使该方案中出现技术特征的重复，这样所构成的技术方案显然是错误的。因此，在采用"增加"这一限定关系时，要注意是否会出现重复"增加"的问题。

为了克服上述重复"增加"的问题，可以将从属权利要求 4 修改如下：

4. 根据权利要求 1 中所述方法，其特征在于，步骤 B 中进一步包括：SPS 将被叫用户的移动台国际识别号 MSISDN 插入到该 IAM 消息中；

所述彩铃中心向主叫用户播放彩铃包括：

所述彩铃中心根据所述 IAM 消息中所携带的被叫用户 MSISDN，选择对应的彩色回铃音向主叫用户播放。

在上述修改后的从属权利要求 4 中，一方面通过"增加"进一步限定出在 IAM 消息中进一步插入了被叫用户 MSISDN；另一方面，基于方案完整性的需要，将对于该 MSISDN 的使用即基于该 MSISDN 来选择彩铃进行播放，以"细化"的方式在该从属权利要求中进一步限定，从而在该从属权利要求中包括实现有关选择铃音播放的完整方案。但在该从属权利要求中同时出现"增加"和"细化"这两个限定关系，那么，这样的限定方式可以吗？

答案是：为什么不可以呢？

所谓限定关系的明确，是指为了通过清晰的限定关系确保从属权利要求能够正确地回引，如果针对不同的技术特征分别采用"增加"和"细化"这两个限定关系，能够满足正确回引的要求，那么在一项从属权利要求中同时出现"增加"和"细化"当然是可以的。那么，这样一种同时出现两种限定关系的从属权利要求，还满足我之前提及的"一从权一特征"的要求吗？

2.6.3 一从权一特征

有关"一从权一特征"的要求，我之前强调过，其是指一项从属权利要求中只针对一个方面来进行限定，并不是指一项从属权利要求中只进一步限定一个特征，当然也不是指一项从属权利要求中只能具有一个限定关系。如果一项从属权利要求中出现两种不同的限定关系，但这两种限定共同构成针对一个方面的限定，那么这样的从属权利要求仍然是满足"一从权一特征"的要求的。

上述从属权利要求 4 中，尽管是采用"增加"和"细化"两个限定关系，但都是针对如何选择彩铃这一方面的内容所进行的进一步限定（有关在 IAM 消息中增加被叫用户 MSISDN 实际上是为选择彩铃提供选择条件），那么，该从属权利要求是满足"一从权一特征"的要求的，其保护范围没有因为多个进一步限定的特征的存在而被不必要地限缩。

那么，什么样的从属权利要求是不符合"一从权一特征"这一要求的呢？我以如下的权利要求为例来说明。

5. 根据权利要求 1 所述的方法，其特征在于：
所述彩铃中心为高级智能外设 AIP；
所述彩铃中心向主叫用户播放彩铃包括：
所述 AIP 向主叫用户播放被叫用户预先定制的彩色回铃音。

在该从属权利要求中，实际上针对两个方面进行限定。一方面，其对于独立权利要求中"彩铃中心"这一上位概念进行"细化"，将其限定为 AIP；另一方面，其对播放的彩铃是何种彩铃进行限定，将其"细化"为被叫用户所定制的彩铃。这两方面的内容之间并无必然的关联。也就是说，并非在播放被叫用户定制的彩铃时需要借助于 AIP 这一下位的设备才能加以实现。由此，该从属权利要求限定两个不同方面的特征，不满足"一从权一特征"的要求。如果出于从属权利要求保护范围也应尽可能大的考虑，应当将该从属权利要求分成两个独立的从属权利要求，分别对上述两个方面加以限定。

在讨论完上述"细化"和"增加"类型从属权利要求的个性化问题之后，代理师还应以从属权利要求所起的作用出发，判别相应的从属权利要求是否有必要出现。如果某一项从属权利要求中进一步限定的特征既不能对技术方案的创造性提供贡献，也并非是专利侵权时可能出现的特定实现形态，那么出于"简洁"的考虑，可以不撰写这样的从属权利要求。例如，在上述案例中，如果仅仅是将相关请求下位为某种特定名称的现有的请求消息，那么，这种下位并无特别的价值，无须通过从属权利要求来保护。

2.6.4 较好的一套从属权利要求

相对来说，上述版本四的独立权利要求所对应的从属权利要求，则是一套可供借鉴的从属权利要求，我们将版本四的独立权利要求以及从属权利要求列举如下。

1. 一种实现彩铃业务的方法，其特征在于，该方法包括：

在主叫用户发起向被叫用户的呼叫后，信令处理系统 SPS 设备接收主叫移动交换中心 MSC 发送的获取被叫用户路由信息的请求，其中，所述请求为所述主叫 MSC 经由所述 SPS 设备向被叫用户归属的归属位置寄存器 HLR 所发送的；

在所述 SPS 设备判断得到所述被叫用户签约彩铃业务后，所述 SPS 设备将所述 HLR 经由所述 SPS 设备向主叫 MSC 所返回的被叫用户路由信息更改为彩铃中心地址；

所述 SPS 设备收到所述主叫 MSC 基于所述彩铃中心地址向所述彩铃中心发起的连接请求，将所述 HLR 返回的被叫用户路由信息携带于所述连接请求中，以便所述彩铃中心基于所述被叫用户路由信息呼叫被叫用户，并在所述被叫用户未摘机应答时向主叫用户播放彩铃。

2. 根据权利要求 1 所述的方法，其特征在于，所述 SPS 设备接收主叫移动交换中心 MSC 发送的获取被叫用户路由信息的请求包括：

所述 SPS 设备接收主叫 MSC 基于七号信令路由的配置向所述 SPS 设备发送的获取被叫用户路由信息的请求。

3. 根据权利要求 1 所述的方法，其特征在于，所述 HLR 经由所述 SPS 设备向主叫 MSC 所返回被叫用户路由信息包括：

所述 HLR 根据所述获取被叫用户信息的请求中的信令连接控制部分 SCCP 的主叫地址信息，将获得的被叫用户路由信息经由所述 SPS 设备向所述主叫 MSC 发送；其中，所述 SCCP 的主叫地址信息为：所述 SPS 设备的全局码 GT，该 SPS 设备的 GT 是在所述 SPS 设备判断得到所述被叫用户签约彩铃业务后，被修改作为所述 SCCP 的主叫地址信息的。

4. 根据权利要求 1 所述的方法，其特征在于，所述 SPS 设备将所述 HLR 返回的被叫用户路由信息携带于所述连接请求中，进一步包括：

所述 SPS 设备所述被叫用户的国际移动台识别号 MSISDN 插入所述连接请求中；

所述彩铃中心向主叫用户播放彩铃包括：

所述彩铃中心向主叫用户播放根据所述连接请求中所携带的所述被叫用户的 MSISDN 所选择的对应的彩铃。

5. 根据权利要求 1 至 4 任意一项所述的方法，其特征在于，所述 SPS 设备为针对 HLR 所新增加的设备。

6. 根据权利要求 1 至 4 任意一项所述的方法，其特征在于，所述彩铃中心包括：高级智能外设 AIP。

在上述的从属权利要求中，从属权利要求 5 的内容是我之前没有讨论过的，针对这一从属权利要求，建议读者可以自行考虑一下。例如，这一从属权利要求从内容上来说是对系统中的不同组成间的连接关系的限定，那么，这样的限定出现在方法权利要求中是否妥当呢，应当如何将这样的限定回引到方法独立权利要求中呢？再如，这一限定的内容是否能够提供创造性贡献？这一内容和整个申请文件的逻辑主线是什么关系，该内容到底是应该出现在从属权利要求中还是独立权利要求中呢？这些问题留给读者自行思考。

对于该案例，有兴趣以及一定技术背景的读者还可以进一步思考，对于将 MSC 和 HLR 之间的信令交互经由 SPS 设备来实现，是否只能通过七号信令路由的配置，以及更改为 SPS 的 GT 来实现？如果还有其他方式来实现，那么当前的独立权利要求是否能够覆盖这些"其他方式"？这些"其他方式"如何通过从属权利要求来进行限定呢？

第 3 章

权利要求撰写中的重要问题

3.1 独立权利要求应重点关注的四个问题

3.1.1 逻辑主线问题

第 2 章对于彩铃的案例分析，我讲解了很多逻辑主线之外的内容，但不要忘记，逻辑主线才是撰写独立权利要求的重要武器，为此，我再次回归逻辑主线，对逻辑主线如何在撰写独立权利要求中发挥作用进行介绍。

➤ 逻辑主线中现有技术缺点的三个要求

在逻辑主线中，最重要的是现有技术的缺点，其决定整个逻辑主线的走向，更是确定独立权利要求中必要技术特征的重要依据之一。

对于逻辑主线中的现有技术缺点，我之前进行过介绍，在此回顾并完善一下。

逻辑主线中的现有技术缺点，整体上有三个重要要求，分别是唯一、确定以及强有力。

"唯一"是指现有技术缺点应是唯一的一个，而不能是多个。

"确定"是指现有技术缺点本身应该是清楚、明确的，不能以模糊的内容作为现有技术缺点。

"强有力"之前没有提及过，其是指对于现有技术缺点不能仅仅了解其缺点的表象、结果，还应掌握该现有技术缺点产生的原因，即针对现有技术缺点要做到"知其然，知其所以然"。

以下我针对这三个要求逐一讲解。

1. 唯一

现有技术缺点应该为唯一的一个，从理解和实践的角度来说都没有太大的困难。

在撰写一篇专利申请文件时，代理师可能基于发明人所提供的材料从中发现多个现有技术缺点，此时，应基于该发明的主要改进所在，从中确定唯一的一个发明点。所谓"主要改进"的确定可以从两个方面来进行。

一方面，如果发明人所提供的材料比较清晰，能够针对多个现有技术缺点厘清主次关系，并且能够基于主要的现有技术缺点从其所提供的材料中找到针对性的解决方案，那么，可以将该主要的现有技术缺点作为逻辑主线中唯一的现有技术缺点。

另一方面，如果发明人提出多个现有技术缺点，但彼此之间主次关系不清晰，则可以结合发明人对本发明技术方案本身的描述，分析出哪些是其描述的重点，并结合该重点描述的内容反推与其对应的现有技术缺点，将该现有技术缺点作为逻辑主线中唯一的现有技术缺点。

不论是上述哪种方式，代理师都有必要和发明人进行沟通，明确所确定出的现有技术缺点是否为发明人提出本发明的主要目的所在，解决该现有技术缺点所采用的改进手段是否为本发明的主要贡献所在。不论采用何种方式来确定逻辑主线，代理师都应围绕发明人的本意来进行，一旦代理师基于自身的理解确定得到错误的现有技术缺点、偏离发明人的本意，则会使整个专利申请文件出现方向性的偏差，导致根本性错误的出现。

例如，在某一方案中，发明人提及现有技术存在两个问题，分别是针对不同故障数据的描述不统一问题以及对于众多的故障数据没有分析从而导致针对后续产品开发无法提供针对性指导的问题。针对这两个问题，发明人提供了一个整体的系统来加以解决，其中，该系统中的故障数据转换模块用以解决第一个问题，而系统中的故障数据分析模块用以解决第二个问题。

代理师在撰写该案例的专利申请文件时，首先需要明确发明人提出该发明的核心意图。到底针对第一个问题所提出的解决方案是其最主要想保护的内容，还是针对第二个问题所提供的解决方案是其最主要想保护的内容。结合代理师对于发明人核心意图的理解，再和发明人进行确认，从而确定出本发明的逻辑主线。

基于唯一缺点所确定的逻辑主线不同，将导致后续撰写走向的完全不同。例如，当以上述第一个问题确定出逻辑主线时，独立权利要求中有关故障数据转换的技术特征自然应该成为必要技术特征，而故障数据分析的技术特征则只能作为进一步限定的非必要技术特征在从属权利要求中进行限定。相应地，在专利申请说明书部分也应该围绕着故障数据转换进行重点介绍，而故障数据分析的描述则应属于次要地位。反之，如果是以第二个问题确定出逻辑主线，则会在权利要求的保护范围以及说明书描述侧重点上得到和第一个问题完全相反的结论。由此可见，逻辑主线中的现有技术缺点尤其重要，应当在撰写专利申请文件时给予高度重视。

当然，"唯一"最直接的含义是数量上要唯一。想必读者在看过第一章的内容后，已经能够知道确定"唯一"一个现有技术缺点的重要性。当然不能以多个缺点作为逻辑主线中的现有技术缺点，因为这样会导致权利要求保护范围被不必要地限缩。

2. 确定

有关现有技术缺点的唯一，并不是要求仅仅得到一个文字表述上唯一的缺点就可以了。一些情况下，表述上的唯一却对应着"多个"实质内容，这样的现有技术缺点往往是模糊的，而我要求的逻辑主线应该是清晰的，作为逻辑主线基础的现有技术缺点，则应该是一个确定的现有技术缺点。

实践中，不要为了现有技术缺点的唯一，将一些原本指向不同内容的现有技术缺点强行统一为一个现有技术缺点，也不要将那些实质内容不同但表述一致或类似的多个现有技术缺点直接拿来作为逻辑主线的现有技术缺点。这样的现有技术缺点往往是模糊的，而模糊的现有技术缺点会使基于其所确定的逻辑主线也不清晰，这样的现有技术缺点也无法在撰写独立权利要求时起到其本应发挥的作用。

例如，在某一案例中提及现有技术的缺点是安全性差，由此该发明的发明目的就在于在确保安全性的前提下来实现某一方法。需要注意的是，在该发明申请文件中提供了两个现有技术。第一个现有技术的特点在于采用人工的方式来实施，但由于人员存在在不同公司之间流动的可能，方案实施中所涉及的技术信息有可能被相关人员泄露，产生安全性差的问题；而第二个现有技术的特点则在于通过网络远程来实现该方法，但由于在该方法实施的过程中需要外网设备访问内网设备，这需要修改内网的防火墙设置，从而降低整个内网的网络安全性。在撰写该案的专利申请文件的过程中，有的人可能发现上述两个现有技术都存在安全性差的问题，由此对这两个现有技术的缺点加以"总结"，从而得出现有技术的缺点（该发明所要解决的技术问题）是安全性差这一问题。

殊不知，这样的现有技术缺点虽然貌似满足了逻辑主线中现有技术缺点"唯一"这一要求，但仅仅是形式上的满足，实质上并没有给出一个确定的现有技术缺点，所得到的只是一个模糊的现有技术缺点。

这样的模糊的现有技术缺点，完全无法在撰写独立权利要求时起到界定必要技术特征的作用。当代理师需要借助逻辑主线中的现有技术缺点来确定哪些特征和解决该现有技术缺点有必然逻辑联系时，现有技术缺点本身的"模糊"会导致代理师无法搞清上述逻辑联系，从而也就无法完成必要技术特征和非必要技术特征的区分。

在实务操作层面，当发明人所提供的材料中涉及多个现有技术以及对应的多个现有技术缺点时，要从中挑选一个作为逻辑主线中的现有技术缺点，不要尝试对多个现有技术缺点进行"概括"，更不能忽略表述类似或相同的多个现有技术缺点在实质含义上的区别，如此得出的现有技术缺点才是"确定"的而非"模糊"的。

3. 强有力

现有技术缺点的"强有力"，是指在理解现有技术缺点时，要知道产生该现有技术缺点的原因所在。只有做到"知其然，知其所以然"，才能对现有技术缺点透彻掌握，进而才能从该现有技术缺点出发，更为准确地确定出本发明独立权利要求中的必要技术特征。如果代理师只是知道现有技术中所存在的不足这一"结果"，而不了解该"结果"的成因，对于一些发明来说，则可能对于技术方案到底为何能够解决以及采用何种特定改进来解决该现有技术缺点，无法清晰掌握。

我以之前提及的网络安全性差这一现有技术缺点为例。如果代理师只是知道现有技术中需要修改防火墙的配置导致网络安全性差，那么，我们往往无从得知为什么该发明同样是针对内网设备的操作，就能够不修改内网防火墙的设置从而解决网络安全性差的问题。

代理师需要知道现有技术缺点的成因。

对于该案来说，需要知道在现有技术中为什么要修改内网防火墙的设置。代理师可以从发明人处了解到，对于内网来说，其防火墙的设置为允许内网设备访问外网，而不允许外网设备访问内网。而在现有技术中，其方案的实施恰恰需要外网设备访问内网，导致需要对防火墙的设置进行更改，造成内网的网络安全性差。

在明确上述现有技术缺点的"成因"后，再去对照该发明的技术方案就能更好地掌握该发明的核心改进所在。

该发明中，仍然是基于远程的方式来实现相应的方案。为了克服现有技术中需要修改防火墙所带来的网络安全性差的问题，该发明技术方案中不再是由外网设备登录内网设备来进行相应的操作，而是由内网设备向外网设备发起访问，基于该访问进行网络侧数据和本地数据的对比，进而实现相应的处理。由于该发明中所采用的是内网向外网发起访问这一策略，恰恰满足防火墙允许内网向外网访问的要求，因此无须更改防火墙的设置，从而解决现有技术中网络安全性差的缺点。

通过上述分析可见，正是在掌握现有技术缺点的"成因"后，使得代理师能够有针对性地掌握该发明中针对现有技术缺点的主要改进点，做到针对该发明技术方案进行更为透彻、深入的理解，从而真正厘清该发明的逻辑主线。

在该案中，在掌握上述逻辑主线的基础上，代理师应注意到在独立权利要求中要突出体现内网访问外网这一主要改进点，从而一方面满足独立权利要求不缺少必要技术特征的要求，另一方面体现出该发明和现有技术的区别所在。

说到"强有力"的现有技术缺点，我再说说工作态度的问题。通常情况下，现有技术缺点的"强有力"并不是一个摆在纸面上现成的内容，发明人在技术交底书中往往只提供现有技术缺点本身，很多情况下并不会提供现有技术缺点产生的原因。此时，就需要代理师有探究的精神。不能仅仅满足于对现有技术、现有技术缺点、该发明技术方案表象上的理解，而是应该多问几个为什么，要思考该发明到底为什么能够解决现有技术的缺点，到底是怎么解决现有技术缺点的。不能简单地认为，就是因为该发明提供一个和现有技术不同的技术方案，因此就能够解决现有技术缺点。这种局限于表象的理解往往不能挖掘出该发明技术方案的核心实现原理，从而也就无法做到在该原理的基础上为申请人争取一个准确以及尽可能大的保护范围。反之,如果代理师能够做到以疑惑的心态来分析发明人所提供的内容,从中发现可能的困惑并予以解决,那么,就能够通过对技术交底书的分析,得到豁然开朗的逻辑主线分析结果,也就能够输出质量较好的专利申请文件。这是态度问题。

> 利用逻辑主线对技术方案进行"庖丁解牛"

将作为逻辑主线中的基础的现有技术缺点确定好,就相当于掌握好分析技术方案的工具。代理师利用这个工具就可以分析技术方案,从中确定解决技术问题的必要技术特征,从而形成一个保护范围合理的独立权利要求。这类似于"庖丁解牛"的过程。

要做到"庖丁解牛",核心要素在两点:一是刀要快;二是手要巧。

"刀要快"对应于逻辑主线中的现有技术缺点要唯一、确定、强有力;"手要巧"指的是要以现有技术缺点为标尺,细致、敏感地分析技术方案中的各个技术特征,不能概略地研究、不可粗放地分析。

我以之前讨论的一个案例来说明上述"庖丁解牛"的过程。

该案例为一种针对内网终端设备进行集中配置的方法。发明人在技术交底书中指出现有技术的缺点在于:现有的配置方法会导致内网的网络安全性变差,并且无法实现对多个内网终端设备进行集中配置,从而影响工作效率。

如果不能确定出"唯一"的一个现有技术缺点,好比在"庖丁解牛"时所获得的刀并不是一把指哪打哪的单刃刀,而是一把展开多个刀刃的多功能刀。这样的刀只是好看,但要把这些不同功能的刀刃同时打开用来解牛的话,由于方向性不明确,会出现东拉一刀、西割一刀的结果,刀下的牛也只能是血肉模糊,根本谈不上"解牛"的艺术性。

落实到上述案例中,当代理师对发明人所提供的技术材料不作分析,将现有技术缺点直接确定为技术交底书中提及的网络安全性差以及无法集中配置的问题,那么基于这样的现有技术缺点分析得出的必要技术特征,既需要包括解决网络安全差方面的手段,也需要包括有关"集中"配置方面的技术特征,从而使在必要技术特征方面的分析没有围绕一个确定的方向进行,所分析的结果也只能是"血肉模糊"偏小的保护范围。

代理师要做的是获得"一把一个刀刃的刀",也就是唯一的一个现有技术缺点，利用这样的刀作为工具实现"庖丁解牛"。要么，以内网网络安全性差作为逻辑主线的现有技术缺点，要么以无法集中配置作为逻辑主线的现有技术缺点。如果以前者来构建逻辑主线，那么结果就是，和解决内网安全性差相关的技术特征即内网向外网发起访问这一特征是必要技术特征，而有关配置是否为集中配置并非必要技术特征；如果以后者来构建逻辑主线，则集中配置属于必要技术特征，而到底是谁向谁发起的访问，则并不属于必要技术特征。由此，代理师可以围绕一个确定的改进方向，为该发明确定一个保护范围尽可能大且合理的保护范围。

在庖丁解牛的过程中，刀是否锋利当然是很重要的。这对应于我提及的现有技术缺点要"确定"这一要求。现有技术缺点模糊，那么得到的就只是"一把钝刀"，无法很好地实现"解牛"，而现有技术缺点确定、清晰，那么，得到的就是"一把快刀"，能够给代理师分析技术方案这一"解牛"过程提供强有力的帮助。

在上述案例中，发明人所提供的现有技术缺点中两处提及了安全性差的问题。一个是我之前提及的需要修改内网防火墙配置所导致的网络安全差的问题，另一个是针对人到现场进行配置维护这一现有技术方案所出现的人员流动带来信息传播所导致的安全性差的问题。

如果代理师自作聪明地将这两个本不相关的现有技术缺点进行上位，得到"安全性"差这一现有技术缺点，那么所得到的仅仅是一个模糊的现有技术缺点，这样的现有技术缺点充其量只是在对技术方案进行"庖丁解牛"过程中的"一把钝刀"。当代理师利用这个模糊的"安全性差"的"钝刀"来审视该发明的技术方案时，代理师无法得出内网访问外网才是该发明特别用以解决现有技术缺点的必要技术特征。甚至，由于现有技术缺点的模糊，我们都有可能不会去做这样的"庖丁解牛"式的切割。相反，如果能够将现有技术缺点明确为特定的网络安全性差，那么在分析必要技术特征的过程中，就能以该特定的现有技术缺点为目标，去思考该发明到底采用何种手段来避免此种特定问题的出现，进而结合这一有针对性的思考结果，确定内网向外网发起访问属于该发明的核心改进点，并将其作为必要技术特征体现于独立权利要求中。

使用模糊的现有技术缺点去分析技术方案，相当于"钝刀拉肉"。在分析哪些特征属于必要技术特征、哪些技术特征属于非必要技术特征时，模糊的现有技术缺点往往使我们无法判断特征和解决缺点之间是否存在必然因果关系，从而无法实现必要技术特征和非必要技术特征之间的切割。这相当于代理师只有一把"模糊"的现有技术缺点的钝刀，当拿着这把刀来分析方案想要获得"里脊"这一精华的必要技术特征时，由于刀太钝，往往无法做到准确的切割，所获得的也往往是一块附带"臀尖、五花"的不纯粹的"里脊"。

现有技术缺点的"强有力"，对应于"庖丁解牛"过程中对牛进行由表及里的认识。庖丁解牛的目标不是牛皮而是牛肉，代理师分析技术方案同样不能只看表象不看实质，这种对实质的分析当然需要代理师所用的刀也应该是"一把能够刺破牛皮直达肌理的尖刀"。只有具备这样的尖刀，找到现有技术缺点产生的原因，才能做到穿过方案表象的"牛皮"，获得方案实现原理的"牛肉"，从而沿着方案的实现原理来分析方案、构建合理的保护范围。

在上述案例中，"强有力"的现有技术缺点对应于要知道现有技术产生网络安全性差的原因。如果代理师仅仅知道网络安全性差这一缺点的表象，而不知道该缺点产生的原因，则难以从原理层面掌握发明的改进思路，进而也就难以区分出方案中的哪些改进并非是用以解决现有技术缺点的。这会使代理师面对发明人所提供的整体方案时，仍然是"眉毛胡子一把抓"的状态，在该案的方法独立权利要求中，很有可能仍然仅仅忠实于发明人所提供的方案，将内网的代理单元作为动作执行主体来进行描述。相反，如果代理师能够发现网络安全性差这一现有技术缺点产生的原因在于，内网的防火墙只允许内网访问外网而不允许外网访问内网，需要修改防火墙的配置，从而导致网络安全性差，那么，就能以这一强有力的现有技术缺点，来分析出该发明的方案只要能够以内网向外网来发起访问的方式来实现终端设备的配置就可以，至于内网设备到底是谁，则并不重要。由此，通过"庖丁解牛"，可以避免在独立权利要求中将内网设备限缩为内网的代理单元，从而合理地为申请人争取尽可能大的保护范围。

"庖丁解牛"当然也是需要屠夫"手要巧"的。在分析技术方案的过程中，这个"手要巧"指的是代理师要敏锐地关注技术方案的每个细节，要一个字一个字地抠技术方案中的各个限定。不能粗线条地看问题，要类似于"庖丁解牛"，落实到"一块骨头、一块肉"来进行技术方案的分解、分析。

例如，在上述案例中，发明人所提供的技术方案指出：内网为某一特定类型的网络；在网络侧，在配置信息表中保存有多个终端设备所需的不同的配置信息，终端设备在判断是否需要对内网终端设备进行配置更新时，相关设备从配置信息表中获取相应终端最新版本的网络侧配置信息，并和该终端的本地配置信息进行比较，以便决定是否对终端设备进行配置更新。

在将上述案例的逻辑主线的现有技术缺点确定为网络安全性差后，代理师就应该好好利用这把解牛的"刀"，细致地进行必要技术特征判断分析。这一分析应重点做到，要紧扣住现有技术缺点，针对技术方案中的各个限定内容，仔细分析其和解决现有技术缺点之间是否存在因果逻辑关系，从而做到以逻辑主线中的现有技术缺点为纲，排除杂念地对技术方案进行分析，避免非必要技术特征对保护范围造成影响。分析后会发现，内网的网络类型和解决网络安全性差之间并无必然的因果逻辑联系，是否以"表"的形式存储配置信息和解决网络安全性差之间也无必然的因果逻辑联系，甚至，配置信息表中是否一定保存有"多条"配置信息也和解决网络安全性差之间并无必然的因果逻辑联系（因为保存"多条"的目的在于实现集中配置，而这和网络安全性差的问题之间是没有因果关系的）。由此，就能分析出上述技术特征并非独立权利要求中所应限定的必要技术特征。相反，如果没有做到细分，甚至是忽视相应技术特征的存在，例如忽视"表"本身也是一个限定，那么也就根本做不到采用逻辑主线中的现有技术缺点来进行分析。

再强调一遍，代理师在分析必要技术特征的过程中，一定要细，并且要通过不断的实践来重复这个"细"，从而提升自己在技术特征、逻辑关系分析上的敏感度。这正如欧阳修的《卖油翁》中所说的那样，"无他，但手熟尔"。

3.1.2 结合逻辑主线对于技术方案的"增肌"

借助逻辑主线，代理师还可以在发明人提供的方案的基础上，获得针对核心改进点的替代方案，完成对技术方案的扩充，从而实现独立权利要求保护范围的进一步放大。

我之前提及的将技术方案中的非必要技术特征"剔除"的过程，相当于"瘦身减脂"的过程，其使独立权利要求中不会由于具有不必要的限定而缩小保护范围。而对技术方案的扩充过程则相当于"增肌"的过程，其使得独立权利要求在核心改进点这一最有力量的地方，具有更多实现可能，从而提升技术方案在专利保护层面的"肌肉",为专利的授权、权利的稳定提供更多核心力量。

结合逻辑主线对于技术方案的扩充,重点在于基于核心改进点和现有技术缺点之间的因果逻辑关系,思考针对核心改进点的替代技术手段,从而扩充得到新的技术方案。

例如,某一案例中针对屏幕上的多个点进行测试,由于不同屏幕本身存在区别,因此现有技术中采用固定不变的测试基准值进行测试时,往往得不出准确的测试结果。针对这一问题,该发明中针对每块屏幕获取一个与该屏幕相适应的测试基准值,并以该测试基准值来完成对测试点的测试。在发明人所给出的具体实现方案中,以屏幕上物理位置最小的点(原点)和物理位置最大的点(极点)作为基准点,在这两个基准点之间,均匀分布有若干个测试点。在测试时,首先获得点击原点和极点后的实际坐标值,利用原点和极点的实际坐标值,并基于测试点在原点和极点之间的均匀分布关系,计算得到各个测试点的预估坐标值;之后,采用各个测试点的预估坐标值作为测试点的测试基准值,与点击测试点后所获得的测试点实际坐标值进行比较,从而完成测试。该发明技术方案中,由于针对各个屏幕均以其基准点的实际坐标值作为计算依据,计算得到测试点的预估坐标值作为测试基准值,因此,能够为各个屏幕建立与其对应的测试基准值,从而解决现有技术中测试不准确的问题。

从逻辑主线的角度讲,上述方案的现有技术缺点在于:固定的测试基准值导致测试不准确。代理师可以拿着这个现有技术缺点来分析发明人所提供的技术方案,思考是否可以得到相应的替代方案,从而实现技术方案的扩充。

不难发现,该发明中为了解决测试不准确的问题,核心思路在于针对每个屏幕获得一个与其自身相适应的测试基准值。在发明人所提供的方案中,是利用原点实际坐标值、极点实际坐标值作为屏幕自身情况的数值体现,来完成测试点的测试基准值的计算的。

利用逻辑因果关系进行分析后可以发现,原点、极点作为基准点来进行测试点基准值的计算,和解决现有技术中测试不准确这一问题(背后对应于测试基准值不准确)之间并没有必然的因果关系。换句话来说,并不是因为在该发明中采用原点和极点作为基准点,才能够为不同的屏幕建立与其相适应的测试基准值。代理师完全可以采用其他位置的点作为基准点,同样可以基于点击该基准点所获得的实际坐标值来计算得到各个测试点的预估坐标值,从而为该屏幕建立与其相适应的测试基准值。由此,代理师可以基于解决现有技术缺点的需要,扩充得到以其他位置的点作为基准点的该发明的实现方案。

进一步地,还会发现,基准点的个数多少和解决现有技术中测试基准值不准确之间并无必然的逻辑因果关系。该发明并不是特定地采用两个基准点来解决测试基准值不准确的问题,两个基准点对于解决这一问题并无贡献,并非是为解决该问题所特定提出的技术手段。由此,完全可以想见,采用一个基准点、三个基准点甚至其他数量的基准点,同样可以实现该发明的技术方案。由于一个基准点不再存在基准点之间的差值,如何结合基准点的实际坐标值计算得到测试点的预估坐标值将是一个新的实现手段,而对于三个及以上基准点而言,如何计算测试点的预估坐标值也会相比于两个基准点而言有所变化。由此,代理师结合发明人所提供的技术方案,利用逻辑主线扩充得到新的技术方案。

当然,更容易发现,测试点在基准点之间均匀分布与否和解决测试基准值不准确之间也并无必然的逻辑因果关系,代理师完全可以基于测试点不均匀分布的情况来实现该发明的核心思路。只不过,针对不均匀分布的情况,如何实现对于测试点预估坐标值的计算,可能采用新的实现手段来实现。由此,也可以实现利用逻辑主线对技术方案的扩充。

采用逻辑主线进行技术方案的扩充,某种程度上体现了逻辑主线和发明人所提供的技术方案之间的关系。逻辑主线来源于发明人所提供的技术方案,是代理师基于发明人所提供的技术方案抽取出来的核心思路。同时,逻辑主线当然又不同于发明人所提供的技术方案,某种程度来说,其是高于发明人所提供的技术方案的。这种"高于"体现为代理师所抽取的是该发明技术方案的实现原理,这种原理是能够脱离开某些具体技术实现形式的。由此,逻辑主线源于发明人所提供的技术方案,高于发明人所提供的技术方案。正是利用此种关系,代理师才能够基于逻辑主线,实现在发明人所提供的技术方案的基础上超出其所提供的内容,进行技术方案的扩充。这种关系也能够对代理师撰写独立权利要求起到帮助作用。

很多情况下,撰写较好的独立权利要求,代理师应该脱离开技术交底书,仅依据逻辑主线来完成撰写工作。此种脱离并不是指技术内容上的脱离,而是一种"脱稿"式的脱离。代理师在撰写独立权利要求前,要熟知技术交底书中的相关内容,由此做到在撰写独立权要求时,能够不再逐字逐句地参照技术交底书中的描述,从而避免受限于技术交底书中的某些具体内容而使权利要求的保护范围受到不必要的限缩。相应地,代理师在撰写独立权利要求时,应把有限的精力放到逻辑主线的使用上来,要从逻辑主线中的现有技术缺点出发,利用对于方案的记忆,提取出和解决该现有技术缺点之间具有必然因果关系的技术特征作为必要技术特征。读者可能会说,依靠对方案的"记忆"是不是不太严谨。其实,这正是诀窍所在。正是因为"记忆"不能面面俱到、事无巨细地将所有技术实现细节都存储下来,代理师所能"记忆"的往往只是方案的核心所在。再加上代理师是基于对于方案的熟知来形成这一记忆的,记忆的准确性并无问题。由此,代理师能够基于准确的但一定程度上排除细节的"记忆"来撰写独立权利要求,从而避免过多的技术实现细节构成干扰。读者可能也发现,上述过程是从现有技术缺点出发来提取必要技术特征的。从源头来看,思考的源头是现有技术缺点而非该发明的技术方案,此时,该发明的技术方案相当于是一张白纸,而之后,代理师利用对于技术方案的记忆,基于现有技术缺点构建出该发明的必要技术特征,形成独立权利要求所要保护的技术方案。而另一种思考方式则是思考的源头是该发明的技术方案,而在确定必要技术特征时是以现有技术缺点作为工具来对该技术方案进行切割,通过一刀一刀的切割,实现将非必要技术特征切掉,只保留方案中的必要技术特征,如此来形成独立权利要求所要保护的方案。相比较来说,上述两种思考方式并无本质上的区别,甚至差别不大。但从习惯上来说,我还是更推荐第一种思考、处理方式。原因在于,第一种思考方式由于从现有技术缺点出发,而该发明的技术方案此时只是一张白纸,因此,非必要技术特征的干扰因素少,利用逻辑所搭建的独立权利要求的方案,在特征的"必要性"方面也更为纯粹,这些都使独立权利要求的保护范围更为妥当甚至能够为申请人争取更大的保护范围。

简言之,代理师在撰写独立权利要求时,有必要脱离、跳出发明人所提供的具体实现方式,沿着逻辑主线所对应的发明核心思路,来撰写体现该核心思路的独立权利要求。这样所撰写出的独立权利要求才会由于逻辑的纯粹而逻辑清晰且保护范围尽可能大。

3.1.3 利用特征间的逻辑联系来确定必要技术特征

除了整个专利申请的逻辑主线能够在撰写独立权利要求中发挥作用，技术方案中特征和特征之间的内部逻辑联系也可以在撰写独立权利要求时发挥作用。对于独立权利要求中的某一技术特征，代理师可以分析其是否被独立权利要求中的其他特征所"用到"，如果存在这种"用到"的关系，则证明该特征和其他特征之间存在相互依存关系，该特征可以作为必要技术特征；反之，如果不存在这种相互依存关系，则该技术特征在逻辑上属于孤立的技术特征，这种孤立的技术特征从逻辑上来说是可有可无的，完全可以被删除掉，因此其很有可能属于非必要技术特征。

例如，在某一方案中，存在主叫和被叫两个移动终端，在其技术方案中提及要将被叫移动终端的号码与其 IP 地址的对应关系保存于地址解析服务器，而在发明人所提供的附图中，还显示出主叫移动终端的号码与其 IP 地址的对应关系也被保存于地址解析服务器中。该方案实际上是要实现主叫移动终端通过网络访问被叫移动终端，由此，主叫移动终端需要根据其已知的被叫移动终端的号码，从地址解析服务器中基于号码和 IP 地址的对应关系获得被叫移动终端的 IP 地址，由此根据该 IP 地址来访问被叫移动终端。

在撰写该案的独立权利要求时，如果代理师将地址解析服务器保存"主叫"移动终端的号码与其 IP 地址的对应关系也写到该独立权利要求中，则会发现在该独立权利要求中并没有其他特征会用到该"对应关系"，由此可以判断得出该"对应关系"的保存属于"孤立"的技术特征，其对于该发明来说是可有可无的。

在得到该逻辑结论后，代理师可以结合技术方案本身来验证该逻辑结论是否成立。在该发明中，所要实现的是主叫移动终端通过网络访问被叫移动终端，为此，只需要主叫移动终端获得被叫移动终端的 IP 地址即可，而获得该 IP 地址所需利用的对应关系，仅仅是被叫移动终端的号码和 IP 地址的对应关系，完全无须利用主叫移动终端的号码和 IP 地址这一对应关系。由此，"保存主叫移动终端的号码和 IP 地址的对应关系"对于该发明的技术实现而言，从技术上来讲的确是可有可无的，我之前的逻辑分析结论成立。在该特征属于"可有可无"的技术特征的情况下，其自然属于非必要技术特征，不应出现于独立权利要求的限定中。

当然，独立权利要求中出现"孤立"的技术特征，除了有可能意味着该技术特征为非必要技术特征，还有可能是独立权利要求中缺少必要技术特征导致的。也就是说，在独立权利要求中本应写出那些使用该"孤立"的技术特征的其他特征，但由于疏忽等原因却没有在独立权利要求中体现，由此导致了独立权利要求中缺少必要技术特征。

在某一案例中，其独立权利要求中提及要保存移动终端的标识，但在独立权利要求的其他特征中，没有任何一个特征用到该标识，由此使移动终端的标识成为一个孤立的技术特征。但结合对于技术方案的分析可以发现，有关移动终端的标识是获取该移动终端配置信息的索引要素，没有移动终端的标识就无法从网络侧获得该移动终端的配置信息，进而也就无法基于该配置信息实现后续的操作。因此，从技术实现的角度讲，移动终端的标识是实现该技术方案必须使用的要素，独立权利要求中将该特征作为一个"孤立"的技术特征来体现，是在独立权利要求中本应写出但实际却未写出如何使用标识所导致的，由此可以判断得出，该独立权利要求中缺少有关使用标识的必要技术特征，应进行相应的修改。

或者可以这样说，在我所讨论的逻辑中，包括大小两个逻辑。大逻辑是指整篇专利申请文件的逻辑，也就是我一直所讨论的逻辑主线。小逻辑指的是权利要求中各个技术特征间的逻辑联系，这一逻辑联系虽然并不能对整篇申请文件起到提纲挈领的作用，但是能以小见大，帮助代理师从细小的逻辑出发核对大逻辑下所确定的必要技术特征是否正确。当然，小逻辑还包括说明书中段落和段落之间、句子和句子之间的逻辑联系，这些小逻辑能够帮助代理师以更为清晰的逻辑脉络来撰写说明书，从而增加说明书的可读性，我后续在说明书的讲解中会进行介绍。

3.1.4 有关利用基本概念来考虑独立权利要求的保护范围

除了借助于逻辑主线以及特征之间的逻辑关系来确定独立权利要求的必要技术特征，独立权利要求主题所对应的基本概念也是一个在撰写独立权利要求时要考虑的重要因素。基本概念有时被代理师熟知，熟知到容易被代理师忽略。如果代理师能够提高对于基本概念的重视程度，细致分析基本概念的实际含义，则会对于代理师在独立权利要求中界定尽可能大的保护范围有所帮助。

对于基本概念，重要的是要了解该基本概念从技术层面必须包含的内容。基于此，一方面要在独立权利要求中最终体现出该必须包含的内容，即独立权利要求要最终扣住基本概念；另一方面，要结合该必须包含的内容，考虑独立权利要求中的某些限定是否已经超出基本概念所必须涵盖的范畴，从而将这些限定作为非必要技术特征排除于独立权利要求之外。

例如，对于之前提及的屏幕测试方案，尽管在发明人所提供的材料中提及该测试要针对不符合要求的测试点采用蜂鸣器进行报警，但可以注意到，有关"测试"这一基本概念中并不必然包括报警，完全可以仅仅得知测试点和基准值的偏差程度，即可完成测试的过程。至于该测试结果的处理，可以是基于测试结果进行报警与否的输出，也可以是仅仅提供测试的数据供后续研发进行分析。由此，对于"测试"这一基本概念来说，并不必然包括有关"报警"这一内容，即使其是发明人所提供的方案中所采用的方式，该内容也不应该作为必要技术特征体现在独立权利要求中。

再如，发明人所提供的方案的主题为"移动终端互访的方法"，代理师应当关注"互访"这一基本概念。"互访"要求两个移动终端要相互访问，如果以该主题所对应的基本概念出发，在独立权利要求中则最终不但要体现主叫移动终端访问被叫移动终端，还要体现被叫移动终端访问主叫移动终端。但结合发明人所提供的材料可以发现，其所关注的仅仅是一个终端能够访问另一个移动终端，并不强调一定要实现两个终端间的"互访"，其方案的核心思路也仅在于向一个移动终端提供另一个移动终端的 IP 地址，从而使其能够基于该 IP 地址访问另一个移动终端。由此，当代理师将权利要求的主题定为"互访"时，则基于该基本概念需要在独立权利要求中体现出两个移动终端相互访问的两个动作，这相较于仅仅限定一个移动终端访问另一个移动终端来说增加了一个额外的步骤，这种增加导致权利要求的保护范围被不必要地限缩。即使在独立权利要求最后只是体现一个移动终端访问另一个移动终端，但是应该注意到的是，权利要求的主题对于权利要求的保护范围也存在限定作用，即使在权利要求的特征部分没有体现出另一个移动终端的访问过程，基于"互访"这一主题也有可能将权利要求的保护范围限缩于两个移动终端间相互访问这一方案。对于"互访"这一主题，有可能是发明人所采用的不准确的表述方式，代理师应细致地分析该主题所必须涵盖的内容以及其与发明点之间的关系，如果发现该主题有可能导致权利要求保护范围被不必要地限缩，则可以对该主题进行修改。例如，代理师可以将上述案例中的"互访"修改为"访问"，从而在发明人核心发明思路的基础上为其争取一个尽可能宽的保护范围。

对于"基本概念"的考虑，还需要注意说明书中的相应描述是否会导致对该基本概念的限缩，由此导致权利要求保护范围受到影响。例如，对于一个实现彩铃业务的方法来说，如果在说明书的背景技术中将彩铃业务定义为：能够基于被叫用户的号码选择该被叫用户所定制的歌曲向主叫用户播放，那么，这一定义有可能被用来解释独立权利要求的保护范围。即使在独立权利要求中没有限定向主叫所播放的彩铃是歌曲（实际也可以是广告或被叫用户的语音），也没有限定其必须是被叫用户所定制的（实际也可以是系统统一定制的），但基于说明书对彩铃业务的定义，该独立权利要求仍然有可能被解读为是基于上述限定所构成的技术方案，从而出现由于说明书的解释使独立权利要求保护范围被不必要限缩的风险。

为此，对于该发明技术主题所涉及的基本概念的描述，一定要从保护范围的角度去考虑，对其描述中所采用的限定一定要慎之又慎。

3.1.5 小结

综上所述，对于独立权利要求的撰写，代理师可以主要依据两个标尺来确定其中所应包括的必要技术特征：一个是逻辑主线中的现有技术缺点，该现有技术缺点应该满足"唯一""确定""强有力"的要求，通过分析技术特征是否存在和解决现有技术缺点之间的因果逻辑联系，确定哪些特征属于必要技术特征；另一个标尺则是权利要求主题所对应的基本概念，基于该基本概念所必须涵盖的技术内容，将那些在这些技术内容范畴内的技术特征确定为必要技术特征，而将那些在基本概念涵盖范畴之外的技术特征确定为非必要技术特征。

除了利用上述两个标尺，代理师还可以借助特征和特征之间的逻辑联系来确定必要技术特征确定得是否妥当，如果在独立权利要求中出现其他特征未曾"使用"的特征，那么该特征为孤立的技术特征，孤立技术特征有可能是非必要技术特征，当然，也有可能是独立权利要求中缺少必要技术特征所导致的。

最后，代理师还可以在准确确定逻辑主线的基础上，对与该发明的发明点相关的内容进行技术上的扩充，从而实现针对所保护方案的"增肌减脂"，在逻辑清晰的前提下，扩大保护范围、增强权利的稳定性。

3.2 从属权利要求应重点关注的两个问题

说完独立权利要求，我以下再对从属权利要求中需要强调的内容进行说明。

我之前讲解过从属权利要求需要满足三个要求，分别是明确进一步限定的关系是"细化"还是"增加"、每一项从属权利要求都是一个完整的技术方案以及"一从权一特征"。这些都是为了确保从属权利要求通过"回引"的方式能够进一步限定得到一个正确且尽可能宽的保护范围，而这一目标的达成，也可以从重视从属权利要求限定的"方向性"以及"回引"过程的"可行性"来实现。

3.2.1 从属权利要求的"方向性"

所谓从属权利要求的"方向性"，是指在撰写每一项从属权利要求之前，要明确该从属权利要求预期限定的方向，从而围绕该限定方向决定从属权利要求的限定内容。与之相对应，代理师不能漫无目的地去撰写一项从属权利要求，不能为了撰写从属权利要求而撰写从属权利要求，也不能仅仅为了将具体实现方式体现在从属权利要求中就将该具体方式的整体方案大篇幅地体现在一项从属权利要求中。

通俗来说，所谓从属权利要求的"方向性"，就是指代理师针对每一项从属权利要求都要明确"干吗"撰写这项从属权利要求。所谓"干吗"，就是我所说的方向性。这个"干吗"应该是明确的，不应是"就是为了体现具体实施方式"这一无方向性的目标；这个"干吗"同时还应该是简要的，不应是针对模糊的多个方向，这样很有可能导致该从属权利要求不满足"一从权一特征"的要求。

例如，某一方法独立权利要求中，涉及如下技术特征：

> 步骤A：判断目标数据是否符合预设的标准，如果是，则对于该数据

予以输出，如果否，则将该目标数据转换为符合预设标准的数据。

在发明人针对该方案所提供的具体实施例中，是采用两个标准来完成上述判断以及转换过程的，其具体实现过程为：

步骤101：判断目标数据是否符合第一标准，如果否，则将该目标数据转换为符合第一标准的数据，然后执行步骤102；如果是，则直接执行步骤102；

步骤102：判断所述目标数据是否符合第二标准，如果否，则将该目标数据转换为符合第二标准的数据，然后执行步骤103；如果是，则直接执行步骤103；

步骤103：将目标数据予以输出。

对于该实现过程，某一版本的从属权利要求如下：

2. 根据权利要求1所述的方法，其特征在于，所述步骤A包括：

步骤A1：判断目标数据是否符合第一标准，如果否，则将该目标数据转换为符合第一标准的数据，然后执行步骤A2；如果是，则直接执行步骤A2；

步骤A2：判断所述目标数据是否符合第二标准，如果否，则将该目标数据转换为符合第二标准的数据，然后执行步骤A3；如果是，则直接执行步骤A3；

步骤A3：将目标数据予以输出。

在分析该从属权利要求是否满足"方向性"要求之前，代理师首先需要了解以下技术分析内容。

尽管上述具体实施例中采用两个标准来进行"判断"和"转换"，但基于对方案的理解会发现，单独采用一个标准来进行上述的"判断"和"转换"也完全是可行的，而且，即使是采用上述第一标准和第二标准，在技术上来说也并非必须按照上述方案所限定的先后顺序来进行，即完全可以先进行第二标准的判断之后再进行第一标准的判断。

在明确上述技术分析内容之后，不难发现上述从属权利要求并不满足从属权利要求的"方向性"要求。

该从属权利要求仅仅是通过进一步限定的方式，将上位方案的具体下位实现方式限定出来，但在进行这一限定时，想必并没有考虑到底是针对哪个方向进行什么样的限定，而仅仅是原封不动地将整个具体实现手段一股脑儿地写在这个从属权利要求中。殊不知，在该具体实现手段中，其实包括多个方向。

方向一，该具体实施方式实际上是对于上位的"标准"给出下位的具体标准，即第一标准、第二标准。这是在标准内容方向上的具体限定。

方向二，该具体实施方式中，其实包括以两个标准共同来实现"判断"和"转换"这一限定方向。即，其特别限定了并不只是采用某一个标准来进行"判断"和"转换"，而是采用第一标准和第二标准共同配合来实现"判断"和"转换"。

方向三，该具体实施方式中，限定了第一标准和第二标准的判断顺序，这种特别的顺序关系构成该具体实施方式的第三个限定方向。

在从属权利要求仅仅是将该具体实施方式原封不动体现的情况下，在该从属权利要求中自然也就具备这三个限定方向。限定方向的不唯一导致该从属权利要求不满足"一从权一特征"的要求，不必要地限缩了该从属权利要求的保护范围。

对于上述案例而言，如果能够明确"撰写一个从属权利要求，就是要在标准内容这一方向上进行限定"，那么，该从属权利要求中只需要包括这一方向的限定内容就好了，无须再体现有关标准个数、标准判断顺序等内容。而如果要限定的方向是"标准的个数是两个"，那么，围绕该限定方向进行限定的从属权利要求中，则无须体现采用这两个标准进行判断的先后执行顺序。基于"方向"的厘清，代理师可以撰写出如下从属权利要求：

2. 根据权利要求 1 所述的方法，其特征在于，所述标准包括：第一标准或第二标准。

3. 根据权利要求 1 所述的方法，其特征在于，所述标准包括：第一标准和第二标准。

4. 根据权利要求 3 所述的方法，其特征在于，所述步骤 A 包括：

步骤 A1：判断目标数据是否符合第一标准，如果否，则将该目标数据转换为符合第一标准的数据，然后执行步骤 A2；如果是，则直接执行步骤 A2；

　　步骤 A2：判断所述目标数据是否符合第二标准，如果否，则将该目标数据转换为符合第二标准的数据，然后执行步骤 A3；如果是，则直接执行步骤 A3；

　　步骤 A3：将目标数据予以输出。

上述从属权利要求 2 中仅仅是对标准的内容进行限定，没有不必要地限定标准的数量，使该从属权利要求 2 的保护范围能够进一步囊括仅仅采用第一标准或仅仅采用第二标准进行判断和转换的技术方案。从属权利要求 3 中，所限定的是标准的数量为两个，但是并没有限定采用这两个标准进行判断的先后顺序，即使改变上述两个标准的判断执行顺序，也在该从属权利要求 3 的保护范围中。在从属权利要求 4 中，则是针对两个标准的判断执行顺序这一限定方向予以限定。从内容的角度来看，该从属权利要求 4 是原来的从属权利要求 2，从保护层次的角度来说，其是基于权利要求 3 所进一步限定的从属权利要求，从而相对于原先的从属权利要求而言，构建了更多一层的保护层次，实现了针对发明人所提供的技术方案形成有层次的保护体系。

正是在撰写每一项从属权利要求之前首先明确限定方向，并紧紧围绕该方向来撰写从属权利要求，才使所撰写的每项从属权利要求也能够做到保护范围尽可能地大，从而通过多项从属权利要求构建有层次的保护体系。

在撰写从属权利要求时，除了要注意上述提及的"方向性"，还要考虑"回引的可行性"。回引的可行性包括**限定关系上的可行性**和**限定结果的可行性**。

3.2.2　回引的可行性

> 限定关系上的可行性

所谓限定关系的可行性，是要考虑从属权利要求所进一步限定的特征，是否确实是在所引用的权利要求范围内的进一步限定，不能出现从属权利要求的限定内容和所引用的权利要求的方案相互矛盾的情况。这也是一种针对限定对象和限定结果之间是否能够满足限定关系的核实。

例如，某项独立权利要求 1 中，记载如下上位的技术特征：

步骤 C：采用地址解析服务器对接收到的请求进行解析，得到目的终端的网络地址；

在如下的从属权利要求中，对上述技术特征进行限定：

2. 根据权利要求 1 所述的方法，其特征在于，所述步骤 C 包括：

采用具有地址解析功能的网关对接收到的请求进行解析，得到目的终端的网络地址。

可以发现，"网关"和"服务器"属于两个不同的设备，网关并非是服务器的下位概念。在独立权利要求中记载采用服务器进行地址解析的情况下，在从属权利要求中反而不再采用服务器来进行地址解析，这相当于在该从属权利要求中否定掉了独立权利要求的方案，限定出一个在独立权利要求保护范围之外的新的技术方案。这种"否定"关系使从属权利要求并非是对独立权利要求的进一步限定，而是一个和独立权利要求相"矛盾"的方案，从而使该从属权利要求在"限定关系"方面不能成立。

对于该方案，应该改变独立权利要求的撰写方式，将"服务器"和"网关"上位为"具有地址解析功能的网络设备"，然后在多项从属权利要求中，分别限定出以服务器、网关来进行地址解析的具体实现方案。

上述案例中，限定关系的"矛盾"比较容易被发现，现实中还存在较难发现此种矛盾关系的情况，例如，在该案中，独立权利要求 1 中记载了如下技术特征：

步骤 B：通信服务器向业务控制点发送主叫鉴权请求和被叫鉴权请求，所述业务控制点进行主被叫鉴权，并判断被叫用户是否签约智能业务，如果是，则触发该智能业务；

对于该案而言，业务控制点分为主叫归属的业务控制点（简称为"主叫业务控制点"）和被叫归属的业务控制点（简称为"被叫业务控制点"）。

由于很多情况下，主叫和被叫归属于同一个业务控制点，因此，该方案的具体实施例中，首先将主叫鉴权请求和被叫鉴权请求发送给主叫业务控制点，在判断得到主叫业务控制点和被叫业务控制点为同一个业务控制点的情况下（简称为"情况一"），由该主叫业务控制点进行主、被叫用户的鉴权，以及进行被叫用户是否签约智能业务的判断。

当然，也可能判断得到主叫业务控制和被叫业务控制点并非同一个业务控制点的情况（简称为"情况二"）。由于被叫鉴权以及被叫用户是否签约智能业务的判断只能由被叫业务控制点来完成，在情况二下，首先接收到鉴权请求的主叫业务控制点，会将被叫鉴权请求转发给被叫业务控制点，被叫业务控制点进行被叫鉴权，并在进行被叫鉴权的过程中进行被叫用户是否签约智能业务的判断，而主叫业务控制点则进行主叫用户的鉴权。

为了保护上述具体实现方式，某项从属权利要求2对步骤B进行限定，具体如下：

2. 根据权利要求1所述的方法，其特征在于，所述步骤B包括：

步骤B1：通信服务器向主叫业务控制点发送主叫鉴权请求和被叫鉴权请求，判断所述主叫业务控制点和被叫业务控制点是否为同一个业务控制点，如果是，则执行步骤B2，否则，执行步骤B3；

步骤B2：主叫业务控制点进行主被叫鉴权，并基于被叫用户的签约信息判断被叫用户是否签约智能业务，如果是，则触发该智能业务；

步骤B3：主叫业务控制点进行主叫鉴权，并将所述被叫鉴权请求转发给被叫业务控制点，所述被叫业务控制点进行被叫鉴权，并基于被叫用户的签约信息判断被叫用户是否签约智能业务，如果是，则触发该智能业务。

上述从属权利要求2中，从限定结果的角度来讲，将该发明的具体实现方式限定出来了，但是，从限定对象和限定结果的对应来看，却是存在问题的。这一问题可以从权利要求1中"所述"这一表述来分析发现。

在权利要求1中，首先描述了通信服务器向业务控制点发送鉴权请求，而在后续步骤中，对于"业务控制点"冠以"所述"的字样，这一"所述"的出现使进行主被叫鉴权以及签约智能业务判断的业务控制点，也应当是前述接收请求的业务控制点。但是，在从属权利要求2对于独立权利要求1的限定结果中，却出现接收主被叫鉴权请求的业务控制点和进行签约智能业务判断的业务控制点不一样的情况，即所谓的"情况二"。

从限定关系的角度来说，从属权利要求2中的步骤B3和独立权利要求1

中所限定的步骤 B 并不对应，而是出现相互矛盾的情况。也就是说，在限定结果中，接收鉴权请求的是主叫业务控制点，进行智能业务判断的却是另一个被叫业务控制点，而在权利要求 1 中作为限定对象的步骤 B 中，进行这两个动作的业务控制点是同一个业务控制点。这同样出现限定结果和限定对象的矛盾。

问题是，判断出这种"矛盾"有什么意义呢？

有人可能会说，即使存在这样的矛盾，但是如果忽略掉这种不易被发现的矛盾，就是通过从属权利要求 2 的限定，将权利要求 1 中的步骤 B 整体替换为权利要求 2 中的限定结果，同样可以限定出所要保护的技术方案啊？这种针对从属权利要求 2 限定关系的分析，是否并无必要呢？

其实，这种限定关系是否矛盾的判断，除了能够使从属权利要求的撰写更为严谨，其作用还在于能够反过来发现、修改独立权利要求中的问题。

基于上述的分析不难发现，在独立权利要求 1 中，限定接收主被叫鉴权请求的业务控制点和进行智能业务判断的业务控制点为同一个业务控制点，但在该方案的具体实施方式中，却存在这两个业务控制点并非同一个的情况。如果通过上述限定关系矛盾方面的分析发现具体实施方式中的某一实现方式由于存在限定关系的矛盾无法和限定对象对应，则可以反思代理师在独立权利要求的撰写中是否存在问题。

实际上，上述独立权利要求撰写中，可能在业务控制点的描述上存在撰写的疏忽。这一疏忽体现在：一方面，可能并没有关注所谓"所述"的限定作用，仅仅将"所述"作为一个并没有实际含义的表述习惯性地体现在权利要求中，殊不知，该"所述"实际上限定了前后两个动作的业务控制点应该为同一个；另一方面，该疏忽可能体现为，其将业务控制点理解为一个含混、模糊的概念，即权利要求 1 中的业务控制点是一个包括主叫业务控制点和被叫业务控制点的控制点，并不是特指某一个业务控制点。这种含混、模糊使独立权利要求的保护范围并不清楚，如果其描述的"业务控制点"是主叫业务控制点和被叫业务控制点，那么到底是谁接收的鉴权请求、谁进行智能业务的判断呢？

有人可能会说，谁接收、谁判断完全可以在从属权利要求中来进行限定啊，但是，在独立权利要求中对于这一内容的限定不明，仍然会导致该独立权利要求本身的不清楚，并不能够通过从属权利要求的限定将这一不清楚解释为

"清楚"的内容。

除了上述"不清楚"的问题，该独立权利要求还可能受到"概括范围过宽"方面的攻击。例如，在专利无效宣告过程中，无效宣告请求人会指出，在情况二中，主叫业务控制点和被叫业务控制点为不同业务控制点，此时，以接收主被叫鉴权请求的业务控制点来实现被叫鉴权请求以及智能业务的判断是无法实现的，由此，独立权利要求中包括了不能实现的技术方案，因此其概括范围过宽。

除了避免上述"不清楚""概括范围过宽"等具体问题，态度问题是一个更应引起重视的问题。

在撰写专利申请文件时，代理师应该始终保持严谨的态度。只有态度上的严谨，才能确保撰写的申请文件也是严谨的，才能确保专利申请文件中尽可能少地出现撰写漏洞，从而确保专利权的稳定性；反之，如果代理师对可能出现的问题漠不关心，或者对已经出现的问题以"能够补救""能够解释"等各种理由来推脱、搪塞，那么，不但撰写的申请文件是有问题的，更为重要的是，会形成一种不严谨、不认真的工作态度，而这种工作态度显然是无法输出高质量的专利申请文件的。

回到上述案例中，我来分析一下上述从属权利要求在"限定关系的可行性"方面存在的问题有什么实际的功效。

在该案例中，由于代理师发现从属权利要求的特征和所引用的独立权利要求的特征存在相互矛盾的情况，因此，可以通过修改从属权利要求来克服这一问题。但代理师发现，该发明的一个具体实现方案中，接收主被叫鉴权请求的业务控制点和进行是否签约智能业务判断的业务控制点确实是不同的业务控制点，如果在从属权利要求中保护这一方案，就无法避免和当前独立权利要求相矛盾的情况。由此，只能转而考虑是否可以通过修改独立权利要求来解决上述问题。

在修改独立权利要求的过程中，代理师要考虑的是该独立权利要求是否能够将该发明的各个实现方案都概括进来。此时会发现，在该发明的具体实现方案中，接收主被叫鉴权请求的业务控制点和进行是否签约智能业务判断的业务控制点可以是同一业务控制点，也可以是不同的业务控制点。此时，代理师就要考虑如何将这两种方案都包括在独立权利要求中的问题。

代理师可以从两个角度来考虑这个问题。

角度一：可以挖掘这两个实现方案的共性，通过该共性实现对于上述两个具体实现方案的概括。通过分析可以发现，不论是主叫业务控制点和被叫业务控制点是同一个业务控制点的方案，还是两者是不同业务控制点的方案，被叫鉴权请求最终都是发送给被叫业务控制点，并且是由被叫业务控制点进行的被叫用户是否签约智能业务的判断。只不过，在主叫业务控制点和被叫业务控制点属于不同业务控制点的情况下，被叫鉴权请求最初发送给主叫业务控制点，然后由主叫业务控制点转发给被叫业务控制点。基于上述不同方案的共性所在，代理师可以将独立权利要求的相应内容修改为：

步骤 B：通信服务器向主叫业务控制点发送主叫鉴权请求，并向被叫业务控制点发送被叫鉴权请求，所述主叫业务控制点进行主叫鉴权，所述被叫业务控制点进行被叫鉴权并判断被叫用户是否签约智能业务，如果是，则所述被叫业务控制点触发该智能业务；

上述两个具体实现方案可以分别通过以下从属权利要求予以限定。

2. 根据权利要求 1 所述的方法，其特征在于，所述步骤 B 包括：

通信服务器通过寻址确定主叫业务控制点，向该主叫业务控制点发送主被叫鉴权请求，所述主叫业务控制点进行主叫鉴权；在判断出所述主叫业务控制点和被叫业务控制点为同一个业务控制点之后，所述主叫业务控制点进行被叫鉴权，并判断被叫用户是否签约智能业务，如果是，则触发该智能业务。

3. 根据权利要求 1 所述的方法，其特征在于，所述步骤 B 包括：

通信服务器通过寻址确定主叫业务控制点，向该主叫业务控制点发送主被叫鉴权请求，所述主叫业务控制点进行主叫鉴权；在判断出所述主叫业务控制点和被叫业务控制点为不同业务控制点之后，所述主叫业务控制点将所述被叫鉴权请求转发给所述被叫业务控制点，所述被叫业务控制点进行被叫鉴权，并判断被叫用户是否签约智能业务，如果是，则触发该智能业务。

角度二：可以利用逻辑主线来解决上述问题，撰写能够概括两种具体实现方案的独立权利要求。

不论是哪种具体实现方案，其都是逻辑主线思路下的具体实现方式而已。如果能够找到该案的逻辑主线，并依据该逻辑主线来撰写独立权利要求，显然能够将不同的实现方式概括到该独立权利要求中。

分析逻辑主线应当从该案的现有技术及现有技术缺点入手。该案的现有技术中，为了实现智能业务，需要在呼叫到达被叫移动交换中心后，由被叫移动交换中心采用额外的流程来触发被叫业务控制点进行被叫用户是否签约智能业务的判断，由于增加了额外的流程，造成业务实现复杂，且需要修改被叫移动交换中心，改造量较大。该发明为了克服上述问题，在现有的鉴权流程中增加有关是否签约智能业务的判断，由于其实现过程中并不需要额外增加新的流程，因此实现简单、对设备的改造量小。这可以说是该发明的逻辑主线。厘清该逻辑主线之后，对于克服上述问题似乎没有什么帮助啊。

代理师可以把这个逻辑主线再分析得细致一些。可以想一想，该发明中是利用笼统的鉴权流程来实现智能业务的判断吗？

由于所谓的智能业务是被叫用户签约的智能业务，对于其所进行的判断、触发相应的也应该是被叫业务控制点，对于该智能业务的实现而言，实际上是和主叫业务控制点无关的，也是和主叫鉴权流程无关的。

明确上述内容之后，可以发现，该发明的逻辑主线严格意义上来说应该是，利用现有的被叫鉴权流程来实现智能业务签约与否的判断以及触发。根据该逻辑主线，主叫鉴权的相关动作其实和该逻辑主线无关，可以在独立权利要求中不予体现。由此，独立权利要求1的相应内容可以修改为：

步骤 B：通信服务器向被叫业务控制点发送被叫鉴权请求，所述被叫业务控制点进行被叫鉴权，并判断被叫用户是否签约智能业务，如果是，则触发该智能业务；

相应地，两个具体实现方案可以通过如下从属权利要求予以限定。

2. 根据权利要求1所述的方法，其特征在于，步骤 B 包括：

所述通信服务器通过寻址确定主叫业务控制点，向该主叫业务控制点发送被叫鉴权请求；在判断出所述主叫业务控制点和被叫业务控制点为同一个业务控制点之后，所述主叫业务控制点进行被叫鉴权，并判断被叫用户是否签约智能业务，如果是，则触发该智能业务。

3. 根据权利要求 1 所述的方法，其特征在于，步骤 B 包括：

所述通信服务器通过寻址确定主叫业务控制点，向该主叫业务控制点发送被叫鉴权请求，在判断出所述主叫业务控制点和被叫业务控制点为不同业务控制点之后，所述主叫业务控制点将所述被叫鉴权请求转发给所述被叫业务控制点；

所述被叫业务控制点进行被叫鉴权，并判断被叫用户是否签约智能业务，如果是，则触发该智能业务。

如果想将上述两个具体实现方式完整地体现于从属权利要求中，即希望将主叫鉴权的内容体现出来，可以进一步撰写如下的从属权利要求 4。

4. 根据权利要求 1 至 3 任意一项所述的方法，其特征在于，在步骤 B 中进一步包括：

所述通信服务器向主叫业务控制点发送主叫鉴权请求，所述主叫业务控制点进行主叫鉴权。

第二个版本的权利要求貌似比第一个版本的权利要求要好些。对于第二个版本来说，当发现一些问题难以解决时，最行之有效的解决手段就是逻辑主线，不论是申请文件的撰写还是审查意见的答复都是如此。因为逻辑主线是一件专利申请的核心，只要把握住核心问题，其他问题就会迎刃而解，这也是我反复强调逻辑主线的目的所在。

> 限定结果的可行性

讨论限定结果的可行性，实际上是分析通过从属权利要求限定出的技术方案是否是可行的技术方案。一般而言，在从属权利要求中出现限定结果不可行的问题，通常是对某些限定条件的遗漏所导致的。

例如，在之前提及的案例中，具有地址解析功能的网络设备存在两种实现形态；一种是以独立的地址解析服务器作为该具有地址解析功能的网络设备；另一种则是在现有的网关设备上增加具有地址解析功能的模块，从而将该具有地址解析功能的网关作为具有地址解析功能的网络设备。

需要注意的是，对于主叫和被叫用户而言，其可能归属于同一个网关，也可能归属于不同的网关，而在采用具有地址解析功能的网关来进行地址解析时，前提条件是主被叫应归属于相同的网关，否则，不能实现采用网关来进行地址解析。针对以网关来进行地址解析的方案，如果撰写为如下的从属权利要求，则会出现限定结果不可行的问题。

  2. 根据权利要求 1 所述的方法，其特征在于，所述具有地址解析功能的网络设备包括：具有地址解析功能的网关。

该从属权利要求中，由于没有限定主被叫归属于同一个网关，因此，主被叫归属于不同网关的实现方案也在其所限定的方案中。显然，这样的方案在技术上是无法实现的，导致该从属权利要求出现限定结果不可行的问题。

对于该从属权利要求而言，解决的方式很简单，只需要在该从属权利要求中增加"当所述主叫用户和被叫用户归属于同一网关时"这一限定条件就可以。

解决手段的简单原因在于发现了该问题，但出现这一问题往往是代理师疏忽所导致的。为此，代理师在撰写从属权利要求时，为了避免出现限定结果不可行的问题，一方面应该仔细考虑从属权利要求所限定的方案，是否必须借助某些前提条件、手段才能实行，并将这些条件、手段体现在从属权利要求中。另一方面，应避免想当然的心态，不能想当然地认为自己写出来的权利要求就是之前所理解的那个具备前提条件的方案，不能以对方案已经了解的"已知"心态来看待撰写出来的权利要求，而是应该从"未知"的角度，仅仅从文字表述出发，分析该文字表述中，是否已经将相应的前提条件、手段清楚全面地表达出来了。只有用批判的眼光来分析自己所撰写的从属权利要求是否存在问题，才有可能将出现的问题扼杀于摇篮中，输出较高质量的专利申请文件。这种"批判"的眼光，我在后续的说明书撰写中还会讨论。

第 4 章

说明书的撰写

前面我结合案例对于权利要求的撰写进行介绍,现在下面来看如何撰写专利申请文件中的说明书。

4.1 说明书撰写的基本原则

我以专利代理师所进行的说明书撰写工作为例加以说明。

尽管发明人通过技术交底书提供本发明背景技术及技术方案的介绍,但代理师撰写说明书绝对不是一个简单的重复过程,而是一个二次加工甚至创造的过程。这是撰写说明书的一个基本原则,也是能否获得一个较好的专利申请文件的重要条件。

4.1.1 不能拷贝

对于专利代理工作而言,时常被人误解为仅仅是负责专利申请提交、文件转达等流程工作。流程工作尽管很重要,但专利代理中更为实质的工作应该是充分理解、准确表达技术方案,以及基于对技术方案的理解,合理地构造、争取专利保护范围。这样的工作内容决定代理师在撰写专利申请文件时,绝对不能仅仅针对发明人所提供的技术交底书进行简单的文字编辑,甚至以拷贝、粘贴的方式复制发明人所提供的内容。这样的编辑工作会使专利申请文件的撰写缺失"技术理解"这一重要依托,在没有充分理解技术方案的前提下,说明书的撰写自然也就无法达到较高的水平,甚至可能会由于技术方案的理解不到位而出现说明书中技术方案描述不准确乃至错误的问题。

对于专利代理师而言，在撰写说明书时应该坚决避免拷贝技术交底书。对于我所指导的学生，学得慢点儿不怕，技术理解不到位也不怕，就是绝对不能出现拷贝技术交底书的情况。拷贝技术交底书是不能触碰的红线，否则代理机构可能会淘汰你、客户可能会淘汰你，你也会由于没有竞争力而逐渐被专利行业淘汰。

当然，也存在发明人所提供的技术交底书内容、表述均较好的情况，此时，代理师也不能抱着侥幸心理，以拷贝的方式来撰写说明书，原因在于拷贝技术交底书会带来如下危害。

首先，作为专利代理师所服务的客户，当他看到以拷贝技术交底书的方式"撰写"的专利申请文件时，他会对代理师工作的价值和必要性产生疑惑。如果专利撰写工作仅仅是这样的"编辑"工作，那么客户为什么还要找专利代理师呢？说得通俗一点儿，专利代理师还有什么用处呢？

其次，对于专利代理师而言，将技术交底书的内容拷贝到专利申请文件中是不需要进行思考的，这种思考的缺失将使代理师针对这个案件难以充分理解、吃透，从而无法输出高质量的专利申请文件。而一旦养成习惯，经常性地以拷贝的方式来撰写专利申请文件，那么长时期思考的缺失将使代理师在专利业务上毫无进步。甚至有可能让自己会认为，专利申请文件就应该这样写，为什么还要对说明书、权利要求书字斟句酌？这些都将导致自己撰写的专利申请文件长时间处于较低质量水平，这样的工作习惯也会阻碍代理师的业务水平进一步提升。

最后，从感觉上来说，拷贝技术交底书也无法给专利代理师带来工作上的成就感，相反会使他感到很多地方磕磕绊绊。一些情况下，发明人在技术交底书中所描述的方案有可能是不准确甚至是错误的，如果以拷贝技术交底书的方式来撰写说明书，很有可能将这样错误的技术方案描述也直接粘贴到申请文件中，一旦这样的错误暴露于申请人后期的审核乃至该专利申请的审查过程中，则会给该专利代理师的工作带来不小的麻烦。还要注意的是，技术交底书中的文字表述时常会出现不符合专利法相关要求或者客户最大化利益的情况，发明人在技术交底书中的表述习惯也和专利代理师的表述习惯难以完全相同。当采用拷贝技术交底书的方式来撰写说明书时，专利代理师仍然需要对拷贝的内容进行相应的调整，这样的调整是否会出现遗漏的情况，通过该调整是否能够确保前后表达顺畅，都无法完全保证。而且，相比于自己撰写的"随心所欲"，调整总是受到各种局限，这也使专利代理师在该调整过程中感到磕磕绊绊，无法收获成就感。

4.1.2 二次加工

说完不能拷贝，我来说说二次加工。

> 审视

所谓二次加工，当然是在原材料的基础上进行进一步的加工。在专利申请文件撰写过程中，代理师所面对的原材料是技术交底书，要进行加工，代理师首先要审视一下该原材料是否合格。为此，代理师应该以批判的眼光来审视技术交底书，判断其是否存在问题。如果有问题，则需要和发明人进行沟通予以解决。

这里所要审视的问题主要包括：对于技术交底书中提及的现有技术的缺陷或者所要解决的问题，技术交底书中的技术方案是否能够加以解决？此处强调要关注技术交底书中所提供的内容是否能够在逻辑上"自圆其说"，从而形成我之前提及的逻辑主线。

实践中存在这样的情况：技术交底书在现有技术介绍中提及现有技术存在某缺陷，或者提出本发明所要解决某技术问题，但是分析其所介绍的技术方案却无法得出该技术方案是如何克服上述缺陷或者解决技术问题的。这有可能是发明人对于本发明技术方案描述不到位所导致的，也有可能是发明人在技术交底书中对于现有技术缺点、本发明所要解决的技术问题界定不清所导致的。遇到这样的情况，专利代理师务必和发明人进行沟通，搞清本发明的逻辑主线，由此才能做到真正理解本发明的技术方案，搞清发明的技术本质，为后续的说明书撰写和权利要求撰写打好基础。

代理师还要审视的问题是，发明人所提供的技术方案在技术上能否实现。此种能否实现一方面要关注技术交底书中的本发明技术方案内容，是否存在技术要素的缺失，从而导致方案不能被完整地实现；另一方面，则要关注该技术方案中是否存在技术上相互矛盾的内容，这也可能导致该技术方案无法在技术上得以实现。不要想当然地认为，发明人所提供的技术方案必然就是技术上可以实现的。一些情况下,发明人的发明思路并不成熟,其所提供的技术方案难免出现错误,代理师应该以审视的眼光帮助发明人发现这些错误,并提示、协助发明人进行修改,从而在申请文件中体现出正确、可实现的技术方案。

> 加工

二次加工意味着必然要进行"加工"。这意味着代理师在专利撰写中所要做的,不仅是确保技术内容的正确性,还要通过代理师的"加工",获得符合专利法相关要求、内容准确并充实且能够为专利申请人谋求尽可能大保护范围的专利申请文件。

和利用机器设备进行的加工不同,我们所说的"加工"是通过自己的思考来完成的。

专利代理师首先应当结合发明人所提供的材料,从专利层面搞清楚本发明到底为什么这样做。这要求专利代理师不仅要搞明白方法的流程本身、产品的组成和连接关系,更要搞清楚本发明的方案中,流程这样设置、产品这样构成到底和实现发明目的之间是何种关系。只有在这个层面做到自圆其说、逻辑自洽,才是从专利层面把技术方案理解清楚。在上述理解的过程中,还要搞清楚方案中各个技术特征的作用、这些技术特征和解决技术问题之间的关系。以上这些"思考"的成果是代理师进行"二次加工"所要、所应获得的内容。

"二次加工"还要求代理师在发明人所提供的技术方案的基础上有进一步的贡献。

当然不能要求专利代理师充当发明人的角色来提供技术创新,但是,在充分理解发明人发明思路的基础上,专利代理师完全可以结合发明人所提供的技术方案,以获得尽可能大的保护范围为目标,扩充得到和本发明相关的替代方案以及附加方案,从而充实专利申请文件的内容、扩大专利保护的范围,体现专利代理师的价值。

这种技术方案的扩充可以按照以下方式来进行。

(1)将技术交底书中笼统提到的不同情况落实为具体的实施方式来实现对技术方案的扩充。

在技术交底书中,发明人有时会较为笼统地介绍本发明的一种实现方式,同时,还会对本发明的一些应用场景进行介绍。如果代理师能够根据不同的应用场景，设想针对这些场景是否有与之对应的实现方式，则有可能从技术交底书中较为笼统的实施方式扩充得到针对不同场景的多个实施方式。

例如，在一件数据传输容错的方法中，发明人在技术交底书中所提供的技术方案较为笼统，其仅仅介绍在业务建立过程中，为业务选择主用和备用参考信道，基站节点从主用参考信道承载获取数据，在主用参考信道不可用时，把数据发送到备用参考信道传输承载上，同时重新分配主用和备用参考信道。在阅读完上述内容后，代理师可以对该发明所能应用的场景进行分析，从中可以发现，发明人针对所谓的主用信道不可用，提出两种场景，但是，对于这两种场景的具体技术实现并没有进行说明。

在提示发明人补充这两种场景所对应的实施方式后，可以发现，针对主用参考信道故障的场景，需要在业务建立时，就首先配置好相应的备用参考信道，一旦发生故障，则将数据转到备用参考信道上来传输。而对于主用参考信道被删除的情况，则只需要在进行主用参考信道被删除之前配置好备用参考信道即可。也就是说，在这种情况下，无须在业务建立时就配置好备用参考信道，这和第一种情况的实现是有所不同的。当然，在这种情况下，也可以像第一种情况那样，在业务建立时就建立好备用参考信道，在删除主用参考信道时，采用备用参考信道来传输数据。

由此可见，代理师通过将技术方案结合其所针对的场景进行细化，得出两种具体实施方式，考虑到实际中还可能出现既发生故障又发生信道删除的情况，将上述两种实现方式相结合还可以得出第三种实现方式。由此，代理师能够从最初较为笼统的实现方式得到三种具体的实现方式，实现对技术方案的扩充。

（2）借用逻辑来完成对技术方案的扩充。

这里的借用逻辑来完成对技术方案的扩充首先指的是，针对某个技术特征，判断该技术特征与其他技术特征之间是否有必然的逻辑联系。如果没有，则该技术特征并不是实现发明目的的必要技术特征，则我们可以由原先包括该特征的技术方案扩充得到一个并不包含该技术特征的新的技术方案。

还以上述容错方法为例，对于信道删除的情况，在原技术交底书所提供的笼统方案中，需要在业务建立时即配置备用参考信道。但结合实际的实施方式可以发现，在需要删除主用参考信道时，网络控制器重新选择主用、备用参考信道，然后在删除原主用参考信道后，将数据传输转到新的主用参考信道上，由于新选择的主、备用参考信道可以包含原备用参考信道在内，也可以完全重新选择。因此，从逻辑上可以发现，如果仍然在业务建立时配置备用参考信道，但该备用参考信道在后续进行数据传输切换时并不是一定要用到（原因在于新配置的主用参考信道完全有可能不是原来的备用参考信道），因此，在业务建立时配置备用参考信道这一技术特征和后续步骤之间并没有必然的逻辑联系，该技术特征对于该发明的实现并不是必需的，由此可以得出一个没有该技术特征的新的技术方案，即以下的方案一：

> 针对删除主用参考信道的情况，在收到删除原主用参考信道的指示后，确定新的主、备用参考信道，在进行删除原主用参考信道的操作之前，将数据传输切换到新确定的主用参考信道上来。

当然，利用逻辑来挖掘还可进一步延伸。

仍然以上述容错方法为例，在利用逻辑挖掘出上述方案一之后，代理师可以对该新挖掘出的"方案一"再进行分析。通过分析发现，在进行数据传输切换的过程中，并没有利用到新确定的备用参考信道。从逻辑上来讲，在进行数据传输切换之前，确定新的备用参考信道并不是必要的技术特征，因此，可以从方案一进一步挖掘得到新的方案二：

> 针对删除主用参考信道的情况，在收到删除原主用参考信道的指示后，并不确定新的备用参考信道，而是从可用的信道中选择一个作为新的主用参考信道，在进行删除原主用参考信道的操作之前，将数据传输切换到新确定的主用参考信道上来。

上述通过逻辑所进行的挖掘过程，其实也就是对该发明保护范围的一个扩大过程。通过对技术交底书实施例中各技术特征进行逻辑上的分析，明确哪些技术特征是非必要的，将非必要的技术特征从所分析的实施例中去除，得到交底书中未提及的新的实施例。重复上述过程，就能够得到原交底书中未曾提及的多个实施例，而由于新得到的实施例较之所分析的实施例缺少非必要的技术特征，因此其范围变大，由此，就能得到保护范围逐层扩大的多个实施例。

借用逻辑来完成对技术方案的扩充还可以是：判断某一特征和实现发明目

的之间是否有必然的逻辑联系。

对于一个技术方案而言，不论是对于其创新特征还是和本发明相同的技术特征，代理师都应该分析其是否和实现发明目的之间存在唯一对应的逻辑关系。也就是说，为了实现发明目的，是否只能采用该特征而不能采用其他特征，如果不是，代理师可以挖掘一下是否还可以采用其他替代特征来替代所分析的特征，当然，也可以提示发明人来完成此挖掘工作。

例如，在一实现对终端设备进行配置的方法中，现有技术所存在的问题是，由于局域网的安全设置，作为外网设备的配置服务器无法访问内网中的终端设备，而为了实现对设备的配置，需要修改局域网的安全设置，影响局域网的安全性。在该发明中，终端设备通过配置代理单元向配置服务器发起配置请求，并从服务器获取相关的配置信息，从而实现在不修改局域网安全设置的情况下完成对局域网中终端设备的配置。从该方案中可以看出，配置代理单元是新增加的设备，是该发明的创新点之一。经过分析可以发现，该单元只是为了能够实现相应的触发功能、信息收集功能、发送请求功能、信息比较功能单独设定的一个单元，这些功能也完全可以在终端设备自身上来实现，只不过这会造成对终端设备的改造，较之技术交底书中所提供的技术方案，实现起来会麻烦一些。而从逻辑的角度来分析，该发明的思路是将原先由外网设备——配置服务器发送配置请求的流程，改变为由内网设备发起，从而解决现有技术中由于外网设备无法访问内网设备所带来的问题，至于发起配置请求的内网设备是配置代理单元还是终端设备，和实现发明目的之间并没有一一对应的必然逻辑联系。因此，可以得出，对于该方案而言，采用配置代理单元只是优选实施例的方案，还可以基于该优选实施例得到另一实施例，即将配置代理单元所实现的功能转由终端设备来实现，由终端设备来发起配置请求，完成信息比较，获取最新的配置信息并完成信息的配置。这样，就可以在技术交底书所提供技术方案的基础上，得到一个新的技术方案，实现对技术方案的扩充。

（3）结合实际应用场景，从使用者的角度挖掘还有哪些应用需求，结合该应用需求扩充出相应的实施例。

对于一些发明而言，当其应用到具体的场景中时，或者是满足某些应用需求时，会进行一些技术方案的改变，得到新的实现方案。在对技术方案进行扩充的过程中，代理师所需要做的就是设想相应的场景和应用需求，结合这些场景和应用需求扩充得到新的实现方案。

例如，在一件对触摸屏线性度进行测试的方案中，发明人就如何改善测试准确度提出一套技术方案，在该技术方案中，各个测试点都是均匀分布的。但是，由于一些触摸屏对于边缘部分的线性度要求较中间部分更高，存在对于边缘部分进行更精确测试的应用需求，如果代理师能够挖掘出该需求，则可以从技术交底书中提供的测试点均匀分布的技术方案扩充得到测试点在触摸屏边缘呈更密集分布、在中间部分呈较为稀疏分布的技术方案，整个技术方案的保护范围也会不再局限于测试点均匀分布，从而实现对技术方案的扩充以及保护范围的扩大。

当然，不论采用上述哪种方式所获得的扩充的技术方案，都需要代理师和发明人确认技术上是否可行、是否有必要进行保护，只有在获得发明人的确认后，代理师所扩充的方案才能真正成为该发明的方案。

总结一下，代理师所进行的"二次加工"，首先要通过"审视"的方式确保技术交底书中技术内容的正确性，之后代理师搞清楚本发明到底为什么这样做，以及还能怎样做。也就是说，通过"二次加工"获得本发明中各个技术特征的作用、这些技术特征和解决技术问题之间的关系，以及通过简单扩充获得本发明的替代方案以及附加方案。上述这些"二次加工"，都是代理师的思考过程。代理师不能仅仅将"二次加工"停留在思考层面，而是要以文字表达的方式将这些思考结果呈现出来。

在呈现过程中，要注意一定要用自己的语言来描述技术方案。所谓采用"自己的语言"，是指专利代理师应以专利申请文件所需要的专业、准确的表达方式来撰写申请文件，而不应大篇幅地照搬发明人的原话来描述。

具体而言，代理师一方面要确保用词、语法的准确，做到文字表达的规范、顺畅；另一方面，则要紧紧围绕为申请人尽可能争取最大保护范围这一目标，按照专利法的相关要求，来描述技术方案。专利代理师撰写专利申请文件的过程，应该是综合文学以及法律的文书创造过程。在此过程中，专利代理师应能获得作品创作的成就感，如此才能形成好的专利申请文件。

从"呈现"的内容来讲，专利代理师应当将上述思考过程中所获得的成果予以文字上的呈现。一方面，要在介绍技术方案的过程中，不仅描述技术方案本身，也要对技术方案如何解决技术问题，技术方案中各个技术特征的作用、与解决技术问题之间的关联进行清晰的介绍；另一方面，对于"二次加工"过程中所得到的替代方案、附加方案，则要在专利申请文件中予以体现，从而将"思考"的成果通过文字落实为申请人的权益。

4.2 具体法律要求

以上讲解了撰写说明书撰写的基本原则，从法律要求来讲，《专利法》第26条第3款、第4款对于说明书的撰写给出了具体的规定。其中，《专利法》第26条第3款指出，说明书应当对发明或者实用新型作出清楚、完整的说明，以所属技术领域的技术人员能够实现为准；必要的时候，应当有附图。摘要应当简要说明发明或者实用新型的技术要点。

《专利法》第26条第4款指出，权利要求书应当以说明书为依据，清楚、简要地限定要求专利保护的范围。

分析这些规定可以发现，说明书的撰写至少应当满足"清楚""完整""支持"这三方面的要求。下面逐一进行分析。

4.2.1 有关"清楚"

《专利法》第26条第3款规定，说明书应当对发明或者实用新型作出清楚的说明。代理师可以将"清楚"的规定理解为对说明书在表述层面的要求，要满足这一要求，说明书的表述至少应该是准确、无歧义的。如果代理师所撰写出的内容是含混不清的，或者是有可能产生多种不同解读的，那么，则是不满足"清楚"的要求。

有关"清楚"的要求很容易理解，但并不容易做到。代理师很多时候会主观地认为自己所写的内容就是对的，从而发现不了相关问题的存在，这是主观主义在作祟，而代理师应该秉持的是辩证唯物主义的实事求是的态度。在工作实践中，"实事求是"要求代理师以批判的眼光、未知的眼光来审视自己所撰写的说明书，判断描述的内容是否能够准确、充分地表达我们所想表达的内容，从而和方案的实际情况相符。通过此种"批判"和"未知"，才能发现说明书表述中的问题并予以解决，从而尽可能满足"清楚"的要求。

1. 批判的眼光

所谓批判的眼光，就是要以挑刺的心理、以批判的态度来看说明书的各处表述内容。代理师不要认为所撰写的内容就一定是我们所想表达的含义，就一定是唯一的含义。如果不端正心态，认为自己处处都对，那么找出可能的表述不清楚的问题自然也就不可能了，从而造成相关隐患的存在。

要知道，代理师所撰写出的内容，日后很有可能经历专利侵权方的解读，他们的解读不一定善意，更不可能按照代理师的预期来进行。代理师撰写过程中所留下的任何隐患，都有可能被专利侵权方抓住并放大，从而对专利权人的权益造成不利的影响。与其后期被别人批判、挑刺、发现问题，不如在撰写过程中自我检讨、自我否定，将隐患消灭于萌芽中。

2. 未知的眼光

所谓未知的眼光，是指代理师要清空自己对方案已知的理解，假设自己现在处于对方案一无所知的状态，以此来审视是否能够基于说明书的文字表达体现代理师本来想要表达的意思，从而确保说明书的描述内容是充分的而非含混的。

要知道，代理师在撰写说明书时，是在已经理解技术方案的基础上所进行的撰写，这样的撰写难免会由于之前的已知理解，从而将一些本应表达出的内容默认为别人都应该知道。排除掉这种已知因素的影响，能够帮助代理师纯粹从文字本身出发，核实并确保文字表达充分与否，从而避免不清楚问题的出现。

3. 实践中的注意事项

落实到具体问题上，满足"清楚"的要求要特别注意以下三个方面。

首先，要确保文字表述的一致性。不论是在说明书中还是权利要求书中，针对同一事物要采用相同的表述，在表述上的任何细微差别，都有可能被解读为是不同的内容，从而产生不必要的误解。

例如，对于测试时所采用的基准点，不能某些地方描述为基准点，而某些地方却描述为标准点，两者虽然只有一字之差，但完全有可能被解读为不同的含义。尤其是这样的内容在被翻译为英文后，其差别有可能被进一步放大，从而从表述上的区别变成实质内容上的不同。

其次，要重视语法。代理师所撰写的内容当然要满足基本的语法规范，做到主谓宾符合语法要求,避免出现语法不通的情况。而对于语法问题的疏忽大意,则有可能导致歧义的出现。

例如,在两个句子中,如果后一个句子的主语和前一个句子的主语不同,则有必要对后一个句子的主语予以明确;否则,缺失主语的后一个句子有可能被解读为主语仍然是之前句子的主语,从而造成歧义的出现。

最后,要注重表达上的连贯性。企业的专利审核人员会评价一篇专利申请文件的质量高低。有时候,他们认为一篇专利申请文件好或者不好并不能给出量化的结果,往往只会说某位专利代理师写的申请文件看起来就是舒服,而对其他专利代理师则会给出"看起来费劲"的评价。我也分析过这些代理师所撰写的专利申请文件,发现区别并不在于技术上的晦涩与否,而是在于表述是否通顺、连贯。

好的专利申请文件能够做到从主题出发,句子和句子之间、段落和段落之间均保持内容和逻辑上的连贯,从而使读者能够很顺畅地阅读专利申请文件,掌握其要表达的内容。相反,一些专利申请文件会出现语句和语句之间的逻辑跳跃,段落和段落之间也缺少相互联系以及过渡。这种逻辑上的跳跃会使读者如坠云里雾里,难以"舒服"地对申请文件的内容有清晰明了的把握。

语法以及表达连贯性都是文字表达的问题,这些问题直接决定专利申请文件的可读性。可读性的高低对于专利申请文件的质量有相当大程度的影响。代理师应该尽可能通过文字表达使陌生的技术亲切、易懂,而不应让文字表达拖技术公开的后腿,给本就比较难懂的技术在文字表述上进一步增加理解的障碍。

4.2.2 有关"完整"

《专利法》第26条第3款指出,说明书应当对发明或者实用新型作出清楚、完整的说明。

从实践的角度来说,我认为"完整"包括两个方面:一是逻辑上要完整,要通过说明书的介绍,将本发明技术方案的来龙去脉介绍清楚,从而做到本发明的技术方案能够自圆其说。二是技术上的完整,这是指要确保本发明的技术方案在技术实现上是完整的。在说明书中,本发明的技术方案不应有技术要素的缺失,以便确保本领域技术人员能够根据说明书的介绍,实现本发明的技术方案。

1. 逻辑的绝对完整

对于逻辑上的完整，我要求要做到绝对的完整。逻辑主线链条中的各个部分不可缺失，且各个部分之间必须满足逻辑主线的要求。

具体而言，说明书中应当在背景技术中介绍本发明所针对的现有技术，并明确指出该现有技术存在的缺点；在发明内容中，要针对之前提及的现有技术缺点，明确本发明的发明目的，做到"发明目的"和"现有技术缺点"相对应；在本发明的技术方案部分，要围绕如何解决现有技术缺点、实现发明目的对本发明的技术方案进行介绍，从而做到逻辑上的自圆其说；最后，要结合本发明的技术方案，阐述本发明的有益效果，该有益效果应当和之前提及的"现有技术缺点"相互对应，进一步夯实逻辑主线。

在逻辑完整方面一定要注意，文字表达只是表象，严谨的逻辑思考才是实质所在。

不能仅仅在于文字表达上满足逻辑完整的要求，而是应当首先对本发明进行清晰、严谨的逻辑思考，再将该思考过程以文字的形式表达出来。正是基于这样的思考，才能将逻辑主线中的相关节点真正连贯起来。

例如，对于现有技术和现有技术缺点，要从现有技术出发，阐述清楚现有技术中到底是哪个技术要素导致现有技术缺点的出现；而对于本发明的技术方案，则要针对现有技术缺点，思考并描述清楚本发明的技术方案到底通过何种手段解决该现有技术缺点；本发明有益效果的得出不能以"拍脑袋"的方式得出，而是应该结合本发明技术方案相应内容的分析，对比现有技术中的相关内容，以推导的方式得出本发明的有益效果。

这些内容虽然我反复讲过，但在此再次强调，希望能够引起大家的重视。其实，本书讲的内容没有那么多，如果从头开始看的话会发现，这本书反反复复就是在强调逻辑主线，同时还穿插着讲工作态度。尽管如此反复地强调逻辑主线的重要性，估计一旦落实到实际工作中，还是会有人忽视或者用不好逻辑主线。我希望，读者在看过此书之后，别的没学会不要紧，只要能够意识到逻辑主线的重要性，能够在实际撰写中有意识地使用并用好逻辑主线，那就够了。

2. 方案的相对完整

如果说逻辑的完整是"绝对"的，那么方案的完整则只是"相对"的。

方案的完整并不要求代理师针对本发明的方案的各个技术特征均作事无巨细的详细阐述，而是要有针对性地对本发明的发明点进行重点介绍，对本发明技术方案中属于现有技术的技术特征，则无须详细介绍甚至不必介绍。

如上方案相对完整性的操作，并不会对专利法所要求的"完整"构成影响。专利法中对"完整"的要求是，应当对发明或者实用新型作出清楚、完整的说明，以所属技术领域的技术人员能够实现为准。显然，所属技术领域的技术人员是知晓相关现有技术特征的，即使对这一内容不进行展开描述，也不会影响其实现发明或者实用新型的技术方案，只有对本发明的改进点即发明点描述不到位，才会导致所属技术领域的技术人员无法实现该方案。

从逻辑完整的角度来分析，也可以说明此种方案相对完整的必要性。

基于逻辑完整的需求，代理师在介绍本发明技术方案时，重点要阐述清楚的是本发明到底如何解决现有技术问题的，而这恰恰对应于本发明的发明点。至于本发明方案中和现有技术相同的内容，由于对于解决现有技术缺点来说并无贡献，从逻辑的角度来讲也就没有必要详细介绍。相反，如果对于现有技术的技术特征和发明点不作区分，则一方面会使说明书的内容冗长，还会使说明书中技术方案的描述重点不够突出，申请文件的整体逻辑性也会由此变差。

3. 从主题中来、前后连贯、到主题中去

尽管方案的完整是相对的，但不应影响方案中各个内容的连贯性。在描述一个完整的技术方案时，最基础的要求是从主题中来、前后连贯、到主题中去。

所谓"从主题中来"，是指在开始介绍技术方案时，要以技术主题为出发点来进行。最初所介绍的技术信息不能偏离开技术主题，而是应该和技术主题有所联系，从而使读者能够基于此种联系，逐步进行相关技术方案的理解。

所谓"前后连贯"，是指在对技术方案中的各个技术特征进行介绍时，应当注意各个技术特征之间的相互联系，尽可能做到已经介绍的技术特征能够被后续所介绍的技术特征"用到"，通过这种技术特征之间的相互联系，使所介绍的技术方案成为一个联系紧密的有机体，也通过这种"前后连贯"的相互联系，使读者能够沿着一个逻辑链条，较为容易地理解说明书所介绍的技术方案。

所谓"到主题中去",是指对于技术方案的介绍最终能够达成技术主题所设定的目标。也就是说,从结果的角度来说,对于技术方案的介绍应当以文字的方式表述出其通过相应的技术特征得到某技术结果,而该结果则应当是和技术主题的技术目标一致。

通过"从主题中来、前后连贯、到主题中去"这样的方式,我期望说明书能够以技术主题为引子、以连贯的逻辑关系为线索、以达成技术主题为最终结果,带领读者较为容易地理解相关的技术方案,从而既能满足说明书清楚、完整的要求,也能确保说明书的可读性较强。

下面以一个案例来进行说明。

该案例是一种障碍物的模型检测方法,该案说明书中的相关介绍如下:

> 在自动导航等技术中,通常需要对障碍物进行检测,本发明采用模型检测的方法,通过摄像头拍摄需要检测的照片,依据图像识别的方法对照片进行分析,获得障碍物的形状等相关信息,结合障碍物的动静属性不同进行区分检测。

上述的介绍貌似提供了相对充实的技术信息,但这些信息并没有做到从主题中来、前后连贯、到主题中去,从而使上述内容仍然是含混不清的,甚至可能使人错误理解。

该案的技术主题是"模型检测",通过分析上述说明书的记载我们可以发现,其在描述"本发明采用模型检测的方法"之后,后续紧接着提及的是"拍摄照片"以及"图像识别",这和"模型检测"中的"模型"没有任何关联,使得对于方案本身的介绍从一开始就跳出技术主题。其一开始所介绍的内容过于突兀,读者无法从"模型检测"这一技术主题出发来理解后续的技术内容。再加上后续整个技术方案中都没有提及"模型",更使该技术方案的介绍完全偏离技术主题,使读者不明白"模型检测"中的"模型"存在的意义。

下面再来看一下其介绍是否满足"前后连贯"的要求。

该方案的具体技术内容包括"拍摄""图像识别""获得形状""区分检测",前三者之间可以说是相互关联的,即基于拍摄可以获得图像,能够进行图像识别,而图像识别的结果则是获得障碍物的形状信息,读者完全可以基于上述的逻辑联系，搞清该案的上述技术实现过程。

但是读者可以发现，所谓"区分检测"和这前三者之间的逻辑联系并不清晰。我们难以得知"获得形状"和基于动静属性不同进行区分检测之间是什么关系。当然，也可以推测得出这两者的关系，但这种推测是否准确无法保证，而且，此种推测过程的存在也增加了阅读者的阅读困难，造成该内容的可读性差。

从前后连贯的角度来讲，在介绍"区分检测"时，应该和之前的"获得形状"连贯进行。实际上，这一区分检测是基于之前所获得的形状信息，确定障碍物到底是属于如树木这一静态障碍物类型，还是属于车辆这一动态障碍物类型，从而根据障碍物类型的不同选择相对应的检测模型来实现区分检测的。

最后来看"到主题中去"。该案的技术主题是"模型检测"，从上述方案的文字描述可以发现，其文字表述上最终只是落到"区分检测"，并没有回归到模型检测这一技术主题，因此并没有达到"到主题中去"的要求。这使读者不明白所介绍的方案是否真正实现模型检测，造成对于技术方案看到最后也是不明就里的状态。

结合上述的分析，代理师可以将上述表述修改如下：

  本发明提供了一种障碍物的模型检测方法，该方法首先建立多个检测模型，按照被检测对象属于静态对象还是动态对象，所述多个检测模型分为静态检测模型和动态检测模型。例如汽车、行人等动态被检测对象，其检测模型为动态检测模型，树木、石头等静态被检测对象，其检测模型为静态检测模型。在需要检测时，通过摄像头拍摄需要检测的图像，依据图像识别的方法对图像进行分析，从而获得障碍物的形状等相关信息，基于所述形状信息确定出障碍物的动、静属性类型，针对动、静属性不同的障碍物类型，选取对应的检测模型进行障碍物检测。

下面可以总结一下实务操作中对于"完整"的操作要求。

"完整"包括逻辑上的完整和方案内容上的完整两个方面，前者的完整是绝对的，因为从逻辑主线的角度来说，其各个要素缺一不可，否则就会使逻辑主线无法连贯起来，从而破坏整个方案逻辑思路的完整性。后者的完整则是相对的，代理师应当重点描述清楚本发明的发明点，而对于本发明方案中的现有技术的技术特征，则可以不进行展开描述，从而突出发明点的中心地位。当然，为了确保说明书描述的内容满足技术"完整"的要求，在实务操作中可以按照"从主题中来、前后连贯、到主题中去"这一方式来操作。

4.2.3 有关"支持"

《专利法》第26条第4款指出，权利要求书应当以说明书为依据，清楚、简要地限定要求专利保护的范围。

此处的"权利要求书应当以说明书为依据"即是我所说的"支持"。对于如何实现"支持"这一目标，可以从正反两个方面来加以注意。

1. 正面的支持

从正面来分析，说明书当然要起到支持权利要求的作用，而实现这一目标，至少应该注意以下两点。

第一，对于权利要求中所要保护的技术方案，不论是方案的整体还是单个的技术特征，都应该在说明书中有对应的记载，从而实现说明书对于权利要求的支持。

第二，当权利要求中采用上位概念进行概括时，对于概括得出的上位特征，在说明书中要有与之对应的下位实现方式予以支持。如果可能，最好提供多个下位实现方式来支持上位特征。当然，在说明书中仅提供一个下位实现方式，但所属技术领域的技术人员能够根据该下位实现方式，合理预测出其所有等同替代或者明显变型方式都具备相同的性能或用途，则也是可以实现对于权利要求的上位概括特征的支持的。

2. 在支持上不要起反作用

从反面来分析，代理师要注意说明书的相关描述不要对于权利要求的支持起反作用。

权利要求的目标在于获得一个尽可能大的保护范围，由此，代理师在撰写说明书时，要注意避免由于描述的问题而使说明书所描述的方案受到不必要的限制，进而影响其所支持的权利要求的保护范围。

例如，代理师在说明书中要注意避免出现绝对性的、非必要的限制性词语。除非确实必要，代理师一般在说明书中不会采用"必须""一定"等这样绝对性的表述方式。"必须""一定"等之后的内容，往往会被解读为是唯一的实现方式或者是必须出现在独立权利要求中的内容，这些都会导致独立权利要求的保护范围可能会由此而被质疑进而被要求予以限缩。

相应地，代理师在说明书中通常会大量采用"可以""例如"这样的表述，强调相关的技术特征仅仅是一种可选的手段或者仅仅是一个例子而已，从而使说明书的内容不会对权利要求的保护范围产生不必要的限缩性影响。

除了注意避免采用上述绝对的、限缩性的表述，代理师还可以在说明书中通过不断的强调，避免他人对于说明书中的相关内容作限缩性的解读。这种强调的文字表现可能会不同，但大体思路都是强调说明书所记载的内容仅仅是一个实施例而已，并非该发明的唯一实现方式。

3. 留有余地

除了考虑支持权利要求，在撰写说明书时还要做到"留有余地"。这种"留有余地"体现为，相比于权利要求而言，在说明书中可以考虑描述更多的特征、特征的更多作用，这些"更多"的内容，有可能成为后期审查意见答复的答复依据，在撰写申请文件时，就应该做到留有余地。

例如，针对发明点相关的技术特征，如果可能，可以对其技术实现的描述细化细化再细化，即使在撰写过程中认为某些细化的特征有可能已经属于现有技术，而未将其在权利要求中予以限定，但在没有确切检索证据来支撑这一结论的情况下，不妨先写在申请文件的说明书中。

除此之外，还可以撰写更多和发明点相关的附加技术手段，对于已经描述的多个实现方式，可以考虑描述这些实现方式之间的相互组合。以上种种，在实质内容上增加了权利要求中没有限定的技术内容，如果在后续答复审查意见过程中，审查员就权利要求的所有内容均准确地评价其已经被现有技术所公开，则可以考虑依赖如上留有余地的内容来修改权利要求，以完成审查意见的答复。

除了在技术特征本身上留有余地，还要重视在技术特征的作用上留有余地。对于技术方案中的技术特征尤其是发明点的相关技术特征，要描述清楚其在本发明中所起的作用。进一步地，要对其和其他技术特征如何相互配合的情况下，在本发明中发挥特定作用加以介绍。这些"作用"的内容都有可能成为日后答复创造性审查意见时论述现有技术没有给出技术启示的依据。

4.3 说明书各部分撰写实务分析

我从整体上分析了说明书撰写的要求后,下面具体来看一下说明书各部分是如何操作的。

说明书整体上包括发明名称、技术领域、背景技术、发明内容、附图说明、具体实施方式这几部分。专利审查指南中对于这几部分的撰写给出了具体要求,从更好满足申请人权益的角度出发,我逐一来分析撰写这几部分内容的注意事项。

4.3.1 发明名称

《专利审查指南 2010》规定,发明名称应当清楚、简要。从实务的角度来说,发明名称应当能够体现本发明技术主题和类型。

简单来说,发明名称至少要明确本发明要保护的到底是方法还是装置,不能模糊地保护一种"技术",这在类型上是不清晰的。

对于技术主题而言,发明名称中应当提供必要的技术信息,使他人能够明确本发明所保护的技术对象是什么。只笼统地写"一种方法"或"一种装置",尽管在技术主题层面没有进行任何限定,从而使这一层面的保护范围很大,但很有可能被审查员质疑发明名称并不符合相关的撰写要求。

当然,更应注意的是,代理师要避免在发明名称中出现不必要的描述,从而不必要地限缩该发明最终的保护范围。

例如,某个通信领域的发明,如果其并非仅仅能够在特定的通信系统中才能实现,那么完全没有必要在发明名称中体现特定的通信系统这一限定。

从性质的角度来说,发明名称只描述技术主题就可以,而"发明点"本身、本发明的有益效果等内容,无须在发明名称中体现。这和发明名称应该"简洁"有关。一般来说,发明点会出现在独立权利要求中,在独立权利要求的主题即为发明名称的情况下,如果将发明点也体现在发明名称中,会导致对于"发明点"的重复描述,从而使发明名称并不满足"简要"的要求。类似地,本发明的发明目的、有益效果也并非技术主题本身,这些内容在说明书正文部分也都有所体现,因此,这些内容也不应在发明名称中予以体现。

还要注意的是,发明名称是"技术"主题,技术的属性决定在发明名称中不应采用商品名称、商标等非技术术语,商业宣传性质的商业效果描述自然也不能出现在发明名称中。

当然,发明名称要和独立权利要求的主题一致,在存在多个独立权利要求对应多个主题时,一般应当在发明名称中将这些主题均予以体现。

例如,一项发明为实现彩铃业务的方法,对应的独立权利要求包括方法权利要求、实现彩铃业务的特定设备的产品权利要求以及系统权利要求,那么发明名称则应体现为"一种实现彩铃业务的方法、设备及系统"。

4.3.2 技术领域

技术领域的作用大体为在专利审查过程中方便进行专利分类。代理师需要注意的是,对技术领域的描述不要对本发明的保护范围进行不必要的限缩。

一般来说,不要以本发明具体实施例所应用的领域作为"技术领域"来描述,如果本发明能够应用于更为上位的技术领域,则"技术领域"部分的内容应采用更为上位的内容。从实务的角度来讲,由于技术领域部分的内容通常不会构成新颖性、创造性评判的依据,相反,其限定过小反而会影响最终的保护范围,代理师不妨在实际撰写技术领域过程中稍微胆子大一些,宁肯使"技术领域"的内容范围偏大,也不要由于自己的保守,不必要限缩地"技术领域"影响本发明的保护范围。

4.3.3 背景技术

从实务的角度来讲,在说明书背景技术中应至少包括基本概念、现有技术以及现有技术缺点这三部分内容。下面对这三部分内容及其作用加以介绍。

> 基本概念

为了让读者对申请文件有准确、透彻的理解,在背景技术中首先要介绍相关的基本概念。基本概念可以理解为本发明和现有技术共同针对的技术客体,其通常为发明名称中的核心词。例如,在一名称为实现彩铃业务的方法的发明中,其基本概念为发明名称中的核心词"彩铃业务",而在一发明名称为实现短消息转移的方法中，基本概念则为"短消息转移"。

那么，介绍基本概念的目的是什么呢？

描述基本概念的目的在于便于读者更加快速、准确地理解本发明，同时，也能够通过这一描述过程，加深专利代理师自身对基本概念的准确理解，从而确保权利要求保护范围不会被不必要地限缩。

发明创造有其专业性特点，一些情况下，专利申请文件中所涉及的内容可能属于某一专有领域，其对应的基本概念为较为生僻的词汇。如果能够在背景技术中对本发明的基本概念加以介绍，就会有助于读者根据该基本概念所涵盖的内容理解后续的技术方案，也会消除读者对专利申请的神秘感和陌生感，提高申请文件的可读性。

以实现彩铃业务的发明为例。

读者现在都知道，彩铃业务是一项以用户定制或运营商提供的音乐来代替普通回铃音的业务，但是，在该项业务还未普及之时，大多数读者还不知道彩铃业务是什么样的业务。如果在代理师直接就撰写现有技术中如何实现彩铃业务，那读者很容易在未明确相关概念的情况下就陷入具体的技术之中，从而造成其阅读上的困难。

如果能在一开始对彩铃业务就有准确甚至形象直观的介绍，将有助于读者在明确相关技术主题的背景下，有方向性地理解现有技术及本发明。事实上，在该例子中所涉及的基本概念尚属于相对容易理解的概念，在实践中，代理师还会遇到相当专业的基本概念，这时对基本概念的介绍就显得尤为重要。

出于增加申请文件可读性的考虑，在进行基本概念介绍之前，代理师通常会通过一个"引子"，以通俗易懂的方式逐步引入该基本概念，避免说明书一开始就以晦涩的技术术语进行描述，给读者以不够友好的感觉。简单来说，"背景技术"的开始应当是"引子+基本概念"。

例如，一项发明涉及触摸屏线性度测试，其在说明书背景技术中一开始进行如下介绍：

> 随着信息技术的发展，人们越来越倾向于使用触摸屏进行人机交互。例如在使用手机、平板电脑、银行POTS机时，人们只需触碰触摸屏上的文字或符号，就能实现相应的人机交互。为了确保人机交互的效果，触摸

屏应达到相应的质量要求，触摸屏线性度就是触摸屏的重要质量参数之一。触摸屏线性度体现了在工作范围内触摸屏实际输出与理想的直线保持一致的接近程度，其是否符合要求，直接影响人机交互的效果。

在上述段落中，首先从"人机交互"出发，继而以"使用手机、平板电脑"这样的例子来通俗易懂的介绍人机交互过程中使用触摸屏，从而逐步引入"触摸屏"。进而，仍然以人机交互为线索，引出触摸屏线性度的概念，并对该概念进行具体的界定。在上述段落中，各句表述紧扣"引子＋基本概念"的表述需要，各句之间逻辑联系紧密，前后描述一致，且没有出现可能影响专利保护范围的表达，是一个较好的表述版本。

在介绍基本概念的过程中，除了要通俗易懂地引出对本发明核心词的解释，尤其要注意对基本概念本身的准确定义。这种"准确"一方面是常规理解的表述层面不能有歧义，另一方面则是指所进行的定义要严格对应基本概念的技术要求，不要在定义中主观地增加一些不必要的限定。

例如，针对有关触摸屏线性度测试的基本概念定义中，就不能把有关"测试"的定义中额外添加有关报警的内容，即使在发明人所提供的材料中，该测试的最终输出结果确实是报警，但从技术定义的层面，"测试"只需进行实际数值和理论数值的比较就可以了，至于报警与否只不过是为了相对于客户的提示更为方便所采取的进一步手段而已。如果代理师将"报警"这一内容也添加到"测试"这一基本概念的定义中，一方面会导致基本概念的定义本身并不准确，另一方面则会由于该定义的不准确反过来影响独立权利要求的保护范围。之后的专利侵权方很有可能基于说明书中的基本概念的定义，来解释权利要求的保护范围，或者要求将权利要求的保护范围限缩为和基本概念一致。

通常来说，在描述基本概念时，要有意识地区分哪些内容是基本概念必须囊括的，哪些内容是基本概念所可以排除的，也即准确界定基本概念的技术边界，为后续撰写独立权利要求时确定必要技术特征做好准备。

当然，除了从外在表象层面进行基本概念的定义，如果可能的话，还可以从技术实现层面再对基本概念进行阐释。

从技术实现层面对基本概念予以阐释，要求代理师明确实现该基本概念需要包括哪些技术特征，这对后续理解相关现有技术以及本发明进而对确定独立权利要求的必要特征都将大有裨益。

以彩铃业务为例。在对彩铃业务是一种什么样的业务进行介绍之后，可以从技术层面上再对该业务的实现进行阐释。如进一步阐释在技术上为了实现彩铃业务需要将呼叫路由到播放彩铃的彩铃中心上，并建立彩铃中心和主叫用户之间的连接，从而实现彩铃中心向主叫用户播放彩铃。这可以使读者围绕该技术实现的基本原理去阅读、理解相应的现有技术和本发明技术方案，从而更加准确、透彻地理解本发明。

对于基本概念的介绍，尤其要注意那些技术上较为"生僻""抽象"的技术主题。对这样的技术主题进行介绍，不仅必要甚至是必需的。而对于这样的基本概念，除了进行技术层面的定义，为了消除"生僻""抽象"给读者造成的阅读困难，代理师还有必要结合实例对基本概念进行形象、直观的说明。

➢ 现有技术的技术方案

在背景技术中，占据绝大部分篇幅的内容通常是对现有技术的技术方案（以下简称"现有技术"）的介绍。

1. 介绍现有技术的目的

介绍现有技术的目的有以下几个方面。

第一，作为引出本发明所要解决的问题的基础。在撰写申请文件时，需要在发明内容部分写明本发明所要解决的问题，该问题和现有技术缺点相互对应。显然，只有在介绍清楚现有技术的情况下，才能够分析现有技术存在什么样的问题，从而为整篇申请文件的撰写奠定逻辑基础。

第二，作为本发明技术方案的对比对象，通过后续的对比体现本发明的有益效果。介绍清楚现有技术，能够使在后续进行有益效果分析时，可以利用本发明的技术方案和该现有技术进行对比，并通过该对比得出本发明相对于现有技术的贡献，从而增强本发明具有有益效果的说服力。

2. 现有技术的撰写

代理师首先要明确什么样的技术属于我们所要描述的现有技术。这涉及针对多个现有技术的取舍问题。在撰写现有技术时，代理师所撰写的并不是泛泛的现有技术，而应当是有针对性的现有技术。

具体来说，对于某一技术主题而言，实现该技术主题的现有技术可能有很多种，代理师当然不需要将这些现有技术的实现都进行介绍，而只需要介绍本发明所对应的现有技术即可。所谓本发明所对应的现有技术，是指那些自身存在某种问题、缺点，而本发明技术方案恰恰可以解决该问题和缺点的现有技术，或者说是指那些本发明所针对改进的现有技术。

由此，在撰写现有技术时，代理师只需要对那些存在本发明所要解决的技术问题的现有技术进行详细介绍；而那些并不存在所述技术问题的现有技术，虽然其也属于相同技术主题的现有技术，但是该技术和本发明逻辑主线并不相关，代理师无须对其进行详细介绍。

以下举两个例子来说明如何对多个现有技术进行取舍。

例一，在一种配置终端设备的方法中，该发明所要解决的技术问题是：当采用远程登录的方式对终端设备进行配置时，由于需要修改终端设备所在的局域网的安全策略所引起的安全性问题。针对此问题可以发现，代理师需要介绍的现有技术是如何利用远程登录的方式来进行终端设备的配置，并结合对该技术的介绍分析得到上述技术问题；而尽管在现有技术中也存在一种人工赴现场进行终端设备配置的方法，但是，由于该方法所对应的问题是人工成本高、人员流动会引起网络信息泄露，而非前面提到的网络安全性问题，该现有技术不应作为该发明所针对的现有技术被详细介绍。

例二，在一种实现彩铃业务的方法中，其所要解决的问题是如何在对现有网络改动较小的情况下实现彩铃业务。与该发明所对应的现有技术为：采用修改端局的方式来实现彩铃业务，由于端局数量众多导致对现有网络改动冲击大。尽管在现有技术中也存在利用智能网的方式来实现彩铃业务的方法，但由于该技术所存在的问题主要是智能业务相互冲突等智能业务方面的问题，并非是该发明所要解决的问题，因此，无须对该现有技术进行介绍。

进一步地，为了使现有技术的描述从逻辑上更为清晰，代理师甚至应当对于和本发明技术方案无关的现有技术不加以描述。对于例一来说，代理师完全可以在不介绍人工配置终端这一现有技术的情况下，将该发明所针对的现有技术以及该现有技术的缺点介绍清楚，从而引出该发明所要解决的技术问题；而如果代理师对人工配置终端这一现有技术进行详细介绍，则不但会增加读者不必要的阅读负担，更会使一些读者误以为该现有技术的技术缺点是该发明的现有技术缺点，进而得到错误的技术问题，使后续的阅读发生方向性的偏差。

3. 现有技术的描述重点

对于一个现有技术而言，其涉及的技术特征很多，代理师没有必要对现有技术的所有技术特征都加以详细描述，那么，决定哪些特征需要进行详细描述、哪些特征无须详细描述的标准是什么呢？答案还要从撰写现有技术的目的来寻找。

撰写现有技术，并非仅仅为了将现有技术本身介绍清楚，更重要的是通过介绍现有技术推导得出现有技术缺点，进而确定本发明所要解决的技术问题。根据该目的，可以得知，决定现有技术中的相关技术特征是否需要详细描述的标准是：该技术特征是否为引出现有技术缺点所对应的技术特征，如果是，则该特征需要详细描述，否则，仅需简单介绍即可。

仍以一种实现配置终端设备的方法为例，该方法所要解决的技术问题为，避免由于需要远程登录局域网内的终端设备，而对局域网的配置策略进行改动所带来的安全性问题。针对该问题，代理师只需要将该现有技术中那些和修改局域网的配置策略相关的技术特征进行详细介绍即可，而对那些维护终端自身的类型、缓冲区大小等特征则可不必详细介绍。

进一步地，建议在撰写过程中，对于现有技术中和引出现有技术缺点无关的特征不必加以介绍，这样能够使读者的阅读思路始终保持在现有技术—现有技术缺点—本发明所要解决的技术问题这一逻辑主线上，避免让读者花费大量时间去阅读、理解那些和本发明并无关系的技术，从而节约读者的阅读成本。

> 现有技术缺点

1. 明确现有技术缺点的作用

在背景技术中，对于现有技术缺点的描述可能占据的篇幅并不多，但其所起的作用却是最重要的。

明确现有技术缺点的具体作用是什么呢？

首先，明确本发明所要解决的问题，能够使代理师对本发明技术方案有目的性地进行撰写。

对于一件申请文件来说，必然要对本发明的技术方案进行详细介绍。但是，如果在介绍之前没有明确该技术方案所要解决的技术问题，则可能会导致代理师在对方案进行描述时无法有选择、有重点地进行介绍，从而造成：对于解决技术问题而言的关键技术特征得不到详细的描述，而对于那些现有技术的特征则花费大量篇幅去描述，使读者在阅读时难以抓住方案的重点，甚至出现理解上的困难。

其次，由于独立权利要求需要根据所要解决的技术问题来确定必要技术特征，现有技术缺点就成为确定独立权利要求保护范围的尺度。对于相同的技术方案，确定不同的技术问题会导致最终保护范围发生很大的变化。这个问题我在权利要求撰写中提及过，如果遗忘的话，可以参考第一章有关"椅子"案例的讲解。

2. 如何撰写现有技术缺点

由于背景技术部分撰写的最终目的是引出现有技术缺点，从而得到本发明所要解决的技术问题，现有技术缺点的撰写起着画龙点睛的作用。为了将现有技术缺点撰写好，总体上可以把握"唯一、确定、强有力"这三点要求。

有关"唯一、确定、强有力"的要求，我在之前的权利要求撰写部分进行过介绍，此处只从现有技术缺点的写法上加以说明。

现有技术缺点的"唯一"，意味着代理师在撰写现有技术缺点时，需要注意避免将多个现有技术缺点作为本发明所要解决的技术问题。在现有技术中存在多个缺点时，代理师应该确定一个缺点作为本发明中现有技术的主要缺点。

从具体写法上来说，为了突出现有技术中的主要缺点，进而突出专利申请中的逻辑主线，应当在撰写过程中体现出主要缺点和次要缺点在逻辑地位上的不同。

首先，要将不同的现有技术缺点放在不同的段落中描述，这样能够使各个缺点更加清晰，所描述的问题更加明确。更重要的是，采用分段撰写的方式，可以使不同的现有技术缺点之间不会由于在同一段落中撰写而产生相互间逻辑关系的混乱。

其次，要体现不同段落中现有技术缺点在逻辑地位上的不同。在将不同现有技术缺点分段撰写之后，代理师需要通过相应的文字表明哪些缺点属于主要缺点，而哪些缺点属于次要缺点，从而明确不同现有技术缺点之间的逻辑地位。通过例如"主要""此外""还在于"这样的字样，将不同的现有技术缺点的重要性区分开，从而确立主要缺点的逻辑地位。这样有助于后续根据主要缺点准确地确定本发明所要解决的技术问题，并根据主要缺点而非次要缺点来确定独立权利要求的保护范围。

现有技术缺点的介绍一定要"确定"。我之前讲过，"确定"意味着不可将现有技术缺点模糊化。当然，在撰写中还要注意避免出现现有技术缺点的歧义表述。

撰写现有技术缺点时，一些人喜欢采用"效率低""成本高""用户使用不方便"等笼统的字样来描述，这样的描述往往无法指明某一现有技术特有的技术缺陷，从而使现有技术缺点由于缺乏针对性而不够明确。

当然，在撰写时不要试图对多个现有技术缺点进行上位。在面对多个现有技术缺点时，一些人喜欢对这些现有技术缺点进行概括、上位，殊不知，此种方式极易导致现有技术缺点描述上的模糊。

3. 现有技术缺点不能采用歧义表述

为了使现有技术缺点的描述清晰、明确，代理师对于现有技术缺点中的基本概念也应加以重视。在撰写现有技术缺点时，不要想当然地认为现有技术缺点的概念就是这样的、无须进行介绍，这种粗枝大叶的思考以及撰写方式可能导致现有技术缺点的表述出现歧义。

在某案例中，现有技术缺点的描述采用"通用性差"这一描述方式。"通用性"看似是很常用的词汇，但其含义有多种，针对此案来说，通用性的理解可能有以下几种。

第一种理解，"通用性"指的是该方法适用的数据范围的通用。此时，现有技术缺点对应于现有技术只能针对硬件数据来进行分析，而无法针对软件数据进行分析。

第二种理解，"通用性"指的是产品适用范围方面的通用。此时，现有技术缺点对应于现有技术只能针对某一特定型号的产品来实施，而无法广泛地应用于不同类型的产品上。

第三种理解，"通用性"指的是研发阶段的通用性。此时，现有技术缺点对应于现有技术只能针对当前研发的产品进行分析，而无法对后续的产品研发进行指导。

从该案所介绍的现有技术本身来看，以上三种理解似乎都有一定道理，通用性这一概念也可被解释成不同的含义。这些不同含义的存在使"通用性"

这一现有技术缺点并不清楚，后续也无法基于该不清楚的缺点来确定独立权利要求必要技术特征。

由此可见，即使是对于像"通用性"这样看似常见的概念，代理师也有必要对其进行准确、详尽的定义，以便消除可能出现的歧义，使现有技术缺点满足"确定"的要求。

从写法上来说，"强有力"的现有技术缺点的重点是指现有技术缺点应当是基于现有技术采用分析推导得出的，不能以"拍脑袋"的方式撰写现有技术缺点，不能只有缺点本身而没有分析推导过程，这样会使现有技术缺点能否成立受到质疑。

如我之前讲解过的，"强有力"要求代理师透过现象看本质，通过分析现有技术缺点产生的原因，来得到现有技术缺点的核心、本质，以使现有技术缺点更加清晰。

那么，对现有技术缺点分析到何种程度就可以称为分析出现有技术缺点的核心、本质呢？这里有一个标准可以借鉴：如果能够根据分析得到的现有技术缺点，从本发明的优选实施例中，直接、准确地确定对于解决该缺点来说必不可少的特征，那么，通常认为现有技术缺点的分析是透彻的。

当然代理师要注意，在撰写层面如何妥善地处理这个"强有力"。

对于本发明中现有技术缺点的分析不要过于详尽，尤其不要详尽到基于该分析就想当然或者必然得出本发明的发明思路的程度。当这样的内容出现在说明书的"背景技术"部分时，很有可能导致本发明的创造性被错误地降低。

除了以上所述，在描述现有技术缺点时，代理师还需注意不要从商业的角度来描述现有技术缺点，而要以技术的角度来描述现有技术中存在的问题，使本发明所要解决的问题满足技术性的要求，避免由于所解决的问题并非是技术问题，而出现不满足专利法有关保护客体规定的问题。

对于"背景技术"这部分内容的撰写，最后要强调的是，从实务的角度来讲，不要对现有技术本身介绍得过多、过细，这些内容后续有可能被认定为是对于现有技术的自认，而一旦疏忽，包括本发明的技术特征或者发明思路就有可能人为降低本发明的创造性。

4.3.4 发明内容

根据专利审查指南的规定，在发明内容部分，要写明发明或者实用新型所要解决的技术问题以及解决其技术问题采用的技术方案，并对照现有技术写明发明或者实用新型的有益效果。从这一规定可以看出，"发明内容"部分主要包括本发明的发明目的、技术方案以及有益效果。

对于发明目的的撰写，首先要注意和"背景技术"部分中所指出的现有技术缺点相对应。此种相对应具体为，发明目的要和背景技术中提及的主要缺点相对应，对于背景技术中提及的处于次要地位的现有技术缺点，无须在发明目的中体现与之相对应的内容。

所谓"对应"，就是要求做到严丝合缝，即发明目的中描述的本发明所要解决的技术问题和现有技术缺点从实质上来说应该为同一内容。只不过在表述上，前者采用的是正面的描述方式，而后者则是否定的描述方式。

从内容上来讲，发明目的仅需进行目的性的表述就可以，不要在发明目的中包括技术效果性质的表述，也无须包括本发明技术方案的发明点，这些内容并不属于"发明目的"，且这些内容在"发明内容"中其他地方可以描述，无须在"发明目的"中进行描述。

例如，在触摸屏线性度测试的案例中，背景技术中最后提及的现有技术缺点为测试不准确，以下发明目的的表述就偏离之前的现有技术缺点：

> 本发明的目的是提供一种测试触摸屏的方法，使得能够准确地鉴别触摸屏的质量和准确度。

这里既没有提及测试的是触摸屏的"线性度"，也没有提及是对线性度测试准确性的提高，而是只给出了泛泛的准确度的概念。这导致该描述和之前的现有技术缺点的描述并不对应。此外，这里还提及触摸屏的质量，这和之前现有技术缺点中提到的线性度准确性差的问题也是不对应的。这种文字上的不对应会使人感觉该发明的发明目的并非是用以解决之前提及的现有技术缺点的，从而出现逻辑断裂。

当然，对于"发明目的"，代理师还要注意**避免绝对化**的描述，这种"绝对化"有可能导致本发明的技术方案无法实现发明目的，给独立权利要求留下被攻击的隐患。

例如，如下发明目的的表述就过于"绝对"了：

> 本申请实施例提供了一种测试触摸屏线性度的方法及装置，从而确保触摸屏线性度测试的准确性。

在上述表述中体现要"确保"线性度测试的准确性，实际上，不论哪种测试方法，都存在测试的偏差，从而无法确保测试的准确性。这样绝对化的表述会使他人质疑该发明的技术方案无法实现其发明目的。

最后，对于发明目的，代理师还要注意表述上的**简洁**。一般来说，发明目的中只需写明本发明所要解决的技术问题即可，没有必要重复分析现有技术缺点，也没有必要对本发明的方案进行介绍。例如，以下两个表述中就存在上述问题：

> 有鉴于此，本发明的主要目的是提供一种触摸屏线性度测试的方法，使其可以针对每块触摸屏均建立与之对应的测试基准来完成触摸屏线性度的测试。

> 本发明实施例提供一种测试触摸屏线性度的方法及装置，以解决现有技术中不同触摸屏相同物理位置上的点的绝对坐标值的人差异导致采用固定点进行线性度测量造成的准确率偏低的问题，克服触摸屏生产工艺、组成材料、生产批次的差异，实现对触摸屏线性度的测量。

其实发明内容中有关发明目的的描述是很简单的，代理师只需要对照逻辑主线中的现有技术缺点，正面描述本发明所要实现的目的就可以。例如，可以采用如下方式来描述线性度测试案例中的"发明目的"：

> 有鉴于此，本申请的目的在于提供一种触摸屏线性度的测试方法及装置，以便提高线性度测试的准确性。

对于"发明内容"中本发明技术方案的描述，一般来说是和权利要求中的内容完全一致的，只不过，由于是说明书中的内容，该内容中并不包括权利要求中"其特征在于"，以及"根据权利要求……所述的方法（产品）"这样的权利要求的特定术语。这种处理方式的考虑是，通过将权利要求的内容原封不动地体现于说明书的发明内容中，满足说明书支持权利要求这一要求。在实务处理的过程中，当权利要求项数很多的情况下，为了节省说明书的篇幅，也存在只将权利要求中的独立权利要求以及部分重要从属权利要求拷贝到发明内容中作为技术方案的情况。

下面接着来看"发明内容"中有关有益效果的内容。

对于"有益效果"，首先要满足逻辑主线上的要求，即有益效果应当和现有技术缺点以及本发明的发明目的相互对应。

有益效果中所阐述的本发明的优点恰恰应该对应于现有技术中的缺点，也恰恰应该是实现本发明的发明目的后所要得到的结果。由此，这三者从实质内容上来说是一致的，只不过"现有技术缺点"的描述是否定性的不足，"发明目的"的描述是肯定性的目标，而"有益效果"的描述则是肯定性的结果。

除了实质内容上的相互对应，还要注意这三者在逻辑地位上的相互对应。在有益效果部分的描述中，也要区分主次。处于主要地位的有益效果应对应于现有技术缺点部分的主要现有技术缺点，也应对应于发明目的，这三者构成本发明的逻辑主线。而对于处于枝节地位的有益效果，要和主要有益效果在表述上进行明确区分，从而明晰它们的主次地位，确保逻辑主线本身是清晰的。

以上这些，都是为了在撰写有益效果的过程中围绕逻辑主线来撰写相关内容，避免出现逻辑上的偏差。

在触摸屏测试的案例中，以下表述中就出现逻辑上的偏差：

> 本发明所采用的触摸屏线性度测试方法，提高了批量测试的有效性，降低了产生批量异常的风险，为企业节约了成本。

在上述有益效果中多次提及"批量"，使有益效果的描述重点落到有关"批量"的问题上，从场景来说，该有益效果已经偏离逻辑主线。而对于具体的优点而言，该有益效果描述中提及提高测试的"有效性"，但"有效性"到底体现在哪些方面，是测试准确方面的有效性，还是测试全面与否的有效性呢，这一含混不清的表述使这一优点并不能和之前的现有技术缺点以及发明目的中提及的触摸屏线性度的测试准确性问题相对应；进一步地，该有益效果还提及降低"风险"以及节约"成本"的优点，这些优点在文字上都无法和触摸屏线性度测试的准确性建立起直接的关联，也使这些有益效果偏离本应遵循的逻辑主线。实际上，有关"风险""成本"的优点，是该发明方案直接优点所能衍生出的进一步优点，不要因为衍生优点看起来更大、更好就将其作为有益效果来进行描述。仅以更大、更好的衍生优点作为有益效果，并不会使该发明的创造性有显著的提高，相反，却会使专利申请文件的逻辑主线不清晰。

有益效果除了要和现有技术缺点以及发明目的相互对应之外，还应是从本发明技术方案中以分析推导的方式得出的，由此才能使该有益效果具有说服力，也才能建立起本发明技术方案和有益效果之间的逻辑联系。应避免的是，代理师在有益效果中介绍完本发明的技术方案后，不经分析、推导就直接得出本发明具有某某优点。例如，以下描述就存在这一问题：

> 本发明提供的方法，根据比较测试点的预估坐标值和测试坐标值，判断比较值是否在一个合理的范围内，来确定触摸屏的线性度的品质。这样，对于每一个测试点，其预估值都是根据基准点位置计算得到，由此提高了触摸屏线性度测试的准确性。

上述表述中，在"由此"之前所描述的是该发明技术方案本身，"由此"之后阐述了该发明能够提高测试准确性这一优点。但在这二者之间缺乏分析、推导过程。这造成读者不知道到底该发明的技术方案到底因为什么、借助何种技术原理来克服现有技术的缺点从而获得所述的有益效果。实际上，有益效果部分中对于该发明技术方案的分析、推导，篇幅虽短，但却是一个对于厘清逻辑主线至关重要的内容。由于该分析、推导从该发明的技术方案出发，因此，必然会介绍该发明的核心技术方案，而分析、推导的过程中又会阐述该发明的核心发明思路，介绍该发明思路是如何用以解决现有技术缺点的，再加上分析、推导之后所得出的有益效果，这些内容整体上构成该发明的逻辑主线。好的有益效果的描述，应当使读者在没有看该发明具体实施方式的情况下，就能够掌握该发明的核心发明思路，进而对于该发明独立权利要求的内容有一个较为准确的把握。例如，以下两个表述在这方面就做得较好：

> 相对于现有技术的"多个屏，一个标准"，本发明主要提供了"一个屏，一个标准"的解决方案，具体包括：在触摸屏上任意选取两个基准点，再选取一系列与基准点有位置关系的测试点，将点击测试点所得到的实际坐标值，与由基准点与测试点之间的位置关系计算得出的预估坐标值进行比较，从而判断触摸屏的准确度。本发明因屏制定测试标准，一屏一

标准,避免了由于外界因素引起的屏的差别而导致的线性度测试不准确的问题,提高了触摸屏线性度测试的准确性。

该发明提供的方法,通过比较测试点的实际坐标值和其对应的预估坐标值,根据比较结果判断该触摸屏的线性度是否符合要求。该发明中,对于每个测试的触摸屏都会根据该触摸屏重新计算测试点的预估坐标值,以重新计算的预估坐标值为标准和实际坐标值进行比较,克服了现有技术中标准不适用于触摸屏所造成的测试不准确的问题,提高了对触摸屏线性度测试的准确性。

好的有益效果的描述能够使读者借助上述"分析、推导"过程,并结合独立权利要求所撰写出的内容,就能搞清本发明克服现有技术缺点的技术原理,从而在未阅读具体实施方式内容的情况下,就可以厘清本发明的逻辑主线,基本搞清楚本发明的技术方案。从这个角度来讲,"有益效果"部分的阐述是十分重要的。

4.3.5 附图说明

对于"附图说明"部分,专利审查指南的要求是应当对所有附图作出图面说明。此处需要注意的是,附图说明中要给出相应附图的类型,例如是装置图还是流程图。如果可能,针对某个附图的说明最好指出该附图对应的现有技术或者本发明的实施例,以便读者有针对性地进行阅读。

4.3.6 具体实施方式部分撰写的总体要求

专利审查指南中指出,在具体实施方式部分,要详细写明申请人认为实现发明或者实用新型的优选方式,必要时,举例说明;有附图的,对照附图。我将上述要求总结为"详细""优选""举例"三个要素。

1. 详细

下面首先来分析"详细"。"详细"是对"具体实施方式"的根本要求,总的原则是:不怕细,越细越好。为何是这样的原则呢?

根本原因在于,说明书中的具体实施方式是代理师后续答复审查意见时的"弹药库",弹药越充足,答复审查意见时的施展空间也就越大。

当然,从最基本的要求来讲,说明书具体实施方式的内容要至少满足

《专利法》第 26 条第 4 款以及第 26 条第 3 款的要求,即满足对于权利要求的支持以及说明书充分公开的要求。有关《专利法》第 26 条第 4 款的"支持"问题,我之前已经单独分析过,此处,结合满足《专利法》第 26 条第 3 款"充分公开"的要求,来分析一下如何满足"详细"的要求。

对于"详细"的要求,专利审查指南具体指出:对优选的具体实施方式的描述应当详细,使发明或者实用新型所属技术领域的技术人员能够实现该发明或者实用新型。这一要求的重点在于"能够实现"。《专利法》第 26 条第 3 款规定,说明书应当对发明或者实用新型作出清楚、完整的说明,以所属技术领域的技术人员能够实现为准。其中,同样有"能够实现"的要求。那么,到底具备什么内容才能满足"能够实现"的要求呢?

对于一个技术方案而言,其包括相对于现有技术的改进点即发明点,同时,出于技术方案完整性的考虑,该方案中通常也会包括一些现有技术的内容。对于本领域技术人员而言,由于现有技术的内容都为其所知晓,"能够实现"与否的关注点并不在于此。对于技术方案中的发明点,由于其是对于技术方案所进行的改进,属于新的技术内容,本领域技术人员在阅读本专利申请之前并不知晓,需要对于发明点相关的内容进行清晰、详细的介绍,以使本领域技术人员能够根据该介绍的内容,掌握技术方案中的新的发明点,从而得以实现该方案。

由此可见,说明书具体实施方式的"详细"的要求,所针对的是技术方案中发明点以及与发明点相关的内容,而对于本发明技术方案中和现有技术相同的内容,则并不是"详细"所针对的对象。

重点针对发明点进行详细描述,也是和说明书的"弹药库"属性相对应的。

在答复审查意见尤其是新颖性、创造性审查意见的过程中,代理师有时需要基于说明书记载的内容来体现与现有技术的区别。如果说明书具体实施方式中大量记载的内容都与现有技术相同,那么,找到此种"区别"的概率就会很低,"弹药库"的作用就无从发挥;只有在说明书具体实施方式中针对发明点或者与发明点相关的内容进行"详细"的介绍,代理师才能从中搜寻出本发明与现有技术的区别,进而在审查意见答复中强调此种区别,以此,通过说明书具体实施方式中所提供的"有效弹药"来完成审查意见的答复。

2. 优选

下面继续来看有关"优选"的问题。

尽管专利审查指南要求所撰写的是"优选"的实施方式，但本着保护范围最大化的考虑，代理师不应对实施例有所区分，更不应仅仅将"优选"的实施方式写进具体实施方式中，而应该对于技术方案的各个实现方式"一网打尽"地写入说明书具体实施方式中，进而在权利要求中予以对应的保护。甚至，在说明书具体实施方式部分，不要以文字的方式体现实施方式"优选"与否，而应该一视同仁地看待描述方案中的多个实施方式。

3. 举例

最后来分析"举例"这一要求。

专利审查指南中指出：必要时，举例说明。从实务操作的角度来讲，其实并不存在所谓的"必要时"，在撰写具体实施方式时，基本上都是以举例的方式来进行说明的。既然是举例，在看待技术交底书所提供的内容时，代理师就要从例子的视角来分析方案，从中剥离出相应的实施例，而在撰写时，则要以描述"例子"的口吻来进行技术方案的介绍。

一般来说，说明书具体实施方式中的例子以"总—分"的方式来进行描述。

首先描述一个和独立权利要求对应的实施例，从而实现对最重要的独立权利要求的支持。之后，以"分"的方式介绍本发明中的各个处于下位地位的实施例，从而一方面实现对于相应上位概念的支持，另一方面，实现对于从属权利要求所保护技术方案的支持。在具体实施方式的最后，建议描述一个结合具体场景的场景实施例，这样的实施例由于从具体的场景出发，更易被读者理解，能够增强说明书具体实施方式部分的可读性。

如果专利申请所要保护的技术方案包括方法、装置两个不同类型，则具体实施方式部分的介绍要对这两部分分开介绍。一般来说，对于电学类的专利申请，如果主要是方法改进，那么要首先撰写一套方法的实施例，之后再撰写相应的装置实施例。当然，如果方法对应的装置实施例不是"虚拟装置"，自然有必要撰写实体装置实施例。

如果电学类的专利申请主要是产品层面的改进，例如是电路上的改进，那么，首先应围绕产品的改进撰写一套产品的具体实施方式，然后考虑该产品改进是否对应产生方法的改进，如果是，则撰写相应的方法实施例。上述撰写方式同样适用于机械结构类的专利申请。

4.3.7 具体实施方式的撰写要满足"四化"要求

所谓"四化"，是指具体实施方式的撰写，要尽可能使复杂方案简单化、抽象技术通俗化、方案表达形象化、方案实现多样化。

1. 复杂方案简单化

在面对一个技术方案时，即使是某一个具体的实施例，其中所涵盖的技术内容也可能很复杂。为了能够使读者看懂技术方案，代理师应尽可能优化自己的表达，从而将复杂方案表述得尽可能简单。

在撰写具体实施方式的过程中，代理师可以从纷繁复杂的技术方案中抽取出其核心技术实现思路，以较为简短的内容来呈现技术方案的实质，方便读者首先基于该简单化的技术内容整体把握技术方案，之后再以其为主线去理解技术方案的细节内容。

对于某个实施例而言，不要在一个实施例中提供过多的技术内容，这会导致该实施例本身过于复杂，难于被理解。如果一个实施例中的内容过多，可以分析一下该实施例是否可以基于不同的方向进一步再拆分成多个实施例，从而减少一实施例中所承载的技术信息。如果不能对该实施例再作拆分，则可以在某些技术特征之间存在相互配合关系或者用以共同实现一个技术目标时，将这些技术特征划分到一个技术特征组中，然后以多个技术特征组的形式来描述该实施例。通过此种分组的方式，能够对多个技术特征稍作总结、分类，也能在一定程度上实现技术方案描述的简单化。

2. 抽象技术通俗化

在对实施例进行介绍时，不应仅提供冷冰冰的技术方案本身的介绍，而应该发挥说明书"说明"方面的优势，对于实施例中相应的技术特征进行解释，这种解释可以是对相应技术特征的举例说明，从而以例子的形式使抽象的技术特征通俗易懂；也可以是阐述技术特征所起的作用，从作用的角度方便读者理解技术特征本身。

例如，在一个语音通信的案件中，涉及很多信令消息，如果代理师仅仅描述各个信令消息本身，例如终端向 HLR 发送一个 SRI 消息，而不介绍发送该消息的作用，那么会使该方案成为一个对读者陌生的信令名称的集合；如果在描述信令消息的同时，代理师能够对发送该消息的作用进行介绍，对该信令消息赋予现实意义，则有助于读者理解该发明。例如，如果代理师能够解释终端向 HLR 发送 SRI 消息的作用在于向 HLR 获取被叫用户的位置信息，而且对其余重要的信令消息也能按照此种方式进行介绍，那么这些信令消息就不再是一些消息名称的集合，而是具有明确目的的执行动作的集合。

在撰写实施例的过程中代理师要降低姿态，不要以技术专家的姿态去判断撰写出的相关内容是否能够被读者理解，而是应该以普通技术人员甚至是普通公众为假想的阅读者，以他们的知识储备、理解能力为标准，来决定实施例应撰写到何种程度。当然，此种"程度"重点是针对本发明相对于现有技术的改进而言的，而非针对现有技术。以这样的低姿态所撰写出的实施例才是通俗易懂的，而这种通俗易懂有一个不太准确或者稍显苛刻的评判标准：当所撰写的实施例能够被初中生看懂时，那么基本上就是"通俗易懂"的。

3. 方案表达形象化

在描述具体实施方式时，为了更加清楚地介绍本发明的相关内容，通常应该以参照附图的方式来描述本发明的具体实施方式，这就是我所说的"方案表达形象化"。

针对方法，可以根据流程图、信令图来加以描述；针对装置，可以参考结构图、模块图、电路图来描述。

参考附图描述时，需要注意以下两个方面。

（1）附图仅仅是直观表述本发明技术方案的一种载体，而且附图中的内容往往较为概括甚至是有所省略的。因此，在具体实施方式的文字部分，代理师不能仅仅局限于附图中的内容，还应通过文字对附图中的相关内容进行进一步的介绍。在表述方面，代理师要通过文字，以准确的方式表述附图中的相关内容；在内容方面，代理师要对附图中的相关内容进行进一步的解释，使相关的内容更加清晰，增加该实施例的可读性。

（2）选择合适的附图类型，更加直观地体现本发明的内容。由于说明书附图的作用在于使人能够直观、形象化地理解发明的技术方案，代理师在采用附图时，要尽可能选择那种附图中文字信息量较少但核心技术特征表现较为直观的附图。

例如，在表示一个方法流程时，代理师通常可以采用流程框图的形式，但是，在该流程执行主体较多且流程涉及很多不同主体间的消息交互时，采用流程框图的形式只能以文字的形式体现出各个步骤的执行内容，而流程框图中的文字直观性往往较差，需要读者仔细阅读文字内容后，方能理解流程的执行内容。针对此情况，如果代理师能够采用信令流程图的方式，则可以通过该图将不同执行主体之间的信令交互关系直接体现出来。而且，由于已经通过图中的信令走向体现了不同执行主体间的交互关系、执行顺序，还会进一步减少相应的文字量。下面以案例来看选择附图类型的重要性。

一件专利申请，涉及两个实施例，其流程图分别如图 4-1 和图 4-2 所示。可以看出，这样的流程图文字内容很多，阅读者对于文字的阅读量较大，图示内容对于阅读者来说并不直观。

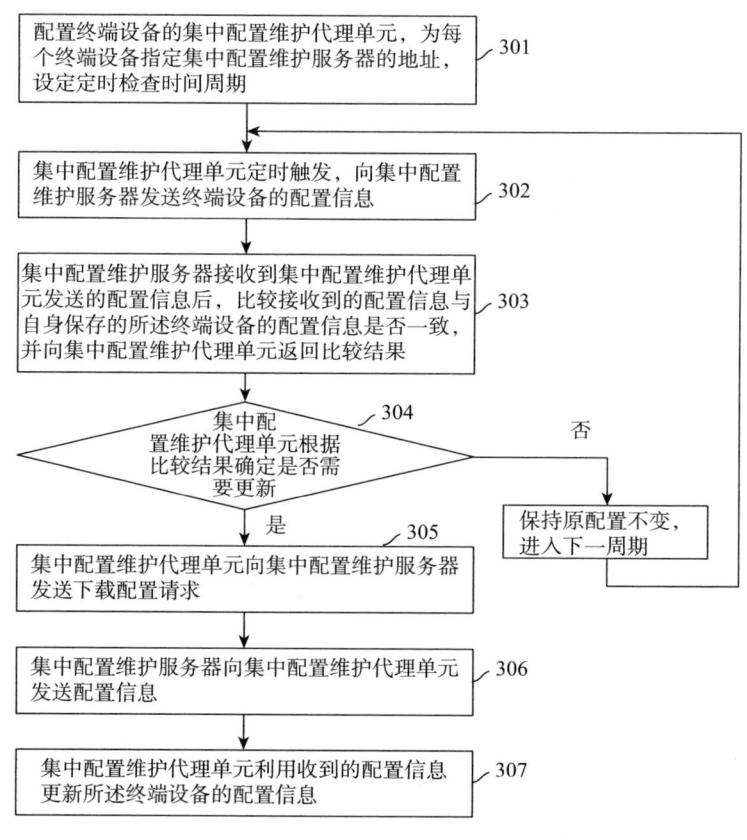

图 4-1　信令流程一

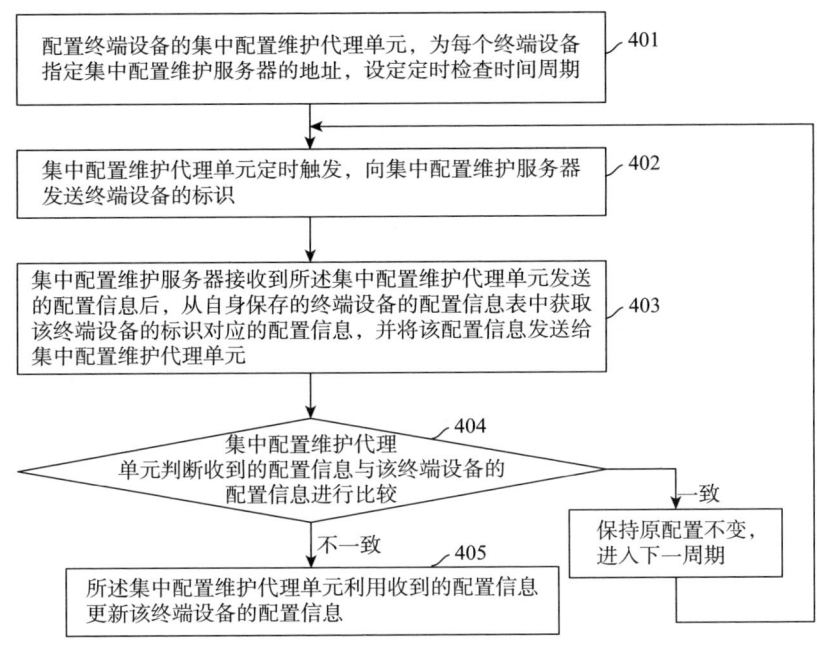

图 4-2　信令流程二

如果能够采用如图 4-3、图 4-4 所示的信令流程图，则会由于不同执行主体的交互关系已经在图中得以体现，该图中的文字信息量减少，从而使该图更加直观。

通过图 4-3 和图 4-4 的信令流程图，能够很直观地发现，两个实施例的最主要区别在于，判断配置信息是否相同的执行主体不同，在第一个实施例中，执行主体是服务器，而第二个实施例的执行主体是代理单元，明确这一点，有助于读者更加清晰地把握该发明各个实施例之间的关系，也有助于专利代理师根据该区别，确定保护不同实施例的从属权利要求是以判断的执行主体来区分的，进而确定整套权利要求的布局。

4. 实现手段多样化

说明书具体实施方式的介绍要尽可能充实，这种充实一方面体现为单个实施例的介绍要尽可能全面、细致，也体现为要尽可能多地体现多种技术实现，从而为权利要求概括的较大保护范围提供支撑，也为后续审查意见答复提供更多可用的素材。这就是我所说的实现手段多样化。

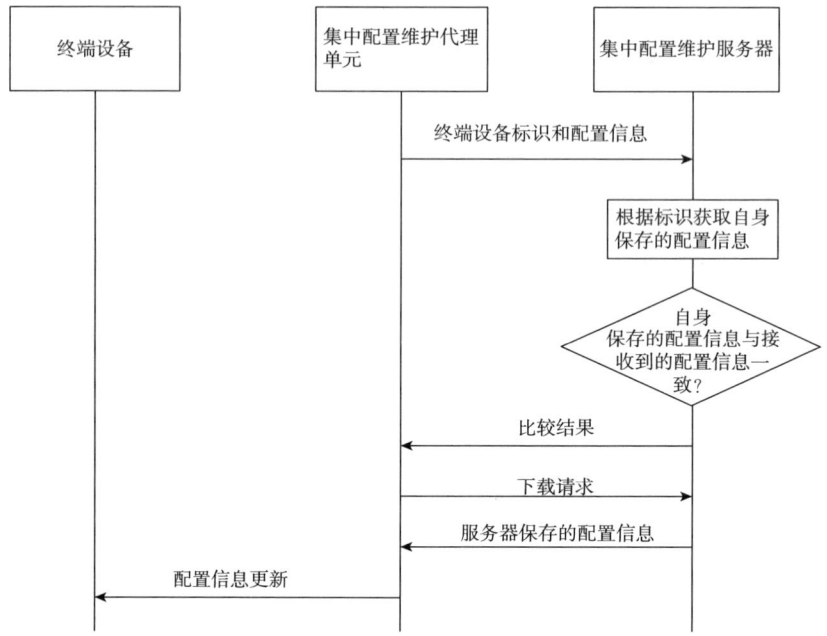

图 4-3 信令流程三

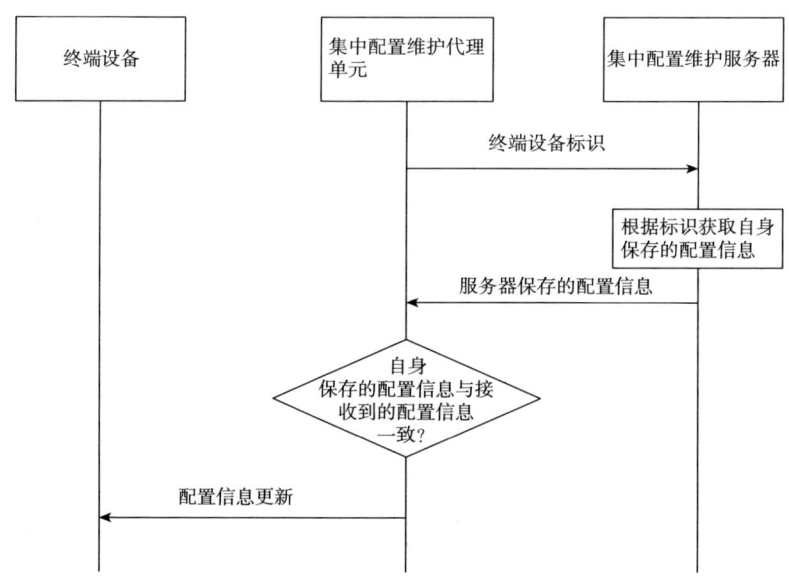

图 4-4 信令流程四

要做到"实现手段多样化",在具体实施方式部分当然不能局限于仅介绍发明人技术交底书中所提供的实施例,而是应该结合技术交底书的内容,在发明人发明思路的基础上进行合理的扩充,在扩充技术方案得到发明人确认后,将扩充的技术方案体现在说明书的具体实施方式中,进而在权利要求中进行相应的保护。

"实现手段多样化"尤其对于手机终端、人机交互类的案件显得格外重要。这一类型案件的技术实现难度低,往往达成一个技术目标可以采用多种方式来实现。如果在专利申请文件中仅仅记载、保护了发明人所提供的某一特定实施例,他人如果想实现对该专利的规避设计,完全可以基于发明人的思路,想到其他实现方式来规避专利的保护。由此,对于此种类型的方案,代理师所要做的是在专利申请过程中尽可能全面地想到发明人思路下的各种实现可能,将它们在专利申请中予以体现并要求保护。虽然这样仍然不可能做到在专利保护上的密不透风,但前期保护得尽可能全面,至少能够使竞争对手通过规避设计"绕开"专利保护的难度大幅增加,从而更好地保护专利权人的权益。

4.3.8 具体实施方式部分的整体架构

下面以电学领域的方法改进方案为例,具体说明具体实施方式的内容整体架构。

1. 本发明的技术实现思路

在具体实施方式的开始,可以首先介绍本发明的技术实现思路,从而总领整个具体实施方式的介绍,使读者能够对技术方案及其改进有整体上的认识。

在该技术实现思路介绍中,可以首先介绍该发明为何产生。此处,主要体现发明人对现有技术的分析,进而发现现有技术缺点的过程。

在对现有技术进行分析进而得出现有技术缺点后,就可以对本发明的实现思路进行介绍。这里注意以下两个问题。

第一,既然是总领性的介绍,该实现思路就应该是高度概括的,这一方面要求其内容是高度概括的,其中务必不能出现下位的具体技术特征。另一方面则要求其内容应仅是一个思路的表达,而不应是一个技术方案的实施例,即使是采用独立权利要求所对应的实施例来充当该实现思路,也是不妥当的,因为这样的实施例并不能使读者从思路、原理层面对于本发明的技术方案有整体的把握。

第二，在思路的介绍中，不要体现出"本发明实现思路"或者"本发明实现原理"这样用以概括本发明技术方案的表述，这样表述的出现会使该专利申请独立权利要求的保护范围会受限于上述"实现思路"或"实现原理"的内容，一旦不小心在该实现思路中包括实现本发明的非必要技术特征，就会导致独立权利要求的保护范围被限缩为包括上述非必要技术特征。

例如，在触摸屏线性度测试的案例中，该部分可以描述如下：

> 本发明的发明人发现，在传统的触摸屏线性度测试方法中，针对不同的触摸屏均采用固定的坐标值作为测试基准，但对于不同的触摸屏而言，即使同一批次生产的触摸屏，由于温度、生产工艺条件等因素的影响，其相同物理位置上的点的绝对坐标值并不相同，这就导致了如果仍然采用固定坐标值作为测试基准，该测试基准本身由于并不适应当前触摸屏的情况从而并不准确，进而，使利用该测试基准所进行的触摸屏线性度测试也并不准确。基于此，发明人所提供的本发明一实施例中，在对触摸屏进行线性度测试时，首先点击该触摸屏上的基准点，得到该基准点的实际坐标值，基于该实际坐标值，利用预先确定的基准点和测试点的位置关系，得到测试点的预估坐标值，采用该预估坐标值与点击测试点所得到的实际坐标值进行比较，从而得到对该触摸屏线性度的测试结果。该实施例所提供的方法，针对待测触摸屏建立与之对应的测试基准，从而克服了现有技术中测试基准不适应当前被测触摸屏而导致的测试不准确问题，提高了触摸屏线性度测试的准确性。

2. 以"总—分"的方式描述本发明的各个实施例

一般来说，发明中的多个实施例以"总—分—应用"的关系来进行介绍。也就是说，先描述概括性质、对应于独立权利要求的实施例；然后分别介绍本发明的各个下位实施例。

4.3.9 "总—分"方式实施例的撰写

1. "总"实施例

"总"实施例是与独立权利要求相对应的实施例。从技术特征的角度来说，该实施例中的技术特征通常和独立权利要求中所包括的技术特征完全一致。为了充分体现该实施例的"总括"性质，清晰地体现"总—分"的布局关系，在该实施例的介绍中，应当排除掉其他下位要素的干扰，仅描述独立权利要求所保护的方案。

当然，作为说明书中的内容，独立权利要求所对应的实施例中，还可以包括对该实施例中相应技术特征的解释。

在具体实践中，对实施例中技术特征的解释，可以结合三个方面来进行。一是等价的解读，其采用更为充实、易懂的表述，将权利要求中技术特征的相关抽象、较为陌生的术语解读清楚；二是下位的解释，其通过下位的技术特征的举例，对上位概念的技术特征进行解读，从而提供更为直观的解读，只不过要注意的是，这一下位的解释一定要作"非限制性"的说明；三是作用的解释，其重在介绍技术特征在本发明中的作用，从而方便读者厘清逻辑主线，并为后续审查意见答复作好铺垫。

作为一个完整的实施例，独立权利要求所对应的实施例中还应当包括该实施例所产生的有益效果。这一有益效果应当是基于该实施例的方案，以分析推导的方式得出的。基于这一分析过程，再次帮助读者把握本发明的整体发明思路，夯实整篇申请文件的逻辑主线。

上述触摸屏线性度测试的案例，假设该案例的独立权利要求如下：

1. 一种触摸屏线性度测试方法，其特征在于，该方法包括：

响应于点击屏幕参考点和测试点的信号，获取参考点和测试点的实际坐标值；所述测试点至少在一条直线上；

比较所述测试点的实际坐标值和预估坐标值，获取比较结果，根据所述比较结果是否符合预设要求获得触摸屏线性度测试结果；所述测试点的预估坐标值是根据参考点的实际坐标值以及参考点和测试点的位置关系计算得到的。

按照上述提及的要求，代理师可以撰写出与独立权利要求相对应的实施例如下：

参见图1，该发明中实现触摸屏线性度测试的方法包括：

步骤101：响应于点击屏幕基准点和测试点的信号，获取基准点和测试点的实际坐标值；所述测试点至少在一条直线上。

所述基准点是用于计算所述测试点预估坐标值的点，所述测试点是用于度量触摸屏线性度的点。

所述获取基准点和测试点的实际坐标值的过程，可以是通过获取点击屏幕时的电压值进行换算的。点击屏幕的主体可以是用户也可以是自动点击装置，用户可以使用手指或触控笔进行点击，自动点击装置通常为触控笔或触控头，通过程序设定触控笔或触控头的路径以实现不同点位的点击。

步骤102：比较所述测试点的实际坐标值和预估坐标值，获取比较结果，根据所述比较结果是否符合预设要求获得触摸屏线性度测试结果；所述测试点的预估坐标值是根据基准点的实际坐标值以及基准点和测试点的位置关系计算得到的。

在步骤102中，由于在确定测试点的预估坐标值时，以基准点的实际坐标值作为确定依据，确定得出的测试点的预估坐标值能够更好地符合该被测屏幕自身的情况，从而为不同的被测触摸屏分别确定出与之对应的测试基准。步骤102中利用该测试基准，即测试点的预估坐标值，进行触摸屏线性度测试，能够在测试基准尽可能准确的情况下完成测试，从而提升触摸屏线性度测试的准确性。

在步骤102中，所述比较结果可以是比值，也可以是差值，或者以其他形式体现的能够体现出所述实际值和预估坐标值差异的结果。步骤102中，将所述比较结果和预设要求进行对比时，该预设要求可以是一个预先设定的阈值，也可以是结合例如触笔等触摸体所点击的面积而换算出的阈值。

在图1所示的本发明实施例中，采用触摸屏基准点的实际坐标值来计算测试点的预估坐标值，以该预估坐标值作为测试基准来完成对触摸屏线性度的测试，以此方式，实现了针对不同触摸屏均确定一套和该触摸屏相对应的测试基准，相较于现有技术针对不同触摸屏均采用一个固定的理论值作为测试基准，本发明实施例能够适应不同触摸屏的实际情况，设定和该触摸屏相对应的测试基准，降低了测试基准不准确导致的线性度测试的不准确。

在独立权利要求所对应的实施例中，除了针对独立权利要求所要保护的技术方案本身进行介绍、解释，还可以将一些不足以构成一个完整实施例但是对于各个实施例而言均共性适用的技术特征，在该独立权利要求所对应的实施例中予以介绍。所谓"不足以构成一个完整实施例"是指新增加的内容仅仅是独立权利要求方案中某一部分的下位细化或者增加的新的技术特征，其并不会对独立权利要求所保护的方案中的多个技术特征产生关联性的影响。也就是说，针对独立权利要求所保护的技术方案进行局部的细化或者增加时，这一细化或增加出的内容又不是很多的情况下，可以考虑将这一内容也放在独立权利要求所对应的实施例中进行描述。当然，前提是在描述这一新增加的内容时，要阐述清楚其"非必要"的地位。

例如，上述案例的主题为"线性度测试方法"，而在独立权利要求所对应的方案中，仅仅提及获得"测试结果"，而这一"测试结果"到底如何展现给用户则没有进行限定。实际中，测试结果可以通过"报警"的方式向客户提示，也可以是仅通过测试进行线性度偏差的统计、记录，而并不对外进行报警。这些内容适用于各个实施例，且这些内容也并不对应于较多的流程上的改变，因此，可以在独立权利要求所对应的实施例的最后，以补充说明的方式进行说明。

代理师可以在上述独立权利要求对应的实施例的最后，描述如下内容：

在本发明实施例中，在步骤102获得触摸屏线性度的测试结果后，可以将该测试结果以文本形式输出，所输出的内容中，可以进一步包括对测试结果的统计、分析，以便后续能够针对测试结果对触摸屏的制造进行有针对性的改进；对于该测试结果，还可以采用例如报警的方式进行输出。在触摸屏线性度测试结果不符合要求时，采用例如蜂鸣器、指示灯、提示框等形式进行报警，提示该触摸屏线性度不符合要求，以便实现将不符合要求的触摸屏挑拣出来，避免该触摸屏流向市场。当然，对于触摸屏线性度测试结果是否输出，以及测试结果的输出形式为何种形式，都不影响本发明实施例的实现。在本发明实施例中，对于触摸屏线性度是否符合要求，可以以单个测试点为单位来进行，此时，只要针对一个测试点判断出其实际坐标值和预估坐标值的比较结果不满足预设要求，则确定触摸屏的线性度不满足要求,也可以考虑设定一个不符合要求测试点数量的容错范围,在不满足所述预设要求的测试点达到预先设定的个数阈值后,才确定触摸屏的线性度不符合要求。

2."分"实施例

围绕"分"实施例的方向来撰写"分"实施例。"分"实施例作为"总"实施例的下位,要做到方向清晰。

各个"分"实施例都应围绕一个准确的方向来进行描述,从而做到各个"分"实施例分别有所侧重,同时,还要注意"分"实施例和"总"实施例之间、各个"分"实施例之间的逻辑关系清晰,从而以清晰的脉络实现对多个实施例的介绍。

如果在撰写某个"分"实施例时没有确定"分"的方向,则在撰写该实施例时无法做到有侧重地针对某一内容进行展开,从而有可能将本应重点体现的内容予以忽略。另外,也有可能使各个实施例内容之间出现交叉。各个"分"实施例方向的模糊,还会使阅读者无法基于明确的方向理解某个实施例的内容,从而给阅读者增加不必要的阅读困难。

由此,代理师在撰写某一个"分"实施例之前,首先要做到对于该实施例的方向感清晰,要明确为什么要写这个实施例。一旦确定此种方向,后续撰写该实施例时就要紧扣该方向来进行。

在一个"分"实施例的开始,有必要先介绍一下该实施例"分"的方向。这一总体方向的明确,有助于读者基于该方向有针对性地理解该实施例的后续内容,增强该实施例的可读性。

对于该"分"实施例中技术实现部分的内容,只有当该内容和所确定的"方向"相关时,才重点展开加以介绍,而对于和该方向无关的技术实现内容,则在该实施例中不应进行展开。

还需注意的是,对于"分"实施例中技术**特征的作用**、该实施例的**有益效果**,也应和该例子的"方向"相对应。要围绕该"分"实施例的特性,有针对性地介绍相应技术特征在该"分"实施例中所起的特定作用,该"分"实施例所能带来的有益效果也应是和该实施例相对应的特定有益效果。这些特定作用、特定有益效果的描述,都有可能成为日后答复创造性审查意见过程中所能使用的武器。

通过上述方式，代理师可以做到介绍各个"分"实施例时，在其所在方向上达到"小而精"，通过多个"小而精"的"分"实施例，最终实现对专利申请方案"大而全"的介绍。

那么，怎么确定"分"的方向呢？

简言之，"分"的方向就是为什么要撰写这个实施例，这个实施例的重点在于进一步介绍什么内容。可以从以下两个方面来考虑"分"的方向。

一是提供创造性贡献。

不论是从说明书支持权利要求的角度还是从为创造性答复提供有效素材的角度来讲，进一步下位的方向都应该朝着能够进一步提供创造性贡献的方向来进行。对于整篇申请文件而言，也能使其始终围绕着本发明相对于现有技术的贡献来进行描述，从而使申请文件的逻辑链条始终清晰、连贯。与之相反，即使某些内容是进一步下位的内容，但如果其仅仅是纯粹的现有技术的下位，那么也没有必要针对该内容单独撰写进一步下位的实施例。

对于上述触摸屏线性度测试的案例而言，测试点相对于基准点可以呈现平均分布，也可以呈现不平均但有规律的分布。针对上述两种情况，如何利用基准点的实际坐标值计算测试点的预估坐标值则会有不同的计算方式。尽管这样的计算方式对应于动作上的细化，但由于这些细化内容仅属于纯数学的现有的计算方式，并不能带来技术上的改进，无须以上述不同情况作为展开的方向来描述不同的实施例。

我所提及的创造性贡献，一方面可以是从技术上出发的纯技术变形，尤其是当这种技术变形是针对逻辑主线中核心技术改进时，其能够提供创造性贡献的可能性越大；另一方面，提供创造性贡献的内容也可以是本发明特定应用场景下的技术实现，由于场景的特殊性，该场景对应的技术实现很有可能也能提供相应的创造性贡献。

二是技术内容足够充实。

除了考虑在方向上是否能够提供创造性贡献，在撰写进一步下位的实施例时，还要考虑进一步下位的内容是否在下位的技术内容上足够充实，从而能够单独构成一个实施例。对于方法实施例而言，进一步下位的技术内容充实是指要有较多的动作流程的下位；对于装置实施例而言，则是组成、连接关系上的改变较多。反之，如果进一步下位的内容并不对应较为充足的上述的新内容的话，而是一两句话就能说明白，也就没有必要以该进一步下位的内容来构造一个单独的实施例。

在上述触摸屏线性度测试的案例中，对于触摸屏线性度的测试而言，测试点在触摸屏上可以均匀分布，也可以不均匀分布；基准点可以在原点、极点位置，也可以在其他位置。这些内容都是对于独立权利要求所保护技术方案的进一步下位，但是，这些下位的内容并不会带来方法流程的改变。即使结合这些内容单独描述一个方法实施例，也会发现该方法实施例中的大部分动作特征仍然是和独立权利要求所对应的实施例中的方法特征相同的。由此，并不需要针对这些内容单独以一个实施例来加以介绍，而是可以将它们放到相应实施例中，以举例说明的方式进行介绍，从而起到支持独立权利要求中相应上位概念的作用。

综上所述，对于进一步下位的实施例，代理师要选择那些能够提供创造性贡献且进一步下位的内容足够充实的内容来单独构成一个实施例。

对于触摸屏线性度测试的案例中，其核心发明点在于利用基准点的实际坐标值，以及基准点和测试点之间的位置关系，计算得到测试点的预估坐标值。由于测试点的预估坐标值是根据基准点的实际坐标值计算得到的，因此，采用这样的预估坐标值作为测试点的测试基准，能够更好地适应被测触摸屏本身的情况，从而在测试基准本身准确性良好的情况下，提高对该测试点测试的准确性。在该案例中，基于基准点实际坐标值计算得到测试点的预估坐标值自然是发明点，该发明点也会写到独立权利要求所对应的实施例中。

围绕该发明点，代理师在"分"实施例中可以撰写与之相关的内容，例如，在获得基准点的实际坐标值后，将该实际坐标值与理论值进行比较，如果差值过大，则不进行后续的线性度测试。该判断的目的实际上在于确保基准点实际坐标值的准确，从而进一步地确保测试基准的准确。由此，这一内容属于和发明点相关的进一步下位，是能够提供创造性贡献的内容。

如下方案也是和发明点相关的进一步"分"的方案：

针对原点和极点作为测试基准点的情况，其技术方案不但要单独判断原点、极点各自的实际坐标值和理论值的差值是否超出阈值，还要判断二者的差值是否在预先设定的差值范围内。这一方案其实是更为直接的确保测试基准准确的方式,其直接通过对差值进行判断来进一步确保测试基准的准确性。

当然,在"分"实施例中,除了在实施例中描述技术特征本身,还有必要描述相应技术特征在本发明中所起的作用。

在上述进一步"分"的实施例中,对基准点进行测试的技术特征,代理师就不应仅仅介绍该技术特征本身,而还应描述该技术特征在该发明中起到确保测试点测试基准这一作用。那么,即使现有技术已经存在单独针对原点、极点这样的点进行实际值和理论值比较的测试手段,但如果该测试手段的目的并非是用以确保测试点测试基准准确的情况下,则针对该发明与基准点测试有关的技术手段,就不能认为该现有技术给出了相应的技术启示。

如果时间、精力允许,代理师还可以结合与发明点相关的技术特征所要实现的作用(发明人提出相应技术手段的技术构思),来思考、扩充实现该作用的其他技术手段,从而实现添加技术内容层面的扩充。当然,这一扩充的技术内容需要得到发明人的确认方可落实为本发明的实现手段。

在上述案例中,围绕着使测试点测试基准更为准确这一技术构思,代理师稍加思考是不是就可以想到,相比于以基准点的实际值来确保测试点测试基准准确,是不是可以直接针对测试点的预估坐标值来进行测试,从而确保作为测试基准的测试点预估坐标值尽可能准确呢?如此,就可以扩充得到另一个"分"的实施例,该实施例中,将计算得到的测试点的预估坐标值与其理论值进行比较,如果二者差距过大,则不采用该预估坐标值进行测试点测试。通过上述方式,同样能够提前发现测试基准不准确的情况,提升触摸屏线性度测试的准确性,避免不必要的测试资源的浪费。

上述技术实现是专利代理师基于发明人的发明思路所扩充的新的技术实现内容。进行这一扩充的前提是专利代理师已经对发明人所提供的技术方案中的相关技术内容搞清、吃透,即不但了解基准点测试相关技术手段的技术内容本身,还搞清了该技术内容所要实现的作用。基于该作用,专利代理师才能想到技术交底书之外的其他实现手段。通过这样的扩充,可以体现专利代理师在"代理"工作之外的附加值。专利代理师不再简单的是将发明人提供的方案以法律文书的方式"搬运"给审查员,而是在技术、法律层面进行二次创造。

这样的二次创造越多,给申请人争取的权益越大,代理工作的含金量也就越高。专利代理师的自身价值也会由于其工作附加值的提高而越来越大,专利代理师本人在行业中的不可替代性以及由此形成的竞争力也就越强。当然，二次创造要适可而止，不可过多强求。对于专利申请人而言，不能无限制地要求专利代理师进行方案扩充，专利代理师毕竟不是发明人，要求专利代理师进行大量技术扩充显然是强人所难。此外，专利代理也是个良心活，这个良心体现在专利代理师要用心，也体现在专利申请人在要求服务时也应适可而止，不能"花了四五千块钱的代理费，就以两万块钱代理费"的标准来无限制地要求专利代理师做这样那样的额外工作啊。这只会带来专利申请人和代理机构的双输，不利于行业的健康发展。

对于专利代理师而言，这个二次创造也是适可而止的。专利代理师的工作重心应是对发明人所提供的技术方案的清楚、完整描述以及保护，而非技术方案扩充这样的额外二次创造。如果因为后者而导致前者不能很好地完成，显然是本末倒置了。

3. 其他能够提供创造性贡献的"分"

当然，那些虽然和发明点无关但是能提供创造性贡献的进一步下位的内容，也是能够构成进一步"分"的实施例的。

在上述触摸屏线性度测试的案例中，需要根据基准点的实际坐标值计算出测试点的预估坐标值，何时进行这个计算，其实是有不同的技术实现方式的。常规来说，可以以获得基准点的实际坐标值为触发来计算各个测试点的预估坐标值。这种处理方式需要在进行最终的"比较"之前，对各个测试点的预估坐标值均进行计算，但只需触发一次计算任务。作为上述处理方式的变形，也可以在获得基准点的实际坐标值后，并不针对各个测试点均进行预估坐标值的计算，而是等到对于相应的测试点进行点击后，针对该点击的测试点计算对应的预估坐标值，然后采用该预估坐标值作为测试基准完成触摸屏线性度测试。此种处理方式的好处在于能够仅针对需要测试的测试点进行预估坐标值的计算，一旦测试过程提前结束，则能够减少不必要的计算环节。

上述内容一方面是该发明上位实施例的下位技术实现，另一方面，其技术改进和该发明触摸屏测试的具体场景相关，也能够针对触摸屏测试场景提供相应的特定作用，因此属于可能能够带来创造性贡献的内容。代理师可以针对上述内容再撰写相应的进一步下位的实施例，此处不再赘述。

4. 共性内容的描述

当然，除了上述可以单独构成一个实施例的内容，还有一些下位的内容可以描述，对于这些内容的描述，多是为了能够实现说明书对于权利要求的支持而进行的。

对于上述触摸屏线性度测试的案例而言，有关基准点的数量、所处的位置，基准点到底是固定位置的基准点还是可以人为选择的基准点，测试点相对于基准点的分布规律，这些内容一方面可能无法提供创造性贡献，另一方面并不对应于方法流程的改变，因此无须采用单独的一个实施例来描述。但这些内容对应于独立权利要求中上位概念的下位实现，由此，可以以总结的方式来将这些内容体现出来，并说明这些内容针对该发明的各个实施例均适用。

当然，在描述多个"分"实施例时，还要注意描述清楚各个"分"实施例之间的关系。

一般来说，代理师可以在各个"分"实施例之间，对上一"分"实施例的描述重点进行总结，之后引出下一"分"实施例所要描述的重点。这样承上启下的表达能够方便读者更好地把握多个"分"实施例之间的逻辑关系，始终保持清晰的方向来阅读相关的内容。

实践中存在各个"分"实施例逻辑关系较为复杂的情况，例如，存在多个并列关系的"分"实施例 A、B、C、D；而对于某一个"分"实施例，又具有针对其进一步细化的"分"实施例 A1、A2、A3；而对于 A1 实施例，又可以采用 A11、A12 两个"分"实施例来实现。对于上述情况，代理师应当尤其注意作好各个"分"实施例之间关系的描述，指明不同"分"实施例之间到底是并列关系还是进一步细分关系，从而在实施例较多的情况下，也能做到对各个实施例的描述脉络清晰、可读性强。

在存在多个"分"实施例时，对"分"实施例的介绍要注意避免内容上的冗余。

在每个"分"实施例中，如果和其他"分"实施例中的内容完全一致，则可以采用引用的方式指明内容一致即可，对于该完全一致的内容无须重复描述。例如，第一"分"实施例为 A1、B1、C、D，第二"分"实施例为 A2、B2、C、D，第三"分"实施例为 A3、B3、C、D，那么，在描述上述三个"分"实施例时，只需在第一"分"实施例中完整描述 A1、B1、C、D，而后续的实施例中，对"C、D"的描述则可以简单说明和第一"分"实施例中完全相同即可。

此外，如果某个细化的特征或者增加的特征能够适用于之前的所有"分"实施例，那么无须在这些"分"实施例中对于该特征逐一进行描述，只需在各个"分"实施例的最后以总结的方式来指出上述细化或增加的特征即可。例如，"总"实施例为"A、B、C"，各个"分"实施例分别为"A1、B1、C""A2、B2、C""A1、B、C1"，而对于各个实施例都可以进一步在方法的最后增加一个步骤 D，无须再组合出 4 个新的实施例并进行介绍，只需在各个实施例的最后描述上述各个实施例中均可以进一步包括步骤 D 即可。

在撰写完"总"实施例、"分"实施例之后，可以结合具体的应用场景撰写一个该技术方案的应用场景实施例。对于技术抽象的方案来说，在具体的应用场景下，能够使较为抽象难懂的内容以形象、直观的应用场景举例的形式来体现，从而在一定程度上解决技术方案抽象、难懂的问题。

此外，也可以预先设想一下可能的专利侵权场景，例如，对于产品专利，最有可能出现的侵权产品是以何种形态出现的，对于方法专利，构成方法专利侵权时具体是在什么场景下来执行什么步骤的。在"应用场景"实施例中将这些最终的侵权形态体现出来，有利于该专利在后续侵权诉讼中更好地发挥作用。

4.3.10 相应的装置实施例

在撰写完方法实施例后，如果该专利申请还需保护装置，还应撰写装置实施例。从当前的实践来看，即使是改进核心点仅在于方法改进的电学类专利申请，也能基于方法本身衍生出装置权利要求，自然也应撰写相应的装置实施例。这种从方法出发衍生的装置体现为两种类型：一是虚拟装置；二是存储器＋处理器的装置。

1. 虚拟装置

有关虚拟装置权利要求的撰写，我之前提及过，通常来说，虚拟装置权利要求和其在说明书中所体现的实施例在内容上完全相同，因此，在说明书实施例中，代理师只需要以参照附图的方式，描述相应的虚拟装置实施例即可。

对于虚拟装置，此处有一些补充。从实务操作的角度来说，当代理师撰写虚拟装置时，所需要做的工作主要集中在两点，一是对相关方法中的动作进行合理的划分，从而将相应的动作对应到虚拟装置中的特定功能模块上去；二是结合虚拟装置中功能模块所实现的功能，为不同的功能模块确定合理的模块名称。这两点不难做到，只要不犯低级错误就好。

通常，对多个动作进行划分在方法权利要求中基本已经完成，这种划分多体现为在一个段落中包括多个动作，这些动作往往是相互关联、相互配合的，代理师在撰写虚拟装置时，完全可以直接利用方法权利要求中的动作划分结果，形成具有不同功能的多个功能模块。进行动作的划分，其实也就是对虚拟装置所具有的功能进行划分，下一步就是要给具有某一功能的功能模块起名字了，此时要注意，这个名字要起得恰当，要和该功能模块的功能相对应，不要出现"驴唇不对马嘴"的情况。例如，当某一功能模块的功能在于"接收数据"时，就不能将这个模块命名为"发送模块"，当某一功能模块的功能主要在于"转换数据"、进一步的功能在于"将转换的数据对外传输"时，将这个功能模块命名为"传输模块"就不恰当了。

下面还是用案例来实际说明。

上述触摸屏线性度测试案例的方法独立权利要求为：

1. 一种触摸屏线性度测试方法，其特征在于，该方法包括：

响应于点击屏幕基准点和测试点的信号，获取基准点和测试点的实际坐标值；所述测试点至少在一条直线上；

比较所述测试点的实际坐标值和预估坐标值，获取比较结果，根据所述比较结果是否符合预设要求获得触摸屏线性度测试结果；所述测试点的预估坐标值是根据基准点的实际坐标值以及基准点和测试点的位置关系计算得到的。

与该方法独立权利要求相对应，代理师可以撰写出如下的虚拟装置权利要求10：

10. 一种实现触摸屏线性度测试的装置，其特征在于，该装置包括：

坐标值获取模块，用于：响应于点击屏幕基准点和测试点的信号，获取基准点和测试点的实际坐标值；所述测试点至少在一条直线上；

比较模块，用于：比较所述测试点的实际坐标值和预估坐标值，获取比较结果，根据所述比较结果是否符合预设要求获得触摸屏线性度测试结果；所述测试点的预估坐标值是根据基准点的实际坐标值以及基准点和测试点的位置关系计算得到的。

为了实现对上述虚拟装置权利要求的支持，代理师在说明书实施例中可以撰写该虚拟装置的实施例。通常只需要绘制一个包括上述模块的装置图，并针对上述模块加上对应的标号，在说明书实施例中参照附图结合标号描述该虚拟装置描述即可。我在这里不再赘述。

2. "处理器+存储器"的装置

对于虚拟装置，通常认为其所保护的是通过计算机程序实现本发明技术方案的功能模块架构，其会被理解为通过硬件方式实现的实体装置。由此，在进行专利侵权判定时，虚拟装置仍然会存在和方法类似的取证困难问题，专利权利人就侵权产品不太容易举证出其包括什么样的功能模块架构的证据。为了更好地发挥产品权利要求在举证方面的优势，当前对于电学方法类的技术方案，也会采用"处理器+存储器"的形式来撰写产品权利要求。这样的产品权利要求在构成上所基于的是"处理器+存储器"这样的实体硬件，因此，相比于虚拟装置中模块架构这样的虚拟构成而言，取证更为容易。"处理器+存储器"的产品权利要求的通常写法，有兴趣的读者可以参考国内知名厂商已经公开的专利文本。

和虚拟装置实施例类似，针对"处理器+存储器"的产品权利要求而言，代理师只需要在说明书具体实施方式部分描述与该产品权利要求相对应的实施例即可，从而实现对产品权利要求的支持。

3. 硬件产品

如前所述，撰写"处理器+存储器"的产品权利要求是为了使所保护的产品能够尽可能地往实体硬件方面靠拢，从而方便专利权人后续的侵权举证。从这个角度来说，如果代理师能够在发明人提供的技术方案中直接找到相应的硬件产品实现形态，那么，针对这样的产品加以保护无疑是更为有利的。毕竟，这样的产品是可以直接指向特定硬件的产品，而非基于方法的内容以特定的撰写方式别别扭扭衍生出的产品。

在触摸屏线性度测试的案例中，发明人提供了测试系统的系统图，并指出该测试系统包括测试主机和测试工装。对应于这样看得见、摸得着的产品实现形态，代理师可以撰写相应的产品权利要求，并在说明书具体实施方式中进行相对应的产品实施例的介绍。

例如，代理师可以撰写出如下的产品权利要求（"系统"在类型上也属于权利要求中的产品权利要求）。

20. 一种实现触摸屏线性度测试的系统，其特征在于，该系统包括：测试主机和测试工装，其中：

所述测试工装用于固定放置被测触摸屏，以及通过其所具有的测试模板，为触摸屏线性度测试提供所需的点击位置；

所述测试主机用于：响应于点击屏幕基准点和测试点的信号，获取基准点和测试点的实际坐标值，其中，所述测试点至少在一条直线上；比较所述测试点的实际坐标值和预估坐标值，获取比较结果，根据所述比较结果是否符合预设要求获得触摸屏线性度测试结果，其中，所述测试点的预估坐标值是根据基准点的实际坐标值以及基准点和测试点的位置关系计算得到的。

结合发明人所提供的测试工装的具体实现方式，代理师还可以撰写出相应的从属权利要求。

相对应地，代理师应该在说明书具体实施方式部分，结合附图描述上述系统所对应的实施例。此处不再赘述。

当然，随着审查指南的修改，当前还出现了程序产品、存储介质这样的其他类型的产品权利要求，这些权利要求只是基于保护类型的不同而采用了特定的表达方式，在实质内容上并没有什么特别需要讨论的地方。对于这些新的类型的权利要求如何撰写，有兴趣的读者可以参考审查指南以及知名企业的专利申请文件加以学习。而在说明书实施例的撰写中，自然也应该写出和上述产品权利要求相对应的实施例，如果可能，配合附图对这些实施例进行文字上的说明。

4. 电学领域不同装置的比较

对于虚拟装置权利要求、"处理器+存储器"产品权利要求、硬件产品权利要求，按照我之前的分析，这三者的举证难度是逐渐降低的。那么，在侵权诉讼过程中，是不是硬件产品权利要求就最好用，而虚拟装置权利要求就最不好用呢？当要考虑限制权利要求的数量时，是不是就应该舍掉虚拟装置权利要求，而保留硬件产品权利要求呢？

答案还真不一定是"是"。辩证唯物主义告诉我们，一切事情都要从实际情况出发来加以考虑。例如，在考虑专利在侵权诉讼过程中如何发挥作用时，不仅要考虑举证难易，还要考虑侵权诉讼中被诉主体、侵权赔偿数额这两个因素。

在上述触摸屏线性度测试的案例中，可以设想一下，对于代理师所撰写的硬件产品权利要求，谁有可能会构成专利侵权。实际中，使用包括有测试工装、测试主机这一系统的主体可能是触摸屏的产品生产者，而专利权人很有可能是测试程序的开发者。产品生产者大概率是测试程序开发者的客户，尽管该客户使用该产品，估计测试程序开发者也不会选择以其客户作为诉讼对象发起专利诉讼。实际上，作为测试程序开发者的专利权人，运用其专利的直接诉讼对象最有可能是其他程序开发者。

当然，有人可能会说，采用帮助侵权就可以将其他程序开发者作为侵权诉讼的被告了。这不是不可以，但问题就复杂了。首先，专利权人要证明直接侵权的存在，这好像并不困难。其次，要证明其他程序开发者为直接侵权提供了"帮助"，这个证明要能达到其他开发者所提供的程序是唯一用于实现专利侵权的程度，但这个"唯一"与否存在变数。其他程序开发者可能会说，"我所提供的软件产品除了能够实现触摸屏线性度测试之外还能实现其他功能（有可能是为了规避帮助侵权而刻意为之）"，那么，此时帮助侵权的成立要件就不满足了。当然，其他程序开发者还有可能会说，"我所提供的是一个软件并不是一个产品，落实到产品权利要求的侵权，怎么能说明我构成帮助侵权呢？"

由此可见，帮助侵权的成立要件较为苛刻，判定构成专利侵权的变数多。如果专利权人能够采用直接侵权来认定专利侵权，最好还是不要寄希望于帮助侵权这样的专利间接侵权判定方式。

除了考虑诉讼对象，赔偿数额也是要考虑的问题。当代理师所撰写的是上述硬件产品的权利要求时，估计并没有一个企业会生产包括测试工装、测试主机这样的全套设备提供给测试者。通常的情况是，测试工装由测试者自己组装，在电脑等设备上安装软件作为测试主机。此时，也就找不到对应于硬件产品的制造者作为侵权诉讼对象了。转而，专利权人只能寄希望于以对产品的使用为侵权行为，采用上述硬件产品权利要求发起侵权诉讼。即使这一产品使用行为成立，但能够确定多少侵权赔偿数额呢？就算赔偿数额确定，被诉侵权方是不是能够很容易规避这一赔偿呢？

对产品进行测试，有何利润可谈？专利权人甚至都无从证明通过测试，侵权方获得什么样的利润。在利润来源不明、数额不清的情况下，专利权人想行使自己的专利权，自然效果就不好了。相反，作为专利权人，实际是因为其专利技术未被未授权的使用而受到损失。这一损失的来源并不是测试者的使用，而是其他测试程序开发者在未授权情况下的软件开发、销售。以上述硬件产品权利要求为例，抓到的只能是利润不多甚至没有的产品使用行为，却抓不到软件的开发、销售行为。这就好比我们有武器，却打不到真正想打的靶子上。

即使专利权人真的想起诉硬件产品的使用者，也就是线性度测试的测试者，该测试者也是十分容易实现规避专利侵权的。测试者完全可以将测试工作外包给境外的企业，在专利权人没有在境外布局专利的情况下，也就无法实现专利维权了。

如果代理师采用虚拟装置权利要求，则由于该虚拟装置权利要求的本质在于软件的功能模块架构，在他人未经许可开发、销售该测试方法所对应的软件时，专利权人就能够针对他人的制造、销售行为发起侵权诉讼，而一旦侵权成立，赔偿数额也将是由上述制造、销售行为确定的。这样的侵权诉讼对象以及赔偿数额和专利权人维护其合法权益的根本目标是相符的。

由此可见，代理师在确定专利保护的主题类型时，要结合取证难度、诉讼对象、赔偿数额等因素，综合加以考虑。

综合上述内容，我汇总线性度测试这一案例的说明书如下。

一种触摸屏线性度测试的方法及装置

技术领域

本发明涉及设备测试技术领域，尤其涉及一种触摸屏线性度测试的方法及装置。

背景技术

随着信息技术的发展，人们越来越倾向于使用触摸屏进行人机交互。例如在使用手机、平板电脑、银行 POS 机时，人们只需触碰触摸屏上的文字或符号，就能实现相应的人机交互。为了确保人机交互的效果，触摸屏应达到相应的质量要求，触摸屏线性度就是触摸屏的重要质量参数之一。触摸屏线性度体现了在工作范围内触摸屏实际输出与理想的直线保持一致的接近程度，其是否符合要求，直接影响人机交互的效果。

现有技术中测量触摸屏的线性度，首先预先确定固定的多个测试点，在测试时，点击所述多个测试点分别获得这些测试点的实际值，将所述实际值和这些测试点的理论值进行比较，根据比较结果所体现的偏离程度来确定触摸屏的线性度。然而实践中发现，采用该现有技术所进行的触摸屏线性度测试，测试结果并不准确，对于一些触摸屏来说，甚至可能出现较大的偏差。

发明内容

有鉴于此，本发明的目的在于提供一种触摸屏线性度的测试方法及装置，以便提高线性度测试的准确性。

发明内容中的技术方案描述与权利要求的实质内容一致，此处省略不再进行描述，实际撰写中，可以将权利要求拷贝过来，并加以适应性的改动。

相对于现有技术的"多个屏，一个标准"，本申请主要提供了"一个屏，一个标准"的解决方案，具体包括：在触摸屏上任意选取两个基准点，再选取一系列与基准点有位置关系的测试点，将点击测试点所得到的实际坐标值，与由基准点与测试点之间的位置关系计算得出的预估坐标值作比较，从而判断触摸屏的准确度。本发明因屏制定测试标准，一屏一标准，避免了由于外界因素引起的屏的差别而导致的线性度测试不准确的问题，提高了触摸屏线性度测试的准确性。

附图说明

图 1 为本发明实施例中实现触摸屏线性度测试的方法流程图；

图 2 为本发明另一实施例实现触摸屏线性度测试的方法流程图；

图 3 为本发明另一实施例实现触摸屏线性度测试的方法流程图；

图 4 为本发明另一实施例实现触摸屏线性度测试的方法流程图；

图 5 至图 9 为本发明实施例中测试点分布示意图；

图 10 为本发明另一实施例实现触摸屏线性度测试的方法流程图；

图 11 为本发明实施例的装置示意图；

图 12 为本发明另一实施例的装置示意图。

具体实施方式

下面将结合本发明实施例中的附图，对本发明实施例中的技术方案进行清楚、完整的描述，所描述的实施例仅为本发明的可能的技术实现，并非全部实现可能。本领域技术人员完全可以结合本发明的实施例，在没有进行创造性劳动的情况下得到其他实施例，而这些实施例也在本发明的保护范围之内。

本发明实施例中，实现触摸屏线性度测试的过程中，可以包括如下设备：

测试主机和测试工装，所述测试主机可以为台式机、笔记本电脑或其他类型具有处理处理能力的设备，其用于获得基于对被测触摸屏点击所生成的点击坐标值，并基于该坐标值实现对触摸屏线性度的测试；所述测试工装用于固定放置被测触摸屏，以及通过其所具有的测试模板，为触摸屏线性度测试提供所需的点击位置。在某一具体实现方式中，所述测试工装包括触摸屏放置平台以及测试模板，所述放置平台具有凹槽，用于将被测触摸屏固定在平台的预定位置，所述测试模板具有多个与测试时的点击位置相对应的测试孔。在进行触摸屏线性度测试时，被测触摸屏被放置于测试工装的凹槽中，在测试工装所提供的测试孔位置，对触摸屏相应位置的点进行点击，测试主机获得所述点击所生成的坐标值，并利用该坐标值来实现触摸屏线性度的测试。

本发明的发明人发现，在传统的触摸屏线性度测试方法中，针对不同的触摸屏均采用固定的坐标值作为测试基准，但对于不同的触摸屏而言，即使同一批次生产的触摸屏，由于温度、生产工艺条件等因素的影响，其相同物理位置上的点的绝对坐标值并不相同，这就导致了如果仍然采用固定坐标值作为测试基准，该测试基准本身由于并不适应当前触摸屏的情况从而并不准确，进而，使得利用该测试基准所进行的触摸屏线性度测试也并不准确。基于此,发明人所提供的本发明一实施例中,在对触摸屏进行线性度测试时,首先点击该触摸屏上的基准点,得到该基准点的实际坐标值,基于该实际坐标值,利用预先确定的基准点和测试点的位置关系,得到测试点的预估坐标值,采用该预估坐标值与点击测试点所得到的实际坐标值进行比较,从而得到对该触摸屏线性度的测试结果。该实施例所提供的方法,针对待测触摸屏建立与之对应的测试基准,从而克服了现有技术中测试基准不适应当前被测触摸屏而导致的测试不准确问题,提高了触摸屏线性度测试的准确性。

参见图1,本发明一实施例中,实现触摸屏线性度测试的方法包括如下步骤:

步骤101:响应于点击屏幕基准点和测试点的信号,获取基准点和测试点的实际坐标值;所述测试点至少在一条直线上。

所述基准点是用于计算所述测试点预估坐标值的点,所述测试点是用于度量触摸屏线性度的点。

所述获取基准点和测试点的实际坐标值的过程,可以是通过获取点击屏幕时的电压值进行换算的。点击屏幕的主体可以是用户也可以是自动点击装置,用户可以使用手指或触控笔进行点击,自动点击装置通常为触控笔或触控头,通过程序设定触控笔或触控头的路径以实现不同点位的点击。

步骤102:比较所述测试点的实际坐标值和预估坐标值,获取比较结果,根据所述比较结果是否符合预设要求获得触摸屏线性度测试结果;所述测试点的预估坐标值是根据基准点的实际坐标值以及基准点和测试点的位置关系计算得到的。

在步骤102中,由于在确定测试点的预估坐标值时,以基准点的实际坐标值作为确定依据,因此,确定得出的测试点的预估坐标值能够更好地符合该被测屏幕自身的情况,从而为不同的被测触摸屏分别确定出与之对应的测试基准。步骤102中利用该测试基准,即,测试点的预估坐标值,进行触摸屏线性度测试,能够在测试基准尽可能准确的情况下完成测试,从而提升触摸屏线性度测试的准确性。

在步骤102中,所述比较结果可以是比值,也可以是差值,或者也可以是以其他形式体现的能够体现出所述实际值和预估坐标值差异的结果。步骤102中，将所述比较结果和预设要求进行对比时，该预设要求可以是一个预先设定的阈值，也可以是结合例如触笔等触摸体所点击的面积而换算出的阈值。

在图1所示的本发明实施例中，采用触摸屏基准点的实际坐标值来计算测试点的预估坐标值，以该预估坐标值作为测试基准来完成对触摸屏线性度的测试，以此方式，实现了针对不同触摸屏均确定一套和该触摸屏相对应的测试基准，相较于现有技术针对不同触摸屏均采用一个固定的理论值作为测试基准，本发明实施例能够适应不同触摸屏的实际情况，设定和该触摸屏相对应的测试基准，降低了由于测试基准不准确所导致的线性度测试的不准确。

在本发明实施例中，在步骤102获得触摸屏线性度的测试结果后，可以将该测试结果以文本形式输出，所输出的内容中，可以进一步包括对测试结果的统计、分析，以便后续能够针对测试结果对触摸屏的制造进行有针对性的改进；对于该测试结果，还可以采用例如报警的方式进行输出。在触摸屏线性度测试结果不符合要求时，采用例如蜂鸣器、指示灯、提示框等形式进行报警，提示该触摸屏线性度不符合要求，以便实现将不符合要求的触摸屏挑拣出来，避免该触摸屏流向市场。当然，对于触摸屏线性度测试结果是否输出，以及测试结果的输出形式为何种形式，都不影响本发明实施例的实现。在本发明实施例中，对于触摸屏线性度是否符合要求，可以以单个测试点为单位来进行，此时，只要针对一个测试点判断出其实际坐标值和预估坐标值的比较结果不满足预设要求，则确定触摸屏的线性度不满足要求，也可以考虑设定一个不符合要求测试点数量的容错范围，在不满足所述预设要求的测试点达到预先设定的个数阈值后，才确定触摸屏的线性度不符合要求。

在本发明实施例中，为了进一步确保作为测试基准的测试点预估坐标值的准确，该方法还可进一步包括相关的判断，参照图2所示，该实施例中实现触摸屏线性度测试包括如下步骤：

步骤201：接收到对第一基准点点击后所产生的实际坐标值，将第一基准点的实际坐标值与其理论坐标值进行比较，判断比较结果是否超过预先设定的阈值，如果是，则结束测试流程，否则，执行步骤202；

步骤202：接收到对第二基准点点击后所产生的实际坐标值，将第二基准点的实际坐标值与其理论坐标值进行比较，判断比较结果是否超过预先设定的阈值，如果是，则结束测试流程，否则，执行步骤203；

其中，步骤201和步骤202的执行顺序可以互换，也可以同时执行上述两个步骤，本发明实施例对于步骤201和步骤202的执行顺序不作限定。在本发明其他实施例中，也可以仅进行步骤201或步骤202的比较，并不影响本发明实施例的实现。在本发明实施例中，可以采用原点作为所述第一基准点，采用极点作为所述第二基准点，原点为触摸屏物理位置最小的点，极点为触摸屏物理位置最大的点，当然，在本发明其他实施例中，也可以采用其他位置的点作为基准点，基准点的个数也可以为1个、2个或者其他数量，均不影响本发明实施例的实现。

进行上述步骤201和/或步骤202的作用在于，在进行触摸屏线性度测试之前，对基准点进行测试，从而根据该测试结果判断触摸屏是否符合基本质量要求，在触摸屏基本质量不满足要求的情况下，本发明实施例结束线性度测试流程，从而避免针对基本质量不符合要求的触摸屏也进行无价值的线性度测试，以便减少不必要的测试流程的浪费，整体提升测试效率。针对上述作用，在本发明实施例中，可以将步骤201和/或步骤202中的所述阈值设定为体现触摸屏基本质量要求的数值或数值范围。

在本发明实施例中，执行步骤201和/或步骤202的作用还可能在于尽可能地确保作为测试基准的测试点预估坐标值的准确。由于测试点的预估坐标值是基于基准点的实际坐标值计算得到的，因此，在本发明实施例中，首先判断基准点的实际坐标值是否存在较大的偏差，如果是，则即使采用基准点实际坐标值计算得到测试点的预估坐标值，该预估坐标值作为测试基准也会存在相应的偏差。为此，本发明实施例中，为了进一步确保测试基准的准确性，在进行线性度测试之前，首先对基准点的实际坐标值进行判断，在该实际坐标值和理论坐标值的偏差符合要求的情况下，才采用该基准点的实际坐标值进行后续测试点预估坐标值的计算，从而进一步确保作为测试基准的测试点预估坐标值的准确性，进一步提高触摸屏线性度测试的准确度。基于该作用，在本发明实施例中，也可以将步骤201和/

或步骤 202 中的所述阈值设定为与体现测试点作为测试基准的准确度要求的相应数值。

当然，在本发明实施例中，也可以兼顾触摸屏基本质量的要求以及测试点作为测试基准的准确度要求来设定步骤 201 和/或步骤 202 中的所述阈值。

步骤 203：基于第一基准点和第二基准点的实际坐标值，计算得到第一基准点和第二基准点之间的实际距离值，判断该实际距离值与第一基准点和第二基准点之间理论距离值之间的差距是否大于预先设定的阈值，如果是，则结束测试流程，否则，执行步骤 204；

其中，所述距离值可以是基准点的横坐标值差值和/或纵坐标差值，也可以是二者的点到点之间的距离值。在本发明实施例中，采用的是两个基准点，在本发明其他实施例中，在采用两个以上的基准点时，可以选择其中的两个基准点进行上述距离值的判断，也可以对各个基准点的距离值进行上述判断，并不影响本发明实施例的实现。

在步骤 203 中，考虑到测试点的预估坐标值可以基于基准点之间的实际距离值计算得到，因此，将该实际距离值与理论距离值进行比较，从而确保实际距离值在预先设定的范围内，以此来提升计算得到的测试点的预估坐标值的准确性。可以想到的是，在存在多个基准点的情况下，各个基准点自身的实际坐标值与理论值的差值预先设定的范围内，但这一差值累加之后有可能所产生的累计差值则超出了预先允许的范围，这一情况下，也会导致基于基准点之间的实际距离值所计算出的测试点预估坐标值并不准确，由此，本发明实施例中针对基准点间的实际距离值进行步骤 203 所述的判断，从而进一步提高测试点的测试基准值的准确性，考虑到这一作用，步骤 203 中的所述阈值可以设定为与测试基准准确度需求相对应的阈值。

当然，步骤 203 所执行的判断步骤，也可以是针对触摸屏基本质量的判断，其所考虑的同样是上述累加效应，判断基准点各自所产生的差值是否会由于累加效应而不符合触摸屏的基础质量。此时，步骤 203 中所述的阈值可以设定为与触摸屏基础质量要求相对应的阈值。当然，也可以兼顾测试基准值准确以及触摸屏基础质量的要求来设定步骤 203 中的所述阈值,并不影响本发明实施例的实现。

需要说明的是,步骤201、202、203中所进行的判断,可以单独执行也可以组合执行,其执行顺序也可以互换,并不影响本发明实施例的实现。

步骤204:根据所述第一基准点和第二基准点之间的实际距离值,以及测试点和基准点的位置关系,计算得到测试点的预估坐标值;

步骤205:响应于对测试点的点击,获得测试点的实际坐标值,将所述测试点的实际坐标值与所述测试点的预估坐标值进行比较,获得触摸屏线性度的测试结果。

上述实施例中,基于相应的判断,实现了进一步提高测试点预估坐标值的准确性,从而进一步提升了触摸屏线性度测试过程中测试基准的准确性,有利于触摸屏线性度测试准确度的进一步提高。

在本发明其他实施例中,针对何时进行测试点预估坐标值的计算有不同的处理方法,以下结合附图对所述不同处理方法分别进行描述。

在本发明一实施例中,可以在获得基准点的实际坐标值后就计算各个测试点的预估坐标值。参考图3,该实施例具体包括:

步骤301:响应于对基准点的点击获得基准点的实际坐标值,根据基准点和测试点的位置关系,计算得到各个测试点的预估坐标值;

步骤302:响应于对测试点的点击获得测试点的实际坐标值,将所述测试点实际坐标值与所述测试点的预估坐标值进行比较,根据比较结果获得触摸屏线性度的测试结果。

其中,步骤302中的测试点可以为一个,也可以为多个。当测试点为多个时,对于测试点的点击可以同时进行,也可以按照一定的顺序依次进行,或者也可以随机进行。

上述实施例中,步骤301中对于基准点的点击以及步骤302中对于各个测试点的点击也可以同时被触发。

上述实施例中,通过预先将各个测试点的预估坐标值统一计算出来,使得计算操作只需通过一个进程即可完成,使得该方法的运行效率较高。

在本发明另一实施例中,还可以以对测试点的点击作为测试点预估坐标值计算的触发条件,参考图4,该实施例具体包括:

步骤 401：响应于对基准点的点击获得基准点的实际坐标值；

步骤 402：响应于对测试点的点击，获得被点击的测试点的实际坐标值，并且，根据所述基准点的实际坐标值以及基准点与被点击测试点的位置关系，计算得到所述被点击测试点的预估坐标值，将被点击的测试点的实际坐标值与其预估坐标值进行比较，获得触摸屏的线性度测试结果。

其中，在步骤 402 中，对于多个测试点的点击可以依次进行也可随机进行，当然也可以同时进行，并不影响本发明实施例的实现。

在该实施例中，基于对测试点的点击操作才去计算被点击的测试点的预估坐标值，相比于一次性计算出所有测试点的预估坐标值的方式而言，此种方式考虑到可能针对某些测试点进行测试后，即可得出触摸屏是否符合线性度要求的结论，从而有可能不再对剩余的测试点进行测试，由此，其仅针对被点击的测试点进行预估值的计算，节省了测试点预估值计算的计算量，尤其在测试点数量较大的情况下，能够进一步降低计算量，提高本发明实施例所提供的方法的运行效率。

在本发明的各个实施例中，基准点可以为 1 个，也可以为多个。在本发明实施例中，如图 5 所示，也可以进一步针对不同的测试区域，设定不同区域所对应的基准点。

本发明实施例中的基准点可以为预先确定的固定位置的点，也可以是基于用户选择所确定的点，可以基于用户在多个测试点中的选择，将测试点中的部分点选择作为基准点。基准点是预先确定还是用户选择所确定的，并不影响本发明实施例的实现。

本发明实施例中，可以采用触摸屏上物理位置最小的点作为一个基准点，而将触摸屏物理位置上最大的点作为另一个基准点，也可以将触摸屏物理位置上的中心点作为基准点，基准点的位置在何处并不影响本发明实施例的实现。

本发明实施例中基准点和测试点的位置关系，可以是例如测试点平均分布这样的分布规律，例如图 6、图 7 所示；当然，所述的位置关系也可以是例如图 8 所示的测试点不平均分布的分布规律，只要此种不平均分布的位置关系能够用数学表达式表达出来即可。在计算测试点的预估坐标值时，可以基于该分布规律计算得到测试点的预估坐标值。

基准点和测试点的位置关系，也可以是预先确定的测试点和基准点之间的坐标值差这样的数值关系，在计算测试点的预估坐标值时，可以基于该数值关系，由基准点的实际坐标值计算得到测试点的预估坐标值。

在本发明实施例中，可以预先设定多个待测测试点，在执行本发明实施例的过程中，可以针对待测测试点中的部分测试点进行测试，从而完成对触摸屏线性度的测试过程。在一些实施例中，可以结合触摸屏线性度测试的需要，在各个测试点中，重点选择特定区域的测试点进行测试，或者，也可以结合历史测试过程中的测试结果，挑选出历史测试过程中不满足线性度要求的测试点，将这些测试点向用户进行提示，以便用户针对这些测试点进行重点测试。

下面结合一具体应用场景对本发明的具体实现进行描述。参见图9，在该具体应用场景中，以触摸屏上的原点和极点分别作为基准点，该原点为触摸屏物理位置上最小的点，极点为触摸屏物理位置上最大的点。在原点和极点之间，9个测试点呈均匀分布。参见图10，该实施例中通过如下步骤实现触摸屏线性度测试：

步骤1001：在点击触摸屏的原点后，获得原点的实际坐标值，将该实际坐标值与原点的理论坐标值进行比较，如果比较结果超过预先设定的阈值，则蜂鸣器报警，并结束测试流程，否则，执行步骤1002；

步骤1002：在点击触摸屏的极点后，获得极点的实际坐标值，将该实际坐标值与极点的理论坐标值进行比较，如果比较结果超过预先设定的阈值，则蜂鸣器报警，并结束测试流程，否则，执行步骤1003；

其中，步骤1001和步骤1002的执行顺序可以互换，也可以同时执行。

步骤1003：利用原点的实际坐标值和极点的实际坐标值，获得原点和极点间的实际差值，将该实际差值与原点和极点间理论差值进行比较，如果比较结果超过预先设定的阈值，则蜂鸣器报警，并结束测试流程，否则，执行步骤1004；其中，所述原点和极点的实际、理论差值，可以是原点和极点之间的距离值，也可以是原点和极点之间的横坐标差值和纵坐标差值。

步骤1004：根据原点和极点间的实际差值以及原点实际坐标值和/或

极点实际坐标值,基于测试点在原点和极点之间的平均分布关系,计算得到各个测试点的预估坐标值;在具体实现过程中,可以根据原点和极点之间的横坐标差值和纵坐标差值,按照图 9 所示的平均分布关系,将横坐标差值和纵坐标差值分别进行等分得到等分值,然后,采用原点或极点的实际坐标值与所述等分值进行相应的数学计算,得到相应测试点的预估坐标值。在具体实现过程中,还可以分别以原点实际坐标值和极点实际坐标值为基准,计算得出两套测试点的预估坐标值,针对各个测试点计算两套预估坐标值的平均值最终作为该测试点的预估坐标值;当然,也可以采用原点和极点之间的距离值作为原点和极点间的差值来实现上述计算过程,所改变的仅是数学计算方法,并不影响本发明实施例的实现。

步骤 1005:响应于对触摸屏测试点的点击,获得所述测试点的实际坐标值,将所述实际坐标值与所述测试点的预估坐标值作比较,获得比较结果,如果比较结果超过预先设定的阈值,则蜂鸣器报警,提升所述测试点的触摸屏线性度测试不通过。在本发明实施例中,可以逐一对触摸屏上的各个测试点进行点击,每点击一个测试点,将该测试点的实际坐标值与其预估坐标值进行差值计算,如果该差值的绝对值大于预先设定的阈值,则提示针对该测试点的线性度测试不通过。在具体实现过程中,所述预先设定的阈值可以采用触笔点击的面积换算得到。在进行具体测试的过程中,当判断得到某一测试点的线性度测试不通过时,可以根据需要,选择结束测试流程或者进行其他测试点的测试,并不影响本发明实施例的实现。

在步骤 1005 中,还可以一次性点击各个测试点,将所获得的各个测试点的实际坐标值与其预估坐标值进行比较,并根据比较结果是否超过预先设定的阈值来判断该测试点的线性度测试是否通过。

图 10 所示的实施例,采用原点、极点作为基准点,以在原点和极点之间均匀分布的 9 个点作为测试点,通过相对较少的计算量和测试步骤,实现了对触摸屏大部分区域的线性度测试,相对准确且高效地实现了触摸屏线性度的测试。

下面,对本发明所提供的装置实施例进行介绍。

参见图 11,本发明实施例所提供的触摸屏线性度测试的装置包括:

测试工装 1101 和测试主机 1102。在图 11 所示的实施例中，所述测试工装包括触摸屏放置平台以及测试模板，所述放置平台具有凹槽，用于将被测触摸屏固定在平台的预定位置，所述测试模板具有多个与测试时的点击位置相对应的测试孔。在图 11 所示的实施例中，测试模板上具有 11 个测试孔，其中，2 个测试孔为基准点所对应的基准点测试孔，其分别对应于触摸屏上的原点和极点的位置；另外 9 个测试孔为测试点所对应的测试点测试孔，这些测试点测试孔在两个基准点测试孔的横向和纵向位置之间呈均匀分布。所述测试工装 1101 用于通过其放置平台固定放置被测触摸屏，以及通过其所具有的测试模板，为触摸屏线性度测试提供所需的点击位置。

当然，在本发明其他实施例中，测试工装的放置平台也可以为其他实现形式，其可以通过固定部件实现对于被测触摸屏固定于预定位置；测试模板的测试孔布局也可以为其他布局，并不影响本发明实施例的实现。

所述测试主机 1102 可以为台式机、笔记本电脑或其他类型具有处理能力的设备，该测试主机 1102 用于：响应于点击屏幕基准点和测试点的信号，获取基准点和测试点的实际坐标值；所述测试点至少在一条直线上；以及，比较所述测试点的实际坐标值和预估坐标值，获取比较结果，根据所述比较结果是否符合预设要求获得触摸屏线性度测试结果；所述测试点的预估坐标值是根据基准点的实际坐标值以及基准点和测试点的位置关系计算得到的。

进一步地，图 11 所示的触摸屏线性度测试装置中，还可以进一步包括报警单元，该装置在测试主机 1102 测试得到触摸屏线性度不符合要求或者某一被测测试点不符合预定要求时，进行报警。根据报警形式的不同，该报警单元可以为蜂鸣器、指示灯等实现形式。

在某一具体实现方式中，在进行触摸屏线性度测试时，被测触摸屏被放置于测试工装的凹槽中，在测试工装所提供的测试孔位置，对触摸屏相应位置的点进行点击，测试主机获得所述点击所生成的坐标值，并利用该坐标值来实现触摸屏线性度的测试，在线性度测试不通过时，测试主机触发蜂鸣器告警装置发出提示音，提示用户测试不通过。

参见图 12，本发明另一实施例所提供的触摸屏线性度测试的装置包括：

坐标值获取模块1201，用于：响应于点击屏幕基准点和测试点的信号，获取基准点和测试点的实际坐标值；所述测试点至少在一条直线上；

比较模块1202，用于：比较所述测试点的实际坐标值和预估坐标值，获取比较结果，根据所述比较结果是否符合预设要求获得触摸屏线性度测试结果；所述测试点的预估坐标值是根据基准点的实际坐标值以及基准点和测试点的位置关系计算得到的。

以上仅是该申请的部分实施例而已，并非对该申请作任何形式上的限制。对以上实施例所作的任何简单修改、等同变化及修饰，均仍属于该申请技术方案保护的范围内。

当然，上述实施例还可以考虑保护"处理器+存储器"产品、存储介质以及程序产品的需要，添加与这些保护类型相对应的实施例，这一内容的实质仍然是所要保护的方法本身，只不过表述方式有所不同而已，有兴趣的读者可以参考国内知名客户相关实施例描述方式，本书不再赘述。❶

---

❶ 对于该案的说明书附图，由于并不涉及撰写技巧，本书就不再列出了，但需要注意的是，绘制好的附图，有时候能够在专利侵权判定中发挥巨大作用，尤其对于手机终端类的专利来说，好的附图是非常重要的。有兴趣的读者可以自行检索苹果、三星、华为等公司的手机终端类公开专利文件。

第 5 章

方法权利要求单侧写问题的讨论

5.1 方法专利的侵权主体问题

方法专利侵权是当前专利侵权中的重要组成部分,尤其在互联网、通信、计算机领域,其发明创造多为方法专利,在这些领域竞争日益激烈的情况下,方法专利的侵权诉讼较之以往呈现迅猛增长的态势。由于这些领域专利诉讼标的巨大,方法专利侵权中的侵权判定问题成为各界关注的焦点。我拟针对方法专利中的侵权主体问题进行讨论。

5.1.1 方法专利中的单侧写

提到方法专利的侵权判定问题,不能不提及方法专利的特定写法——单侧写。所谓单侧写,是指在界定方法专利保护范围的权利要求中,仅以方法交互中的一侧设备作为执行主体来描述各个步骤。与之相对应的则是交互式的撰写方法,采用此种撰写方法所撰写的方法专利的权利要求中,会出现由不同执行主体所执行的不同步骤。❶ 交互式的撰写方法当前已经基本被摒弃,业内普遍采用单侧写的撰写方式来撰写方法专利权利要求,这样选择的根本原因在于方法专利侵权判定的需要。

专利侵权判定的根本性规则是全面覆盖原则,即如果要判定专利侵权成立,侵权方的行为需涵盖专利权利要求所限定的全部必要技术特征。对于方法

---

❶ 王宝筠. 多执行主体方法专利侵权探讨[J]. 专利代理, 2017 (4): 22.

专利而言，只有在侵权方使用方法专利独立权利要求的所有步骤的情况下，才能判定构成方法专利侵权。如果方法专利采用交互式的方式来撰写，由于方法专利权利要求中存在执行不同步骤的多个执行主体，在侵权判定时，方法专利的某一实施者仅仅实施方法专利权利要求中的部分步骤而非所有步骤，难以判定其构成方法专利侵权。有鉴于此，单侧写的撰写方式在方法专利中被普遍采用。单侧写的方法专利权利要求中各个步骤均为同一执行主体执行，避免执行主体为多个时无从论证某一主体实施方法专利权利要求所有步骤的困局，使专利权人得以利用其方法专利发起侵权之诉。

5.1.2 方法专利中的动作主体与侵权主体的关系

1. 方法专利中的动作主体并非是侵权主体

对于单侧写的方法专利权利要求，很多人认为，单侧即是执行主体唯一，而执行主体唯一就是为了能够确定单一的侵权主体实施了方法权利要求的所有步骤，由此，很多人认为侵权主体和单侧写中的单一执行主体是相同的概念。我认为，侵权主体并不是单侧写中的执行主体。

以某一通信方法专利为例，该方法所保护的是一个基站和终端之间交互的方案。基于单侧写的撰写方式，在其保护的权利要求中，以基站作为该方法中各个动作的执行主体来描述所要保护的方案。而在专利诉讼过程中，人们当然不会以基站作为侵权主体发起诉讼，事实上，基站作为一个设备，本身也不可能成为被诉的主体。即使是基于对方法专利侵权中"使用专利方法"即是"执行专利方法"这一常规理解❶，专利权人所选择的侵权主体也应是例如移动、联通这样的基站运营方。由上述例子可知，单侧写方法专利权利要求中动作的执行主体并非是侵权主体。为了论述方便以及进行区分，以下将方法专利权利要求中动作的执行主体称为动作主体。

2. 方法专利中侵权主体与动作主体之间的关系

那么，动作主体和侵权主体之间是何种关系呢？实际上，侵权主体与动作主体之间是一种控制和被控制的关系。

仍以上述情况为例，对于网络运营商而言，其通过采购基站设备获得基站

---

❶ 曲桂芳. 论作业方法专利的使用者[J]. 中国发明与专利，2014（5）：96.

设备的所有权，基于此种所有权，基站设备处于网络运营商的控制之下。此时，基站设备所执行的动作实际上是在其控制方，即网络运营商的控制之下所执行的动作。侵权主体之所以能成为侵权主体，就在于对于方法中的动作主体而言，其是在侵权主体的控制下进行相应动作的，基于此种控制和被控制关系，动作主体的行为才能够归责于侵权主体，侵权主体才应当承担相应的专利侵权责任。

由此，我们可以对方法专利中涉及的主体进行更为清晰的区分。在方法专利权利要求的描述中，一个步骤以主谓关系进行区分，包括作为谓语的动作本身以及作为主语的动作主体。该动作主体是方法权利要求中运行相应动作的客观设备；而专利侵权的主体则为具有民事行为能力的个人或法人，其本身并不运行方法权利要求中的动作，而是控制动作主体运行。因而，侵权主体显然和动作主体并不相同。而所谓"执行主体"则是一个将侵权主体和动作主体相互混淆的产物，是一个不同场景下具有不同含义的不清楚的概念。

现实中，执行主体与动作主体以及侵权主体常常被相互混淆，造成此种混淆的认识基础是，方法专利侵权的存在形态即是执行该方法的相应动作❶，既然"执行"行为构成侵权，那么"执行主体"自然就是侵权主体；同时，对于方法专利权利要求而言，其所描述的动作的主语当然是对该动作加以执行的主体，该动作主体也就是"执行主体"了。

需要注意的是，上述"混淆"认识中，针对侵权行为以及权利要求描述而言所对应的"执行"本身就分属两个不同的含义。

在专利侵权判定中，对应于方法专利侵权行为形态的"执行"指的是针对专利方法这一权利对象的"使用"，而方法权利要求描述中的"执行"则是方法专利中相应动作的"运行"，二者含义并不相同。由此，这二者各自对应的"执行主体"的含义当然也是不同的。

举例来说，针对一件以基站为描述主语（动作主体）的方法专利，该专利在描述层面的执行主体是基站，而在专利侵权层面的执行主体是运营商，二者显然不同。严格来说，方法专利权利要求中动作的执行主体应被称为动作主

---

❶ 贾敬东，宋献涛，王美石. 浅析专利法意义上的使用行为 [J]. 中国发明与专利，2014 (11)：68.

体,专利侵权中构成使用专利方法行为的主体是侵权主体,而"执行主体"则是一个很有可能对这两个概念加以混淆的产物,在使用时应该明确具体指代上述两个主体中的哪一个。

3. 基于侵权主体不同于动作主体,对单侧写要求的再认识

在对动作主体和侵权主体加以区分以及明确二者间的关系后,我们可以对方法专利单侧写的要求有更为清晰的认识。

方法专利单侧写的根本出发点在于,能够在专利侵权诉讼中确定侵权主体实施方法权利要求中的所有步骤,以此为基础判定侵权主体构成方法专利侵权。

基于如上分析,方法专利的侵权主体并非是方法专利权利要求中的动作主体,侵权主体和动作主体之间实际上是一种控制和被控制关系,单侧写中单一主体要求根本考虑的主体是侵权主体而非动作主体,因此,从侵权判定的需要出发,单一主体应该是对控制主体的要求而非对被控制主体的要求。也就是说,方法专利单侧写中的"单侧"本应针对作为侵权主体的控制主体的唯一,而非针对作为动作主体的被控主体的唯一。当然,在方法专利中动作主体是唯一主体的情况下,当然能够对应唯一的控制主体,即唯一的侵权主体,但这并不是唯一的情况。

例如,某专利方法中描述基站和网关分别所执行的不同步骤,即在该方法专利中存在多个动作主体,尽管该种表述方式不符合常规的单侧写撰写要求,但由于网关和基站均是网络运营商所属的设备,均在该运营商的控制下工作,由此仍然可以以作为控制主体的网络运营商作为单一侵权主体,依据全面覆盖原则,判定网络运营商使用该方法的所有步骤,构成专利侵权。

再如,某方法专利是应用于计算机上的方法,涉及的动作主体包括CPU、存储器以及输入单元,显然,该方法专利没有必要也不会以上述动作主体的其中一个为主语来进行权利要求的描述。即使以上述多个动作主体描述该方法专利的权利要求,仍能以该计算机的实际控制主体,例如拥有并使用该计算机的公司作为侵权主体来确定其构成方法专利侵权成立。

5.1.3 侵权主体与动作主体间控制关系的实现形态

在明确侵权主体和动作主体之间的关系是控制和被控制关系的情况下,我

有必要对"控制"的实现形态进行分析。

1. 基于权属关系所实现的"控制"

侵权主体对动作主体的控制，可以是基于权属关系所形成的控制。例如，上述分析中提及的基站和网络运营商，网络运营商这样的侵权主体拥有对于例如基站这样的动作主体的所有权，基于这种所有权，侵权主体得以实现对动作主体的控制，动作主体受制于侵权主体的控制而实施动作。正是因为动作主体的动作受制于侵权主体，侵权主体才应就其所控制的动作主体的动作实施承担相应的侵权责任。

侵权主体对于动作主体的控制并不仅限于权属关系所形成的控制，从专利的技术属性出发，这种控制关系也可以以一种"技术配置"的方式出现。

2. 以技术配置方式实现的"控制"

我们应该认识到，专利方法保护的是动作，所谓"控制"，严格意义上是对动作的控制，某种程度来说，基于主体间的权属关系所实现的"控制"在动作控制层面是一种通过权属关系间接实现的对于动作实施的控制。实际中，针对动作主体进行动作实施更为直接的控制，是对动作主体进行技术上的配置，以便使其具备运行相应动作的功能。这种配置按照配置的时点不同，存在以下两种类型。

（1）产品厂商对相应产品进行功能预置。对于硬件厂商而言，其为了向用户提供能够实现专利方法的产品，往往会在该硬件产品的制造过程中将该专利方法所对应的功能预置于其硬件产品中，该产品的购买者利用该产品执行该专利方法的相应动作。硬件厂商对其生产的硬件产品的配置，其实是对硬件产品如何动作的预先控制，硬件产品最终在购买者支配下所执行的动作，究其根源其实都是在硬件厂商的控制下进行的，而购买者在此过程中可能只是起到一个指令触发或者提供例如电力等辅助支持的作用。从对动作实施的"控制"的角度来说，硬件厂商对作为动作主体的硬件产品的动作的控制，相比于购买者基于权属关系所形成的控制更为根本。

由此，硬件厂商对于硬件产品的配置，也应被认为是实现硬件厂商对作为方法专利动作主体的硬件的"控制"方式之一。由此，在基于权属关系确定动作主体的控制方应承担专利侵权责任的情况下，同样作为动作主体动作的控制方的硬件厂商，也应甚至更应承担相应的专利侵权责任。

（2）软件厂商通过发布软件实现对硬件设备的配置。随着软件及互联网技术的普遍应用，对于某一动作主体执行动作的配置已经不再局限于硬件厂商在生产过程的预置，软件厂商借助于网络发布软件提供给用户安装于对应的硬件设备上，同样可以实现对硬件设备的配置，只不过这种配置并不是一种设备出厂前的配置而已。

例如，一种输入法并没有采用预置的方式安装于未售出的手机中，而是在手机销售给用户后，由用户通过网络下载得到该输入法软件并安装于手机上。此时，输入法的开发者其实是通过网络实现输入法在手机上的安装，进而完成针对手机的输入法的配置。而正是基于此种配置，手机作为动作主体所执行的输入法的相应的动作，其实都是在输入法开发者的控制下进行的，输入法开发者理应基于此种控制关系，就手机所执行的相应动作承担专利侵权责任。

5.1.4 侵权主体与动作主体之间的控制关系在专利直接侵权判定中的司法实践

1. 我国的司法实践

在实践中，在涉及软件领域的方法专利诉讼中，已经存在很多软件开发者构成方法专利侵权的判决。例如，在搜狗公司诉百度公司输入法侵权案件中，涉案专利多为方法专利，且涉及的动作主体多为计算机或手机这样的硬件设备，最终判定构成方法专利侵权的侵权主体均是软件开发者，如百度公司，而当然并非是权利要求中作为动作主体的计算机或手机。例如，在百度公司被判构成侵权的"一种输入过程中删除信息的方法和装置"案中，涉案专利对应的方法权利要求为：

> 一种输入过程中删除信息的方法，其特征在于，输入区域包括编码输入区和字符上屏区，所述方法包括：
> 当输入焦点在编码输入区时，接收删除键的指令，删除已输入的编码；
> 当所有的编码全部删除完时，暂停接收所述删除键的指令；
> 当所述删除键的按键状态达到预置条件时，继续接收删除键的指令，删除字符上屏区中的字符。

该案中，不论"接收删除键指令""暂停接收""继续接收"还是"删除"，各个步骤的动作主体均为手机或计算机，而该案被判侵权的侵权主体则是作为输入法软件的开发者——百度公司。实际上，百度公司并未以动作主体的身份来运行这些步骤，其所实施的行为是将能够实现这些步骤的功能设置于其开发的输入法中，并提供给用户下载使用。针对在用户触发下所进行的上述功能的实现，实质上是在百度公司的控制下完成的。百度公司所实施的开发软件，提供给用户下载、安装的行为，对于实现涉案专利的方法而言，实质上是一种通过配置而实现的控制行为。

尽管该案最终在侵权与否这一结论上有可能发生改变，但判决中有关侵权主体的认定思路却是基本稳定，并值得我们借鉴的。从互联网、软件、通信领域等的其他方法专利侵权案件中，也不难找到和上述情况一致的侵权判定结论。

由此可见，在我国已经存在基于控制方对动作主体的行为的控制，判定控制方作为侵权主体构成方法专利侵权的司法实践。事实上，很多法院在进行专利诉讼的侵权比对时，重点关注的是涉案软件或产品功能是否具备方法专利的相应功能，只要软件或产品功能与方法专利的全部步骤相对应，则判定软件开发者构成方法专利侵权。

当然，在此类专利诉讼中，被告往往会提及其仅仅是软件的开发者，只是提供方法专利所对应的功能，并没有具体实施方法专利的相应动作，因此，并不构成专利侵权。对此观点，大部分法院并不予以采纳，但充分的正面回应也较为少见，给出的回应往往也仅仅是对于软件的开发者而言，其要进行软件开发，必然要进行软件的测试，因而会以测试者的身份实施该软件所对应的专利方法。法院对被告的上述观点不予回应当然会使判决的确定性遭受质疑，而即使是上述将测试者作为侵权主体判定构成方法专利侵权的思路，其实也存在实质性的缺陷。

2. 以测试者作为侵权主体判定构成方法专利侵权的弊端及解决

在以测试者作为侵权主体判定构成方法专利侵权时，对应的侵权行为是"测试"，对于侵权数额的确定来说，理应按照测试的获利多少来进行。而对于测试而言，软件或产品测试的应用范围相比于软件或产品的大量使用来说往往是十分有限的，很难基于该有限的范围获得预期的侵权赔偿。更为重要的是，基于测试的侵权行为，侵权者可以很容易地规避专利侵权。侵权者完全可以将软件或产品的测试外包给其他公司，甚至委托境外公司来处理，从而使基于测试的专利侵权不再成立，但侵权者却仍然可以通过将与方法专利对应软件销售给用户来谋取利益，这显然是不公平的。

我们应该认识到，作为专利侵权方的软件开发者或生产厂商，其谋得不正当利益的主要行为途径是将对应的软件提供给用户并安装于其硬件设备中，如果不能针对该行为确定方法专利侵权成立，而转由以"测试"确定方法专利侵权成立，显然是一个舍本逐末的办法。进一步地，当前大量方法专利都是以设备作为动作主体描述其权利要求的，如果仅能以测试作为侵权行为的存在形态，将会大大限制现有专利在专利侵权方面的应用效能，甚至使相当多的方法专利变为无用专利。

如果能够明确我之前论述的观点，即侵权主体对动作主体进行配置从而形成对动作主体运行动作的控制，侵权主体应基于该控制承担动作主体运行相应动作所对应的侵权责任，那么上述问题就能迎刃而解。按照我之前的观点，在进行方法专利的侵权判定时，针对和方法专利对应的软件开发者或生产厂商，只需关注这些厂商所开发的软件或者对产品所配置的功能是否完全具备方法专利权利要求中所描述的所有技术特征，即是否被权利要求的记载所全面覆盖，如果能够得出肯定的结论，则可以基于软件开发者或产品厂商对产品基于配置所实现的控制，得出软件开发者或产品厂商实际控制专利方法的实施，进而可以判定其构成方法专利侵权。

3. 国外的司法实践

不但我国司法实践中存在此种基于控制和被控制关系确定相应主体行为构成专利侵权的判定方式，在国外的司法实践中也存在类似判例，且对此有明确的解释说明。

在引起广泛关注的 Akamai 诉 Limelight 案（以下简称"Akamai 案"）中，美国法院最终判定被告构成专利直接侵权，理由为：当被控侵权人决定了实施专利方法步骤时的具体动作或是该动作的利益获得者时，并且建立了实施动作的方式或时间点时，可以认定直接侵权。❶ 不难理解，实际中"决定实施专利

---

❶ 唐艾斯. 美国方法专利的分离式侵权行为解读［EB/OL］.（2018-09-19）［2020-01-20］. http://www.iprdaily.cn/news_17345.html.

方法的步骤时的具体动作"往往是由软件开发者通过开发软件所完成,或者由相应的产品厂商以针对产品进行功能上的配置来完成。如果基于美国法院的上述直接侵权判定思路,这两者的行为是构成方法专利直接侵权的,而这和我的观点恰恰是契合的。

在 Akamai 案的审理过程中,法官还引入了"控制及指导"标准。该"控制及指导"标准由 BMC❶ 诉 Paymentech 案所确立,在该案中,美国联邦巡回上诉法院创立了一个很特别的标准——"控制及指导"标准(direction or control),即要求侵权行为成立必须是被告身为侵权行为的主脑(mastermind),而且控制或指导其他人来完成这个侵权行为。当然,该标准在该案中所适用的场景是针对多数人共同实施的分离式方法专利侵权,而且所谓"控制及指导"的对象是"他人"而非作为动作执行主体的"设备"。但研究该项标准的根本出发点后可以发现,该项"控制及指导"标准的关注点是,并非由某一主体实施的行为是否应由该主体来承担侵权责任,而这和我之前阐述的侵权主体是否应就动作主体的动作承担责任,在研究方向上是一致的;而尽管在该案中所谓的"控制及指导"的对象是"他人"而非"设备",但如果能利用"控制及指导"标准将"他人"的行为转而由侵权者承担责任的话,那么,依据同样的思路,在满足"控制及指导"标准的情况下,将作为动作主体的设备的行为转而由对该设备如何运行进行控制或指导的产品配置方或软件开发者来承担责任,也应该是理所应当的。换句话来说,"控制及指导"标准实际上是一个侵权判定中对于主体行为的归责标准,这一标准能够在所谓的侵权者和他人间适用,从而将"他人"的行为归责于侵权者,当然也能够在侵权者和权利要求的动作主体间适用,从而将动作主体的动作归责于侵权者,在此过程中所改变的仅仅是控制对象而已,依据"控制及指导"进行行为归责的思路和标准并未发生改变。

总之,不论是"配置"动作发生于产品生产过程中,还是发生于产品销售给用户后,实施"配置"行为的硬件厂商或者软件厂商本质上都是对于专利方法的实现施加了实质性的控制,而这种控制的存在使这些厂商应该对作为被配置一方的动作设备运行专利方法承担相应的专利侵权责任。

---

❶ 陈明涛. 云计算技术条件下专利侵权责任分析[J]. 知识产权, 2017 (3): 52.

5.1.5 明确侵权主体与动作主体间的控制关系在专利共同侵权判定中的作用

所谓专利共同侵权，是以《民法典》第 1168 条有关共同侵权的规定为基础而存在的一种特定的专利侵权形态，在专利共同侵权中，没有一个侵权主体完整实施了整个专利权利要求所保护的技术方案，而是由多个主体共同实施专利侵权行为。在共同侵权的判定中，"意思联络"的判断尤其重要。例如，在西安西电捷通公司诉索尼公司的专利侵权案件（以下简称"西电捷通案"）中，有关是否存在专利共同侵权就引发了广泛的争议。

西电捷通案中，涉案专利涉及三个动作主体，分别是移动终端（MT）、接入点（AP）以及接入服务器（AS），被告索尼公司生产的手机具备涉案专利方法中对应 MT 的功能，即能够像涉案专利方法描述的那样，执行其中 MT 所执行的动作。在专利侵权诉讼中，被告索尼公司提及其作为手机制造商并未完整实施涉案专利的多个动作主体的动作，因此，并不构成专利直接侵权。法院则是依据被告索尼公司在生产手机过程中需要进行测试，从而会利用多个设备完整实施涉案专利的各个步骤判定索尼公司构成专利侵权。法院的结论无误，但弊端如上文所述。我想讨论的是该案中的专利共同侵权问题。

该案中，作为手机制造商的索尼公司，其在制造手机的过程中对手机进行了相应的配置，以便手机能够在用户的激发之下执行专利方法中 MT 所对应的动作。基于之前的论述，索尼公司的此种配置行为，实际上是对方法专利中的动作主体即 MT 进行的控制，从而在索尼公司和手机之间形成了控制和被控制关系。

由此，手机实际上是在索尼公司的控制下运行相应的动作，在进行专利侵权判定时，进行侵权与否分析的主体对象可以是控制方，即索尼公司。类似地，AP、AS 的制造商也对其制造的设备进行相应的配置，也是其所生产的设备执行相应动作的控制方，在方法专利侵权判定时，同样可以以控制方的身份作为侵权主体被加以分析。

不论是手机的制造商还是 AP、AS 的制造商，基于实现该专利方法所对应的技术标准的需要，显然都会意识到需要各方相互配合从而共同达成技术实现，因此，在手机制造商、AP 和 AS 的制造商之间，实际上是存在共同实施专利方法的意思联络的。又由于这三个制造商各自所进行的配置控制其各自设备所执行的动作,这些动作完整实施了方法专利权利要求中的所有步骤,因此,这三个制造商构成对方法专利的共同侵权。

对于该案,有观点提出作为 MT 的执行主体用户,只是知道需要接入网络,并不知道专利方法的存在,更不可能知道要和其他方配合,因此,并不存在意思联络。此种观点是将专利方法的侵权主体限缩于基于权属关系的控制方,实际上,基于之前的论述,基于相应主体对动作主体的技术配置同样或更为直接地构成动作主体的控制方,也应属于方法专利的侵权主体分析对象。而遗漏此种侵权主体分析对象,仅仅以权属控制方作为侵权主体来分析共同侵权是否成立,结论自然不够全面、准确。

我采用简单的推理也能就专利共同侵权的判定得出与上述论述相同的结论。针对专利方法,如果该专利方法由某一产品厂商配置于其生产的一特定设备上供他人实施,该产品厂商是构成方法专利侵权的,而此种方法专利侵权是一种直接侵权而非间接侵权,这不论是在在先的判决还是当前法院的实际操作层面,都能得到证实。进一步地,如果该专利方法是由一产品厂商配置于其生产的多个设备上并提供给他人使用,相比于第一种情况,产品厂商所实施的配置行为在行为内容上没有发生变化,只不过是行为所针对的对象从之前的一个设备变成多个设备而已,该配置行为的行为属性也没有发生变化,仍然是为了针对方法专利的实施,通过配置而对方法专利的实施所施加的控制行为。因此,与第一种情况相同,此时的产品厂商仍然构成方法专利侵权。再进一步地,当多个产品厂商分别对其产品进行配置,这些产品的不同使用主体可以通过分别使用这些产品各自的功能来共同实现专利方法,相比于第二种情况而言,只不过是针对设备的配置主体从之前的一个产品厂商变成了多个不同产品厂商而已,其余情况并未发生改变;如果能够基于技术标准等作为纽带证明不同产品厂商间在各自实现各自的配置时,具有共同实现技术标准的意思联络,那么,基于此种意思联络,多个厂商会在侵权判定中被视为一个整体。此情况与第二种情况完全相同,只不过此时是由多个产品厂商承担共同侵权中的连带责任。

5.1.6 小结

结合上述论述,对于方法专利,有必要对方法专利权利要求中的动作主体与侵权诉讼中的侵权主体加以区分，明确侵权主体是对动作主体施加控制的控制方。在此基础上，对方法专利权利要求的单侧写撰写方式，则可以明确其实质上所需保证的是侵权主体的单一，即对权利要求中动作主体施加控制的控制方的单一，而无须针对各个方法权利要求均要求以单一的动作主体来进行描述。对于方法专利的侵权判定而言，不应将"使用专利方法"的侵权主体局限于动作主体在权属上的所有者，软件开发者或产品厂商通过发布软件以及产品配置，同样可以实现对方法专利权利要求中动作主体的控制，其行为同样应属专利侵权行为，也应当作为侵权主体承担对应的专利侵权责任。

5.2　多主体实施方法专利侵权探讨
——兼议 Akamai 案及西电捷通案

伴随着日益激烈的商业竞争，专利侵权诉讼也不断增多，其中通信、软件等领域的专利诉讼尤其增长明显，且在社会上引起广泛的关注。区别于机械和化学领域专利，电学领域的专利多以方法为保护核心，一般而言，一个方法通常涉及多个执行主体。我拟针对多执行主体的方法专利，结合美国 Akamai 案以及中国西电捷通案，就如何进行专利侵权判断进行分析和探讨。

5.2.1　多执行主体方法专利的概念

所谓多执行主体方法专利指的是在方法专利的权利要求中，存在多个由不同执行主体所执行的不同步骤。实际上，多执行主体方法专利所对应的是一种方法权利要求的撰写方式，在针对交互式的方法时，此种撰写方式并没有在方法执行主体上作特殊处理，而是仅依据该交互式方法的实际执行情况，采用多个执行主体执行不同步骤的撰写方式来体现该方法专利的保护范围，此种撰写方式通常又被称为多侧写的撰写方式。

由于专利方法中限定了多个执行主体执行不同的步骤，而依据专利侵权判断中的全面覆盖原则，只有侵权方执行方法专利中的所有步骤才构成侵权，造成对此种多侧写权利要求的专利侵权判定困难，这在中国和美国的专利侵权判定案件中都有所体现。

5.2.2 结合 Akamai 案的分析

1. 案情介绍

Akamai 案涉及多执行主体方法专利。针对 Akamai 案中的专利侵权问题，美国各法院前后历时 8 年进行多次审判。该案的审判过程中涉及直接侵权、间接侵权的判断问题。厘清美国法院对该案的审判过程，将对多执行主体方法专利侵权问题的分析起到帮助、借鉴作用。

Akamai 案涉及的专利为一种通过网络实现网络内容传送服务的方法，该方法能够快速基于用户的地理位置为用户提供相应的网页，从而为用户提供相应的网络服务。在该方法的实现过程中涉及两个执行主体，分别是网页提供者和网络内容传送者（即 Akamai 公司）。为了实现发明目的，网页提供者必须先对网页执行一个标记（tagging）步骤来修改网页内容的网络地址，从而使得可以基于对网页的标记识别出网页提供者希望网络内容传送者推送给消费者的内容，实现高效率的网络服务传送❶。

被告 Limelight 公司同样是网络内容传送者，该公司并没有执行上述"标记"的步骤，而是由网页提供者自行完成。除此之外，被告 Limelight 公司还执行了涉案专利方法中网络内容传送者所执行的所有步骤。2006 年，就上述专利，原告 Akamai 公司在美国地区法院起诉被告 Limielight 公司，认为被告行为构成直接侵权及间接侵权。

2. 案件审判过程

（1）地区法院的侵权判定思路

地区法院在审理该案的过程中，鉴于被告 Limielight 公司并未完整实施专利方法的各个步骤，并不满足专利侵权判断中的全要件规则（all-element rule）❷（类似于我国专利侵权判定中的全面覆盖原则），地区法院并未简单地依据常规的直接侵权判定方式进行侵权判定，而是依据美国在先判例中所体现的判决

---

❶ 唐艾斯. 美国方法专利的分离式侵权行为解读［EB/OL］.（2017-11-21）［2021-01-20］. http://www.iprdaily.cn/news_17345.html.

❷ 根据全要件规则（all-element rule），单一行为人必须亲自实施方法专利的所有步骤才构成直接侵权。参见唐艾斯. 美国方法专利的分离式侵权行为解读［EB/OL］.（2017-11-21）［2021-01-20］. http://www.iprdaily.cn/news_17345.html.

思路，考虑该案是否能适用于变形的直接侵权（有学者将此种侵权称为分离式侵权❶）。

①在先判例分析

地区法院所依据的在先判例中，考虑的是变形的直接侵权，在先判例中所体现的判定思路为：在侵权过程中，作为执行了专利方法部分步骤的被告，如果与执行该方法的其他执行主体之间存在某种关联关系，可以将其他执行主体的行为以归责的思路转移为被告执行，则可以依据该归责，视被告实施了方法专利的各个步骤，依据全要件规则进行专利侵权的判定。由于此种变形的直接侵权，所进行的"变形"是行为的转移，或可称此种变形的直接侵权为**行为转移的变形直接侵权**。

对于行为转移的变形直接侵权，判定的重点在于执行主体间"关联"关系的判断。在先判例 BMC 案对上述"关联"的判断标准进行了基础性的确定，该案确立以"控制及指导"标准作为"关联"的判断标准，BMC 案也由此成为**行为转移的变形直接侵权**的经典案例。该案所涉及的专利为一种支付方法，该方法的实施需要消费者、账单处理方以及金融机构配合完成。作为被告的 Paymentech 公司，实施了该方法中账单处理方所需执行的步骤。专利权方 BMC 公司为此发起专利侵权诉讼。在该案的判决过程中，美国联邦巡回上诉法院就何种情况下构成**行为转移的变形直接侵权**创立了一个特别的标准，即"控制及指导"标准❷。该标准强调只有在被控侵权人身为侵权行为的主脑（mastermind），而且控制或指导其他人来完成这个侵权行为❸，方可将其他人的行为归责于被控侵权人，并进而判定被控侵权人构成专利直接侵权。

后续在 Muniauction 案中，美国法院对 BMC 案所确立的"关联"的判断标

---

❶ 有观点认为，分离式侵权属于直接侵权分支的一种侵权责任类型，或者可以说是一种被控侵权的抗辩方式，主要是由两个或两个以上的主体分别实施专利方法的部分步骤，没有任何一个主体实施完整的专利方法，而是各主体实施的结果相加后落入争议专利的范围。参见：唐艾斯. 美国方法专利的分离式侵权行为解读 [EB/OL]. (2017-11-21) [2021-01-20]. http://www.iprdaily.cn/news_17345.html.

❷ 在某个主体"控制及指导"整个专利的实施，则会被视为实施整个专利，构成实质性直接侵权。参见：刘友华，徐敏. 美国专利方法拆分侵权认定的最新趋势 [J]. 知识产权，2014 (9)：90.

❸ 陈明涛. 云计算技术条件下专利侵权责任分析 [J]. 知识产权，2017 (3)：52.

准进行了进一步的澄清和发展。❶ 该案中，法院认为"控制及指导"的先决程度必须符合"在传统侵权法上足以判定被告侵权者为另一方的行为负替代责任"的情况，这可以说是要求多个不同行为人之间应具备所谓的"代理"（agency）关系。

②地区法院基于"关联"对 Akamai 案专利直接侵权的判断

回顾地区法院在美国联邦巡回上诉法院审判之前所作的专利侵权判定可见，地区法院基于被告 Limielight 公司并未对专利方法中的其他执行方即网页提供者进行"控制及指导"，确定被告与该方法的其他执行方之间并不存在"代理"关系，进而得出不能将整个专利方法的实施归责于被告的结论。❷ 在此基础上，地区法院认定即使是对于**行为转移的变形直接侵权**而言，被告的行为亦不构成侵权。

（2）美国联邦巡回上诉法院判决分析

美国联邦巡回上诉法院对该案共进行两次判决，其中，合议庭对于专利直接侵权的判定和地区法院的结论一致，在此不再赘述。需要引起关注的是美国联邦巡回上诉法院全席审判所作出的改判。

该改判判定被告的行为构成专利间接侵权中的引诱侵权。该判决回避地区法院所讨论的直接侵权问题，而是针对该案中多方执行的侵权形态采用专利间接侵权的思路来加以解决。该判决没有否认间接侵权需要以直接侵权成立为前提，但对专利间接侵权成立的前提条件进行了创造性的解读，强调专利间接侵权中的直接侵权并不要求必须由单一主体来加以实施。该判决对于直接侵权问题的回避以及上述对专利间接侵权成立要件的创造性解读方式，是该判决日后被美国联邦最高法院推翻的主要症结所在。

（3）美国联邦最高法院判决分析

针对该案，美国联邦最高法院推翻了美国联邦巡回上诉法院作出的结论，将该案发回美国联邦巡回上诉法院重审。

美国联邦最高法院指出，若专利方法的全部步骤无法归因于单一实体，则不成立直接侵权，无直接侵权则间接侵权不成立。美国联邦最高法院建议美国

---

❶ 刘友华，徐敏. 美国专利方法拆分侵权认定的最新趋势［J］. 知识产权，2014（9）：90.
❷ 陈明涛. 云计算技术条件下专利侵权责任分析［J］. 知识产权，2017（3）：52.

联邦巡回上诉法院适用专利直接侵权对该案进行考虑,而不是对间接侵权的成立要件加以修改。

从上述意见可以看出,美国联邦最高法院并不认同美国联邦巡回上诉法院对直接侵权判定的回避态度,更不赞同美国联邦巡回上诉法院判决中对间接侵权成立的前提条件的创造性解读。究其原因,美国联邦巡回上诉法院创造性的解读会导致某一执行方仅执行方法专利中的部分步骤的情况下,即使不具备和其他执行方的关联关系,亦可通过间接侵权的方式得出专利侵权成立的结论,显然,这是和专利侵权判定的全要件规则这一根本性原则相违背的。

(4)对该案最终判决的分析

在该案发回重审后,美国联邦巡回上诉法院重新作出全席判决,判定被告构成专利直接侵权。相比于之前地区法院得出的被告并不构成直接侵权的审判思路,该判决在进行变形的直接侵权的判定过程中,降低了有关侵权方对于方法其他执行方的"控制及指导"标准的要求,除了以代理或合同关系体现的"控制及指导",新增了如下的归责标准:当被控侵权人决定了实施专利方法步骤时的具体动作或是该动作的利益获得者时,并且建立了实施动作的方式或时间点时,可以认定直接侵权。

将该标准与"控制及指导"标准进行对比可以发现,"控制及指导"标准所指向的是行为人之间的控制及被控制关系,尽管强调的是执行主体之间的关系,但最终体现是某一执行主体与方法执行之间是否存在责任承担的因果联系;新增的标准其实是对上述实质内容更为直白的体现,该新增标准不再关注不同执行主体间的关系,而是直接关注某一主体是否与方法如何执行之间存在"决定"关系,此种"决定"关系的存在导致该主体应为其所决定的内容即专利方法负责,或者可以说应当为依其所决定内容所带来的不当获益负责。

3. 结合该案审判过程的引申分析

整体来看,美国各法院针对该案的历次判决都关系到直接侵权问题,而由于该案的实际特点,常规的直接侵权判定无法适用该案,要首先进行是否可以将其他行为归责于被告这一归责关系的判断,才能用常规的直接侵权判定中的全要件规则进行专利侵权判定。

在地区法院和联邦巡回上诉法院判决中所采用的归责思路不同。地区法院所采用的归责思路为通过判断不同行为执行者间的关系进行分析归责关系是否成立，而联邦巡回上诉法院所采用的归责思路则为分析行为执行者和方案间的关系来判断归责关系是否成立。二者殊途同归，都是一种对于被告是否应对整体方法负责的考虑，或者说是一种针对被告是否对于整体方法的实施即专利侵权存在故意的考虑。

需要注意的是，整个审理过程中，尽管强调直接侵权应以单一主体实施为要件，但并未限定不能以多个主体的具有意思联络的共同实施，来满足该单一主体实施的要件要求。事实上，如果多个主体相互之间具有针对侵权的意思联络，这些主体及其行为被视为一个整体在侵权判定中被加以考虑，这是共同侵权的基本原理。在该基本原理下，当多个主体之间具有针对侵权的意思联络时，在该侵权事件中，上述多个主体间通过意思联络构成一个侵权的整体主体，对于侵权行为的分析，以该整体主体的行为为对象加以分析，对于侵权责任，则由该整体主体整体承担。某种意义上来说，这也是另一种直接侵权的变形，只不过该变形是针对"单一主体"这一执行对象上的变形，将具有意思联络的多个主体所构成的整体主体同样视为单一主体，或者可以称为**主体扩张的变形直接侵权**。实际上，美国法院针对 Akamai 案的审理，仅涉及如前文所述的行为转移的变形直接侵权，并未针对**主体扩张的变形直接侵权**加以分析。事实上，该案中被告和方法其他执行主体之间并不存在针对侵权的意思联络，由此似乎也并没有讨论此种变形的直接侵权的必要。

需要强调的是，美国法院对于**主体扩张的变形直接侵权**并未将其排除在美国专利法第 271 条第 a 款所规定的直接侵权之外。实际上，美国联邦最高法院在该案是否构成间接侵权的判决意见中，仅仅是对联邦巡回上诉法院基于执行主体实施部分步骤就可判定直接侵权成立并进而得出间接侵权成立这一结论的否定，即对所谓"部分侵权"这一侵权判定方式的否定，美国联邦最高法院**对于是否基于意思联络形成由多执行主体共同实施的直接侵权，以及进一步基于该种直接侵权的存在是否能够判定间接侵权成立，并未加以阐述**。联邦巡回上诉法院基于美国联邦最高法院的判决意见，基于被告与专利方法之间是否存在"决定"关系所作出的直接侵权的判断，仍然是针对**动作转移的变形的直接侵权**的判断，但这并不能说明专利直接侵权的变形判断仅此一种形式。事实上，基于谁损害谁赔偿这一侵权判定的基本原理，行为转移的变形的直接侵权以及主体扩张的变形的直接侵权均具有合理性。同样，我国《民法典》中所规定的共同侵权原理也对后者给出了法律依据上的支撑。

下面要分析的西电捷通案中，即可采用该主体扩张的变形的直接侵权进行专利侵权的判断。

5.2.3 对比 Akamai 案，对西电捷通案的分析

1. 案情介绍

2015 年 7 月，西安西电捷通公司起诉索尼公司侵犯其"一种无线局域网移动设备安全接入及数据保密通信的方法"的专利（以下简称"涉案专利"）的专利权，要求索尼公司停止侵权并赔偿损失。

（1）专利方案介绍

涉案专利共有 14 项权利要求，原告西电捷通公司在该案中主张被告索尼公司侵犯其权利要求 1、2、5、6 所保护的技术方案，简化起见，我仅介绍其中的权利要求 1，该权利要求的内容为：

> 1. 一种无线局域网移动设备安全接入及数据保密通信的方法，其特征在于，接入认证过程包括如下步骤：
>
> 步骤一，移动终端 MT 将移动终端 MT 的证书发往无线接入点 AP 提出接入认证请求；
>
> 步骤二，无线接入点 AP 将移动终端 MT 证书与无线接入点 AP 证书发往认证服务器 AS 提出证书认证请求；
>
> 步骤三，认证服务器 AS 对无线接入点 AP 以及移动终端 MT 的证书进行认证；
>
> 步骤四，认证服务器 AS 将对无线接入点 AP 的认证结果以及将对移动终端 MT 的认证结果通过证书认证响应发给无线接入点 AP，执行步骤五；若移动终端 MT 认证未通过，无线接入点 AP 拒绝移动终端 MT 接入；
>
> 步骤五，无线接入点 AP 将无线接入点 AP 证书认证结果以及移动终端 MT 证书认证结果通过接入认证响应返回给移动终端 MT；
>
> 步骤六，移动终端 MT 对接收到的无线接入点 AP 证书认证结果进行判断；若无线接入点 AP 认证通过，执行步骤七；否则，移动终端 MT 拒绝登录至无线接入点 AP；

步骤七，移动终端 MT 与无线接入点 AP 之间的接入认证过程完成，双方开始进行通信。

由上述记载的内容可以看出，权利要求 1 保护的是一种移动设备接入局域网时的安全认证方法，该专利方法涉及多个执行主体，分别是移动终端、无线接入点以及认证服务器，且在权利要求中限定了这三个执行主体分别执行相应的操作及交互。由此可见，该权利要求属于多执行主体方法权利要求。

针对该权利要求所保护的技术方案，原告西电捷通公司认为被告索尼公司的行为构成直接侵权和间接侵权。

（2）原告、被告观点及判决

对于直接侵权，原告西电捷通公司认为被告索尼公司在被控侵权产品的设计研发、生产制造、出厂检测等过程中均需验证手机无线局域网鉴别与保密基础结构（WAPI）功能是否正常，以便确认能否通过工业和信息化部（以下简称"工信部"）入网检测，故在此过程中，被告必然要单独实施涉案专利。对此，被告索尼公司更多的是基于权利用尽原则进行反驳，而针对方法中不同执行主体所执行的动作均指向由被告单独执行并未进行有针对性的反驳。北京知识产权法院支持西电捷通公司的诉讼请求，认定被告索尼公司构成直接侵权。

对于间接侵权，原告西电捷通公司还认为索尼公司的行为构成专利帮助侵权，即作为一种必不可少的工具，被告索尼公司生产的涉案手机为他人实施涉案专利提供了帮助。对此，被告索尼公司认为其向用户提供手机的行为并不构成提供帮助的共同侵权，重点理由为直接侵权并不存在。北京知识产权法院支持原告观点，认定被告行为构成帮助侵权。

不难发现，针对间接侵权，被告的反驳重点也在于直接侵权不存在，其所依据的"间接侵权的成立应以直接侵权存在为前提"，既是我国《民法典》中共同侵权的基本原理，也同美国 Akamai 案中所体现的思路一致。这也成为业内结合 Akamai 案对该案的热议焦点。

2. 业内结合 Akamai 案对该案的相关看法

结合 Akamai 案的判决结果，业内有观点认为，西电捷通案中，被告索尼公司并未针对直接侵权的成立条件——单独主体实施方法中的所有步骤进行反驳，相当于对其在测试过程中作为单一主体实施方法所有步骤予以默认。而该默认导致直接侵权的成立，进而导致帮助侵权的成立。有人认为，被告的上述默认是判定其侵权的关键所在。甚至有人认为，如果被告没有进行上述默认，进一步结合 Akamai 案的审判思路，该案的剧情将产生如下反转：

如果被告索尼公司能够提供证据证明其并未作为单一主体完整地在测试过程中实施该方法中不同执行主体，即 MT、AP、AS 三者所执行的动作，那么，常规意义上的单一主体实施的直接侵权便不能成立。而结合 Akamai 案的审判思路，作为和 MT 相关的被告索尼公司，显然没有对无线接入点 AP 以及认证服务器 AS 的执行存在"控制及指导"，无法将 AP 和 AS 动作的执行归责于被告，因此，该案也并不会构成类似于 Akamai 案中的变形的直接侵权。当常规的直接侵权以及类似于 Akamai 案中变形的直接侵权均不能成立的情况下，基于间接侵权的成立应以直接侵权存在为前提，原告所诉间接侵权也应无法成立。

3. 我的观点

我认为，在西电捷通案中，被告对于其作为单独主体实施方法中的所有步骤的默认，并非是该案确定侵权成立的关键，即使被告对此不予默认甚至反驳，仍能基于直接侵权的另一种变形方式，判定变形的直接侵权成立，且进一步确定间接侵权成立。

（1）有关该案直接侵权的分析

①Akamai 案对西电捷通案中的直接侵权判定并无影响

我认为，在西电捷通案中，被告对于其是否作为单独实体实施专利方法所有步骤的默认与否，仅对于常规的直接侵权的判断具有决定意义；而对于变形的直接侵权的判断，尽管 Akamai 案中以上文所述的行为转移变形的思路进行了专利侵权的判定，且基于该思路难以在西电捷通案中判定类似的变形的直接侵权成立，但应该认识到的是，Akamai 案中所确定的直接侵权的变形判断方式，并不是专利直接侵权变形的所有变形可能。实际上，对于西电捷通案而言，依据我国《民法典》第 1168 条所规定的共同侵权规定，同样可以对专利直接侵权加以变形，并得出被告索尼公司构成直接侵权的结论。

《民法典》第 1168 条中规定，二人以上共同实施侵权行为，造成他人损害的，应当承担连带责任。此种侵权形态又被称为基于共同加害行为的侵权（以下简称"共同加害侵权"）。从法理上讲，共同加害侵权行为是单独侵权行为的扩张，在进行侵权判断时，将那些具有共同故意（意思联络）的数个加害人实施的行为评价为一个侵权行为，使各个加害人承担连带责任。

作为一种具体的侵权类型，专利侵权同样可以适用于《民法典》第1168条所规定的共同加害侵权，将专利侵权中的单独侵权行为扩张为共同加害侵权行为，即前文所述的**主体扩张的变形的直接侵权**。

②西电捷通案中有关"意思联络"的分析

基于共同加害侵权的判断原理，此种**主体扩张的变形的直接侵权**的核心构成要件要求为方法专利中不同步骤的执行者之间是否具有"意思联络"。如能确定该意思联络存在，且在满足共同加害侵权其他构成要件的情况下，则能将该多个执行者的行为作为一个整体行为，进而得出专利直接侵权成立的结论。而上述各个执行者构成共同加害人整体实施专利侵权行为，对于每个执行者而言，则分别应承担连带责任。

常规意义上，"意思联络"常以多方共同商议的方式出现，而在专利侵权中，由于专利所具有的技术性特点，"意思联络"在专利侵权判断中具有其独特的技术属性。对于西电捷通案而言，首先应当关注的是该案所保护的方法具体为一技术标准中的内容。技术标准基于多方的协商而产生，且采用该标准的各方都会依据该标准实施各自对应部分的方案。由此，对于标准实施的各方而言，其均基于共同的一个准则即标准实施其技术方案，从而以"标准"为纽带在各个行为人的行为之间建立起相互关联。各个行为人基于对标准的共同认识、共同遵从、共同实施，形成了相互间的意思联络。在西电捷通案中，被告索尼公司尽管没有实施专利方法中 AP、AS 所对应执行的步骤，仅实施 MT 一侧所执行的动作，但由于不论是 MT、AP 还是 AS，都是基于该方法所对应的标准分别实施各自步骤，因此，MT、AP、AS 的三个执行者之间具有意思联络，这三者所构成的整体行为落入专利保护范围中，构成专利侵权。而作为共同加害行为中的一员，MT 动作的执行者即被告索尼公司，则应承担专利直接侵权的连带责任。

上述直接侵权结论的得出，无须以被告承认其实施专利方法的所有步骤为条件，也无须依据 Akamai 案中所确定的"控制及指导"标准，而是一个基于共同加害侵权所得出的专利直接侵权判断。

（2）有关该案间接侵权的分析

对于间接侵权，我认为不论是基于我国共同侵权的基本原理要求，抑或是按照 Akamai 案中所体现的审判思路，均应按照间接侵权的成立应以直接侵权存在为前提这一原则来进行判断。但落实到西电捷通案中，应当注意到侵权场景的区别。

间接侵权应以直接侵权存在为前提，严格意义上来说，应该是指只有间接侵权导致对权利人权益的损害（存在直接侵权），才能判定间接侵权成立。这种相互间的因果关系使所谓的"以直接侵权存在为前提"中的"直接侵权"应该是和该间接侵权具有关联关系的直接侵权；反之，如果直接侵权与间接侵权相互独立，彼此之间并没有关联关系，即使该直接侵权与所谓的间接侵权都为同一行为人所为，也不应将该直接侵权作为间接侵权存在的前提加以考虑。

西电捷通案中就涉及该问题。应该注意到，北京知识产权法院所支持的原告的直接侵权请求，针对的是被告在进行手机测试场景下的侵权行为，而该案中的间接侵权，则是针对被告向用户提供手机并由用户实际使用手机实现 WAPI 功能这一手机使用场景而言的。由于这两个场景分属不同的"使用"阶段，两者完全没有关联，因此，手机使用场景下间接侵权成立与否，并不应以测试场景下直接侵权成立与否为条件加以判断。按此分析，被告索尼公司针对测试场景下其作为单独主体完整实施专利方法各个步骤的承认与否，并不会对间接侵权的成立与否造成影响。对于手机使用场景下的间接侵权判断，应该仍然以该场景为判断范畴，进行是否存在直接侵权的判断。

结合上文中有关西电捷通案直接侵权的分析，在手机使用场景下，MT 执行者与 AP、AS 执行者以共同遵循且实施的"标准"为纽带，相互之间形成意思联络，三者共同实施了专利所保护的方法，构成直接侵权。而对于共同加害的专利直接侵权中的一个执行者，用户又是基于被告索尼公司所提供的手机完成了技术方案的实施。在该用户作为共同加害侵权一员应承担连带责任的情况下，作为对该用户提供帮助的被告，在其行为满足帮助侵权其他构成要件要求的前提下，应构成间接侵权中的帮助侵权。

上述间接侵权的判断是在用户使用手机这一场景下进行的，没有也不应以手机测试场景下是否存在直接侵权作为该间接侵权判断的前提依据，因此，被告索尼公司针对其在测试过程中作为单一主体实施专利方法所有步骤的默认与否，对于该案中手机使用场景下的专利间接侵权成立与否并无影响。

5.2.4 小结

对于专利侵权的判断，应当依据专利法所确定的判断基准，即全面覆盖原则来进行，这是整个专利侵权判断的基础，不应动摇。同时应该认识到，对直接侵权的判定，可以以"控制及指导"所表明的"归责"思路，对专利直接侵权进行行为转移式的变形，将一些执行者所执行的专利方法中部分步骤转移视为被告执行，进而进行被告是否构成专利直接侵权的判断。此种变形的专利直接侵权的判断，在国外案件中已有体现，我国在司法实践中可审慎地加以利用。同时还应注意的是，《专利法》作为我国民法体系中的一员，还可以基于《民法典》中有关"共同加害"的规定，对专利直接侵权中所规定的执行主体进行扩张，将相互间具有意思联络的专利方法的多个执行主体作为一个整体，以该整体作为专利直接侵权判断中的所谓"单一主体"完成对专利直接侵权的判断。

在专利间接侵权的判断中，应当依从"间接侵权的成立应以直接侵权存在为前提"这一原则性要求，判断直接侵权是否存在。而在该判断直接侵权的过程中，应当注意所判断的"直接侵权"应当是与"间接侵权"具有关联关系的直接侵权。对和间接侵权分属不同场景并无关联关系的直接侵权，不应作为该间接侵权成立与否的前提条件被考虑。同时，对于作为间接侵权成立的前提条件的直接侵权的判断，同样不应拘泥于常规的直接侵权判断方式，对直接侵权的相关变形，也应在侵权判断中被考虑。

5.3 多主体实施方法专利侵权判定的情和理

2019年12月，最高人民法院知识产权法庭公布一起针对多主体实施方法专利的侵权判决❶，该判决认定方法专利中的一个执行主体所对应的产品提供商构成专利侵权。这一判决结果立刻在业内引起热议。引发热议的原因在于，这一判决结果貌似突破了传统的专利侵权判定方式，在一些人看来实属"意

---

❶ 深圳敦骏科技有限公司诉深圳市吉祥腾达科技有限公司，（2019）最高法知民终147号。

料之外"。再考虑到多主体实施方法专利普遍出现于通信、互联网等热点技术领域,这一判决结果更是引起人们的广泛注意和讨论。我认为,该判决貌似"意料之外",实则在"情理之中"。我结合上述判决结果,下面针对多主体实施方法专利侵权判定的"情"和"理"进行分析。

5.3.1 多主体实施方法专利侵权判定的"情"

多主体实施方法专利也称为多执行主体方法专利,由于该方法专利的权利要求中具有多个执行主体所执行的不同步骤,因此,在专利侵权判定中,被诉侵权方通常都会声称其作为该方法多个执行主体的其中之一,仅仅执行了该方法权利要求中的部分动作,并不满足专利侵权判定的全面覆盖原则,因而并不构成专利侵权。一旦被诉侵权方的上述理由成立,则会出现被诉侵权方通过其销售给用户的设备获利但并不构成专利侵权的情况。而对于多主体实施方法专利的专利权人而言,其手上徒有专利权,却并不能针对侵害其权益的被控侵权人有效行使权利,从而使该专利权成为一纸空文,这显然是不公平的。正如判决中所指出的那样,这种不公平使专利权人的合法权益无法获得保护,影响了通信领域的可持续创新和公平竞争。这将导致无法实现《专利法》规定的"保护专利权人的合法权益,鼓励发明创造,促进科学技术进步和经济社会发展"这一立法宗旨,无法实现专利法的立法"情怀"。判决在进行专利侵权判定时考虑到这一"情怀"因素,而这一"情"的因素也是多主体实施方法专利侵权判定中所应考虑的。

多主体实施方法专利侵权判定被人们广泛关注,很重要的原因在于这样的方法专利为数众多。从领域上来看,作为当前的热点技术领域——通信、互联网领域的方法专利绝大多数涉及多个主体间相互交互的方法。针对这样的方法,正如判决中指出的那样,往往只能撰写为需要多个主体的参与才能实施的方法专利❶。如果这样的方法专利都会如上文所分析的那样在侵权诉讼中无法发挥效力,那么,大量现存专利的价值将大打折扣,专利权人之前在技术研

---

❶ 当然,交互类的方法专利也可以只以一个执行主体来描述该方法的整体方案(单侧写),而即使这样描述出来,也会使方法权利要求变得非常晦涩难懂。同时,单侧写的撰写方法只是近几年的新产物,许多专利权人在几年前申请的专利方法权利要求采用的仍然是多侧写的撰写方式。

发、专利申请上所进行的投入也都将付之东流。这是多主体实施方法专利侵权判定被专利申请人广泛关注的原因，同时也是进行该判决时理应考虑的实际情况。这是多主体实施方法专利侵权判定所应考虑的第二个"情"。

针对多主体实施方法专利在专利侵权判定中无法有效发挥作用的情况，有观点认为，这是专利申请过程中权利要求撰写失误所导致的，由此产生的不利后果理应由专利权人来承担。我认为，如能正确认识专利的内涵，即专利的"实情"，则能发现上述观点有失偏颇。专利尽管采用文字来表达其权利范围，但其本质仍然是一个技术方案。所谓权利要求的单侧写或多侧写❶撰写方式，只是针对同一个技术方案的不同表述方式而已。在专利侵权判定中，文字表达仅是用以确定技术方案实质内容的工具，技术方案本身才是核心内容。如果针对同一个技术方案，采用单侧写就能够判定构成专利侵权，而采用多侧写就不能判定专利侵权成立，这种重表达、轻实质的方式显然是本末倒置的，这将使专利从一个以法律术语表现的技术方案，被错误地转变为纯粹的文字游戏，也和专利法保护技术创新的本质是相悖的。由此，在多主体实施方法专利的侵权判定中，应该考虑专利的技术本质，避免陷入文字游戏的误区，以专利的"实情"来完成侵权判定。这是多主体实施方法专利侵权判定中所应考虑的第三个"情"。

综上所述，对于多主体实施方法专利侵权判定而言，应当从《专利法》的立法"情怀"出发，考虑通信、互联网领域的专利申请实际情况，结合专利的本质是技术方案这一实情，在全面覆盖原则的基础上进行判断。

5.3.2 多主体实施方法专利侵权判定的"理"

多主体实施方法专利侵权判定除了要考虑上述的"情"，当然必须依照"理"来进行，应该按照《专利法》第11条有关专利侵权的相关规定，严格遵循全面覆盖原则来进行专利侵权判定。下面结合判决，就多主体实施方法专利的侵权判定的"理"进行分析。

---

❶ 多侧写的撰写方式即是在方法专利的权利要求中，以多个执行主体执行不同动作的方式来描述其所要保护的方法。由于在权利要求中出现方法交互中不同"侧"设备所执行的动作，又被称为"多侧写"。

1. 有关侵权主体

（1）产品提供商作为侵权主体的困难所在

针对方法专利侵权，《专利法》第 11 条规定，任何单位或者个人未经专利权人许可，都不得实施其专利，即不得为生产经营目的制造、使用、许诺销售、销售、进口其专利产品，或者使用其专利方法以及使用、许诺销售、销售、进口依照该专利方法直接获得的产品。结合上述规定，抛开多实施主体方法专利中实施主体数量为多个这一因素不谈，仅是相关被控侵权对象的行为是否构成对于方法专利的"使用"，从而是否能够成为专利的侵权主体，就给专利侵权判定造成不少困难，而这一困难往往是由于对专利方法的使用主体的错误以及片面理解所造成的。

通信、互联网领域的技术方案往往涉及终端、服务器等设备，其方法专利权利要求的撰写往往也会以这些设备作为执行主体来进行描述。实际中，针对终端以及服务器的使用往往是由用户或者运营商来进行的，对于用户而言，其使用行为多数并不以生产经营为目的，因此，难以判定用户的行为构成专利侵权；而作为使用服务器的运营商，其行为尽管是以生产经营为目的的，但由于其通常是专利权人的实际客户或潜在客户，通常无法也不会作为被控侵权对象。专利权人发起侵权诉讼的被控侵权方通常为产品提供商，但产品提供商通常会辩称其仅仅提供产品，并未执行专利方法中的动作，其行为并不构成对于方法专利的"使用"，因而并不是方法专利的侵权主体。然而如前文分析的那样，不论从利益的角度还是从竞争需要的角度来看，产品提供商都是专利权人在专利侵权诉讼中的首选被控侵权对象，如果基于产品提供商的上述理由而无法以其作为侵权主体来判定专利侵权，专利权人的侵权诉讼目标将无从实现。为此，专利权人曾尝试采用两种变相方式来实现以产品提供商作为侵权主体发起侵权诉讼。一种方式是通过帮助、教唆侵权来实现将产品提供商作为专利侵权的侵权主体。但此种方式要求产品提供商所提供的产品为实现方法专利的专用品，或者有明确的证据证明产品提供商教唆用户实施方法专利侵权。仅就"专用品"这一要求来说，实际上用该标准来判定构成帮助侵权就十分困难。所谓"专用品"要求该产品仅具有实现方法专利的功能。正如判决中所指出的那样，他人很容易将一个专用于实现专利功能的产品上集成其他功能模块，从而使其产品成为非专用品，由此使基于"专用品"而判定产品提供商构成帮助侵权十分容易被规避。另一种方式是，以产品提供商针对其产品所进行的测试行为，来实现将产品提供商作为侵权主体判定其构成专利侵权。但是，正如判决所指出的那样，"仅认定被诉侵权人在测试被诉侵权产品过程中实施专利方法构成侵权，不足以充分保护专利权人的利益，因为该测试行为既非被诉侵权人获得不当利益的根本和直接原因，也无法从责令停止测试行为来制止专利方法遭受更大规模的侵害"。

那么，难以以产品提供商作为被控侵权主体来有效维护专利权人的权益吗？情况并非如此。实际上，产品提供商对于产品的配置行为就是对方法专利的"使用"，产品提供商由此即是方法专利的侵权主体。产品提供商声称其并未"使用"专利方法，实际上是对《专利法》第11条"使用专利方法"中的"使用"进行片面性解读的结果。

(2)"使用专利方法"中的"使用"应当包括对产品的配置、应用

对"使用"的片面性解读是将"使用"限缩解读为仅是"执行"。我们应该认识到，"使用"原属于上位概念，"执行"只是该上位概念的一个具体实现形式而已。首先，我们能从辞典对于"使用"的解释中得到验证。《现代汉语词典（第7版）》对"使用"的解释为：使人员、器物、资金等为某种目的服务。❶ 从上述解释可见，"使用"在动作层面的含义则是一种"服务"，通过各种形式所实现的"服务"均应在"使用"的含义范畴之内，而不应仅仅限缩于"执行"。其次，在相关司法解释中，实际上也并未将"使用"限缩解读为仅是"执行"。《最高人民法院关于审理侵犯专利权纠纷案件应用法律若干问题的解释》第12条第1款规定，"将侵犯发明或者实用新型专利权的产品作为零部件，制造另一产品的，人民法院应当认定属于专利法第十一条规定的使用行为……"该司法解释将以专利产品作为零部件来制造另一产品的制造行为同样视作"使用"行为，该制造行为显然并非是产品的运行、执行，而是一个对于产品的"应用"行为。在现行的司法解释中，"使用"也并非仅是"执行"这一唯一的下位含义。

实际上，"使用专利方法"中的"使用"除了包括"执行"这一含义，同

---

❶ 中国社会科学院语言研究所词典编辑室. 现代汉语词典［M］. 7版. 北京：商务印书馆，1190.

样也具有"应用、配置"的含义。这从以下两个方面能够得到支持。

从专利权的法律属性来看，专利权属于财产权，这一财产权借助于《专利法》第 11 条为专利权人所提供的垄断性经营权得以实现。显然，"经营"的手段各式各样，对于专利方法这一知识产品而言，对其最直接的经营方式是将该方法应用或配置于相应的硬件产品中供使用者使用，从而通过提高产品功能的方式来获取利润。当以垄断性经营权为视角来理解方法专利侵权中的"使用"时，"使用"作为经营权的具体实现不但包括"执行"，还应包括上述"应用或配置"。

从权利发挥的作用来看，知识产权在一般意义上被视为支配权。[1] 支配权者，直接对于权利之标的，得为法律所许范围内之行为的权利也。支配权概有排他性，即使他人不得为同一行为也。[2]《专利法》第 11 条所规定的内容即是专利权作为支配权的排他性的具体体现。作为方法专利的专利权人，其在"法律所许范围内之行为"当然包括将专利方法配置、应用于相应的硬件产品上来加以使用。相应地，在《专利法》第 11 条所规定的他人不得为的同一行为，自然也应包括该行为。由此，《专利法》第 11 条中针对专利方法的"使用"，从专利排他属性来看，也自然应该包括"应用、配置"这一含义。[3]

基于上述分析，《专利法》第 11 条中有关"使用专利方法"中的"使用"也应包括将专利方法在产品上予以"应用、配置"的行为，在此情况下，产品提供商正是进行了此种行为，构成了对专利方法的"使用"，故而可以将产品提供商作为方法专利的侵权主体。事实上，判决对此进行了清晰的说明。判决指出："如果被诉侵权行为人以生产经营为目的，将专利方法的实质内容固化在被诉侵权产品中，该行为或者行为结果对专利权利要求的技术特征被全面覆盖起到了不可替代的实质性作用，即终端用户在正常使用该被诉侵权产品时就能自然再现该专利方法过程的，则应认定被诉侵权行为人实施了该专利方法，侵害了专利权人的权利。"

---

[1] 王宏军. 论作为排他权与支配权的知识产权 [J]. 知识产权, 2007 (5): 9.
[2] 史尚宽. 民法总论 [M]. 北京: 中国政法大学出版社, 2000: 25.
[3] 王宝筠, 那彦琳. 对方法专利侵权中"使用"的意思考 [J]. 中国发明与专利, 2018 (7): 83–87.

2. 有关是否构成全面覆盖的判断

全面覆盖原则无疑是专利侵权判定必须遵循的判定原则。全面覆盖原则要求被控侵权方只有在实施方法专利独立权利要求中的所有动作时才构成侵权，而对于多主体实施方法专利而言，其方法专利中涉及多个执行主体，造成被控侵权方多会声称其仅仅和方法中的某一执行主体相关，并未执行方法专利中的所有动作，因此并不构成专利侵权。在判决所涉及的侵权诉讼中，被控侵权方即以此为由辩称其行为并不构成专利侵权。

我认为，被控侵权方的上述观点，其实是混淆了方法专利中的执行主体和侵权主体的概念，在正确区分这两个概念的基础上，如果侵权主体（被控侵权方）实现了"控制"方法专利中多个执行主体完整实现方法专利权利要求的技术方案，则侵权主体的行为符合全面覆盖原则的要求，构成专利侵权。

（1）侵权主体和执行主体的区分

应该认识到，执行主体只是方法专利权利要求所保护的技术方案中的动作主体，而侵权主体则是对该技术方案的使用方，该使用方当然不是动作主体，而是动作主体的控制方。下面不妨以一个简单的例子来说明这一问题。设想一个方法专利涉及由基站、网关等设备所实现的方法，在该方法中分别以基站、网关作为主语来描述其所执行的动作，这些设备是该方法中所包括的动作的执行主体。在专利侵权诉讼中，当然不会以基站、网关这样客观的实体设备来作为侵权主体。即使是将"使用专利方法"中的"使用"片面地解读为"执行"，在侵权诉讼中，也会以基站、网关的运行方即网络运营商，来作为侵权主体。实际上，网络运营商本身也并未作为方法专利中的动作主体来执行方法专利中的动作，其之所以被作为侵权主体是因为基站、网关这些设备是在网络运营商的控制下运行的设备。由此可见，方法专利中的执行主体和侵权主体并非同一概念，方法专利中的侵权主体实际上是执行主体的控制方，而这种"控制"不但可以是如前文所述场景中的基于权属关系的"控制"，也可以是一种基于技术配置所实现的"控制"。

由于方法专利保护的是由多个动作所构成的技术方案，因此，前文所提到的"控制"实际上是对动作的控制。对于产品提供商而言，其为了向用户提供能够实现专利方法的产品，往往会在该硬件产品的制造过程中，将该专利方法所对应的功能配置于其硬件产品中，该产品的购买者利用该产品执行该专利方法的相应动作。产品提供商对于其生产的硬件产品的配置,其实是对硬件产品如何动作的一个预先控制,硬件产品最终在购买者支配下所执行的动作,究其根源都是在产品提供商的控制下进行的,而购买者在此过程中往往只起到一个指令触发或者提供例如电力等辅助支持的作用,从对动作实施的"控制"的角度来说,产品提供商对于作为动作主体的硬件产品的动作的控制,相比于购买者基于权属关系所形成的控制更为直接且根本。❶ 由此,产品提供商对于硬件产品的配置,也应被认为是实现产品提供商对作为方法专利动作主体的硬件的"控制"方式之一。

(2) 基于侵权主体"控制"执行主体来实现使用专利方法,判断方法专利是否被完整使用

基于上述分析可见,产品提供商实际上是以对产品进行功能配置,得以"控制"方法专利中的执行主体执行相应的动作,从而实现在产品提供商的"控制"下"使用专利方法"。这种"使用专利方法"和网络运营商基于其对所拥有的设备的"控制"而实现的"使用专利方法"本质上并无不同。在以全面覆盖原则分析被控侵权方是否构成专利侵权时,自然应该关注其行为是否实施了专利的所有动作,对于方法专利而言,则是要关注侵权主体是否"控制"了方法专利中的执行主体执行了方法专利权利要求中的所有动作。对多主体实施方法专利而言,当这一"控制"是基于设备的权属关系实现时,则只要多个执行主体都隶属于同一侵权主体,该侵权主体基于对多个执行主体的"控制",实施了方法专利的所有动作,即可判定构成专利侵权。在当这一"控制"是基于对产品的功能配置实现时,如果产品提供商通过对其产品的功能配置,就足以使方法专利中的多个执行主体在该配置下得以执行方法专利中的所有动作,那么,产品提供商通过其对产品的配置,实现了"控制"方法专利中各个执行主体执行方法专利中的所有动作,满足全面覆盖原则的要求,产品提供商"控制"专利方法实施的行为构成专利侵权。

结合上述分析,再回到最高人民法院判决所对应的方法专利,判定产品提供商构成专利侵权就不难理解了。在该案中的方法权利要求中,涉及接入服务器以及用户设备两个执行主体,其中,权利要求的步骤A、步骤B的动作执行

---

❶ 王宝筠. 方法专利的侵权主体问题探讨 [J]. 中国发明与专利, 2018 (11): 80-84.

主体为接入服务器（步骤 B 中的"虚拟 Web 服务器"是由接入服务器高层软件的模块来实现的，因此，其属于接入服务器的一部分，故步骤 B 的执行主体也是接入服务器），步骤 C 的执行主体是用户设备。该方法权利要求所对应的技术方案可以参照图 5-1。

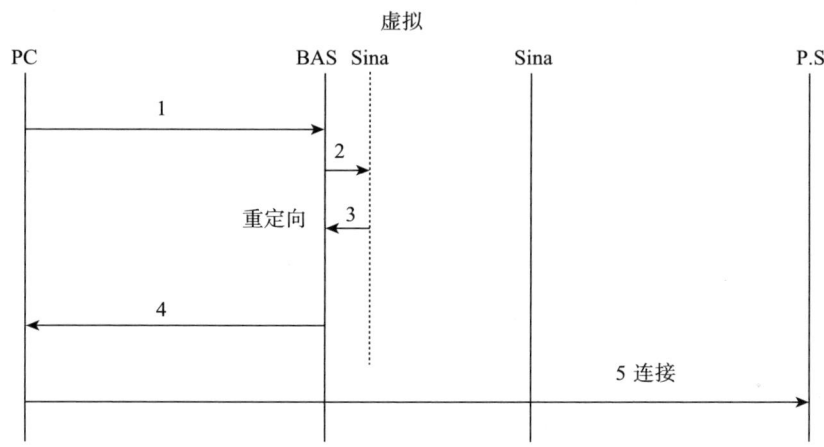

图 5-1 判决中方法权利要求对应的技术方案

尽管在该方法专利权利要求中涉及两个执行主体，但经过分析不难发现，要想实现该专利方法，仅需对接入服务器进行相应的配置，使其具备方法专利中步骤 A、步骤 B 的相应功能即可，而一旦对接入服务器进行这样的配置，当接入服务器按照该配置执行步骤 B 后，用户设备自然也会在收到报文后执行方法专利的步骤 C，并不需要对用户设备进行特别的配置。由此，通过对接入服务器的配置，即可实现控制"接入服务器""用户设备"按照方法专利所限定的技术方案来执行相应的动作，对接入服务器的配置实现了"控制"方法专利中各个执行主体完整的执行方法专利的所有动作，满足专利侵权判定全面覆盖原则的要求，因此，对接入服务器进行配置的产品提供商通过对产品的"配置"实现了"控制"方法专利的完整实施，构成专利侵权。

（3）针对判决中"实质性不可替代作用"的分析

判决中是以"对专利权利要求的技术特征被全面覆盖起到实质性作用"来表述的。在判决中指出："被诉侵权产品是具备了可直接实施专利方法功能的路由器。网络用户只需要在正常的网络环境下，利用具备上网功能的普通电脑，除了必须借助被诉侵权产品之外，无须再借助其他专用装置或依赖其他特殊网络条件，就能完整地实施涉案专利方法，故被诉侵权产品对于实施涉案专利要求保护的方法具有实质性作用。"在上述判决内容中，特别强调了无须借助于其他专用装置或特殊网络条件，实际上指明在该案中仅需针对接入服务器进行配置即可，而在实施此种配置的情况下，专利方法又能够完整地得以实现，从而使产品提供商通过判决中所指出的"实质性"作用，得以控制方法专利的完整实现，满足专利侵权判定全面覆盖原则的要求，构成专利侵权。

我们注意到，判决中提及的被诉侵权产品的作用既是"实质性"的，也是"不可替代"的。如我之前所分析的那样，"实质性"是在分析单一侵权主体的行为是否能够达到全面覆盖原则的要求，那么，"不可替代"对应于专利侵权判定的什么内容呢？我认为，判决中对"不可替代"作用的分析，实际上是专利侵权判定中技术特征的比对过程。判决中针对"不可替代"作用的分析中指出，被诉侵权产品之所以能够用于实现与涉案专利方法相同的强制Portal过程，正是因为其内部也设置了与涉案专利完全相同的虚拟Web服务器，因此，除了专利权人授权的产品之外，被诉侵权产品在再现涉案专利方法的过程中不可替代。在上述分析中，指明了被诉侵权产品与涉案专利的虚拟Web服务器完全相同，从而完成了被诉侵权产品的功能配置与涉案专利中的技术特征的比对，而该分析所得出的"除了专利权人授权的产品之外，被诉侵权产品不可替代"这一结论，则通过方法专利所对应的产品和被诉侵权产品之间的"不可替代"关系，体现出被诉侵权产品和实现方法专利所对应的产品之间完全相同这一事实。

综上所述，判决中针对被诉侵权产品的"实质性"作用分析，解决了全面覆盖原则下是否由单一侵权主体"控制"方法专利完整实施的问题，而"不可替代"作用的分析，则实现了针对被诉侵权产品的配置内容与方法专利中的相应技术特征的技术比对。基于判决的上述分析，在由被控侵权方对于其所提供的设备进行了与方法专利中相应技术特征完全相同的对应配置后，基于该配置，该被控侵权方得以作为单一侵权主体"控制"整个方法专利的完整实施，自然也就能够得出该被控侵权方构成专利侵权的结论了。

（4）有关判决是否违反全面覆盖原则

有观点认为，最高人民法院针对多主体实施方法专利，判定其中的某一执行主体的产品制造商构成专利侵权，这实际上违反了全面覆盖原则的要求，进而有可能造成多余指定原则的沉渣泛起。我认为，此种观点并不正确。

所谓多余指定原则，是指在专利的独立权利要求中，除了记载用于实现发明目的的必要技术特征之外，还记载了对于实现发明目的而言并非必不可少的非必要技术特征，这样的非必要技术特征即所谓"多余"。采用多余指定原则进行专利侵权判定，即使被控侵权方仅实施了专利权利要求中的必要技术特征，而没有实施非必要技术特征，也会被判定为构成专利侵权。这种判定方式由于背离了全面覆盖原则的要求，已经被业内所摒弃。

那么，最高人民法院的上述判决是否有"多余指定原则"之嫌呢？答案是否定的。尽管从表象上来看，针对涉及多个执行主体的方法专利，判决判定其中一个执行主体所对应的厂商构成专利侵权，但结合判决中的内容以及我的相应分析都可以发现，该判决的结论是严格依照全面覆盖原则而得出的。具体而言，该判决没有像多余指定原则那样，忽视掉方法专利独立权利要求中的任何技术特征，而是通过前文所述的针对被诉侵权产品"实质性作用"的分析，指明了仅需借助被诉侵权产品即可完整实施涉案专利方法这一事实。简言之，判决并未将方法专利独立权利要求中的任何技术特征"多余指定"掉，仍然是以方法专利独立权利要求中所有技术特征为侵权判定的比对对象来完成的侵权判定，这和多余指定原则中以独立权利要求中的部分技术特征作为侵权判定的比对对象来进行侵权判定，是具有本质性的区别的。

结合上述分析可见，最高人民法院知识产权法庭针对多主体实施方法专利的侵权判决，从实际情况出发，以《专利法》第11条的规定为基础，严格按照全面覆盖原则来进行，其判定过程及判定结论合情合理。

练 习

之前我们讲解了专利权利要求及说明书的撰写，在此提供一个技术方案，供读者练习权利要求的撰写。如果练习中遇到问题，或者希望就练习的文本和作者进行沟通，可以发送邮件至 yiqixuexiezhuanli@163.com。

该技术方案是一种实现短消息转移的方法。

发明人提出，在现有技术中，基于移动智能网可以为用户提供短消息业务，其流程包括：移动交换中心（MSC）接收主叫方向被叫方发送的短消息，转发至短消息中心（SMMC）；短消息中心根据已配置的数据（如号段与业务控制点对照表）进行匹配，选择特定的业务控制点发送鉴权请求消息；业务控制点对主被叫方进行鉴权，并下发鉴权响应消息至短消息中心；如果鉴权通过，则由短消息中心将短消息下发至被叫方。

发明人发现，当人们忘带手机或者手机没电的情况下，需要实现短消息的转移，即，将向被叫用户手机所发送的短消息，转移至另一部手机上。

在公开日为 2002 年 11 月 13 日、申请号为 01111100 的中国发明专利申请中，公开了一种实现短消息转移业务的现有技术。参见图 1，该现有技术的实现流程包括：被叫用户移动终端所对应的被叫业务交换点（T-MSC）向被叫业务控制点（T-SCP）提交短消息，如果该短消息属于需要转移的短消息，该业务控制点即启动被叫用户设置的短消息转移业务，将对应的目的用户号码或者短消息中心地址返回给该业务交换点，从而影响所述业务交换点的处理流程，将短消息发给最终的移动台（MS2）、电子邮箱或者短消息中心。

发明人指出，该现有技术虽然能够实现短消息转移，但其有一些不足之处。首先，该现有技术需要对已有的移动网络进行相当大的改造，其成本较高且造成现有资源的浪费。由于需要由被叫业务交换点向被叫业务控制点提交短

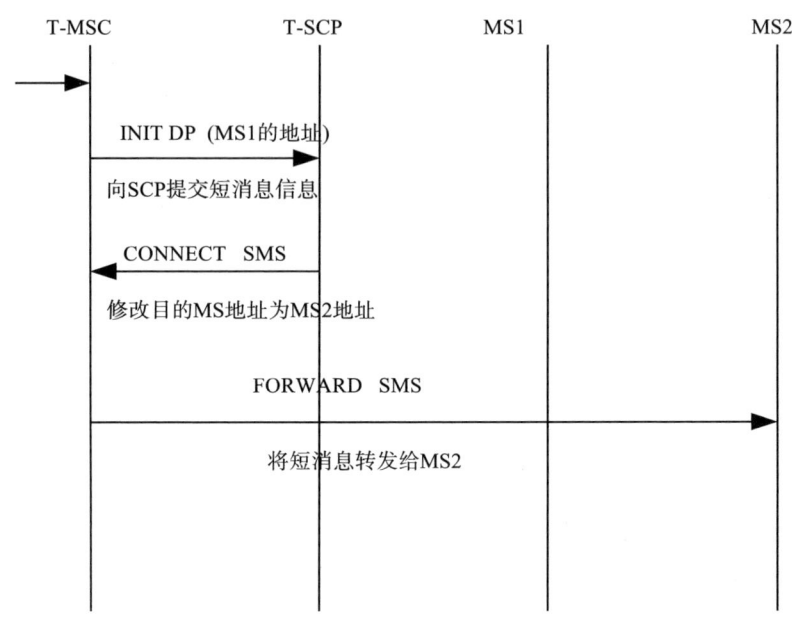

图1

消息，由业务控制点启动消息转移业务逻辑，因此改变了已有短消息业务的处理流程，而业务交换点一般设置在移动交换中心，因此需要对业务控制点、业务交换点、移动交换中心以及短消息中心进行改造。由于业务控制点需要额外单独通过消息将对应的目的用户号码或者短消息中心地址返回业务交换点，因此需要修改业务控制点与业务交换点之间的协议，而业务控制点与业务交换点之间为7号信令网连接，因此需要对7号信令网进行扩展。该现有技术在已有短消息业务的处理流程的基础上，需要在接收端额外增加对短消息转移的处理，处理过程相当复杂。

发明人还指出，另一种实现短消息转移业务的方法是：在短消息中心登记用户的短消息转移数据，从而当短消息中心收到短消息后将被叫号码转换成转移的号码，并结合该号码进行对应的手机寻址。但是，该方法的缺陷更为严重：短消息中心的处理能力是有限的，而且，将智能网上用户设置的转移信息数据备份到短消息中心，难免产生数据的不一致，而且数据的维护较为不便。

发明人为了解决如上提及的问题，提出了本发明的技术方案。本发明在移动智能网已有短消息业务的基础上实现，对网络需要进行的改造比现有技术小，可以节约成本，在实现过程中，本发明只需在鉴权时启动短消息转移业务逻辑，并且在下发鉴权响应消息时进行被叫改号，处理过程比现有技术简单。

具体来说，发明人提供了本发明的两个具体实现方案。

在以下实施例中，第一移动终端为发送短消息的主叫移动终端，第二移动终端为短消息原本预期要发送到的被叫移动终端，第三移动终端为短消息转移业务所设定的转移移动终端，在被叫用户开启短消息转移业务的情况下，第一移动终端发送给第二移动终端的短消息，将被转发至第三移动终端。

图2所示为本发明的第一个实施例。

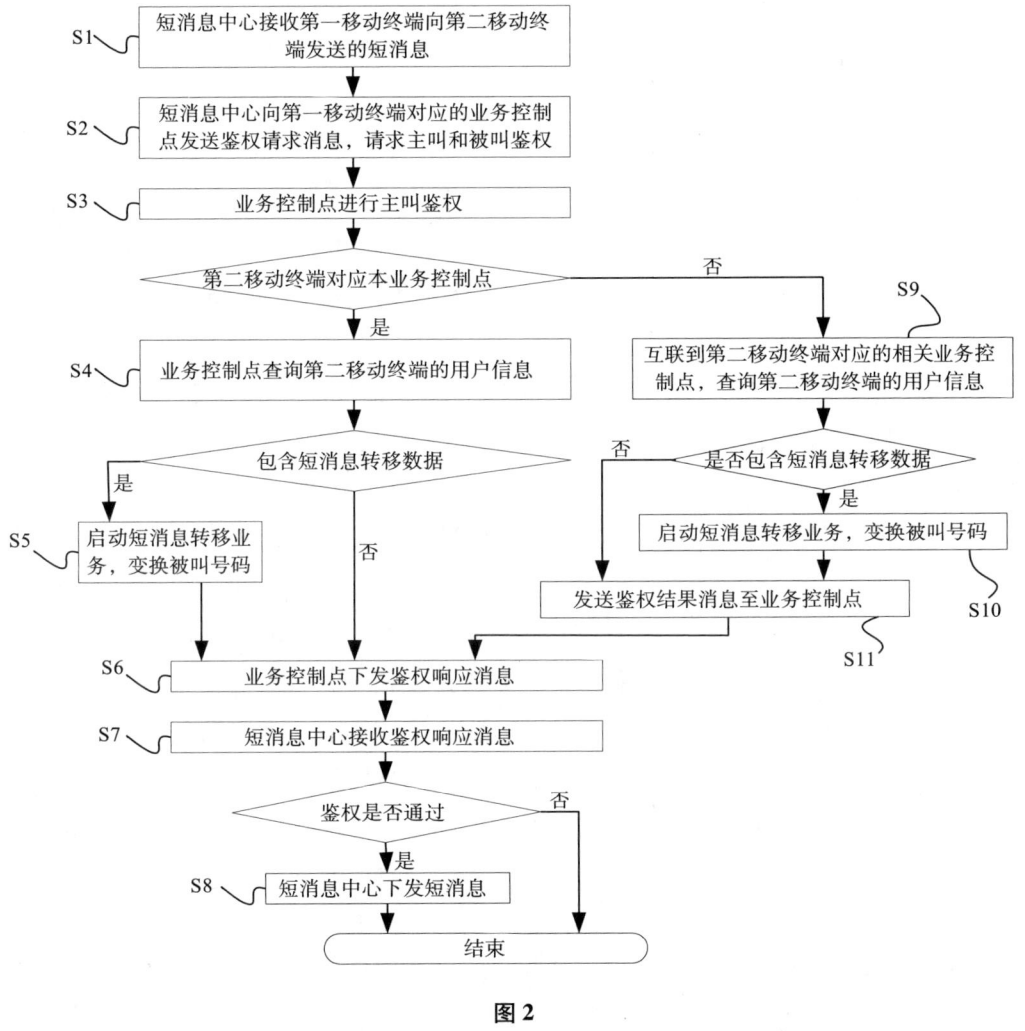

图2

在步骤 S1 中，短消息中心通过移动交换中心接收第一移动终端向第二移动终端发送的短消息。

在步骤 S2 中，短消息中心结合第一移动终端的号码，进行号段匹配，选择与所匹配的号段相应的主叫业务控制点，即，第一移动终端归属的业务控制点，发送鉴权请求消息，请求该业务控制点进行主叫和被叫进行鉴权。

在步骤 S3 中，第一移动终端归属的业务控制点进行主叫鉴权，并判断第二移动终端是否也归属该业务控制点。在本步骤中，第一移动终端归属的业务控制点比较第一移动终端和第二移动终端的号段，以判断第二移动终端是否也归属于本主叫业务控制点。

如果判断结果为"是"，则执行步骤 S4 及其后续步骤，如果判断结果为"否"，则执行步骤 S9 及其后续步骤。

在步骤 S4 中，第一移动终端归属的业务控制点进行被叫鉴权，并且，该第一移动终端归属的业务控制点直接在本地数据库查询第二移动终端的用户信息，判断查询到的第二移动终端的用户信息是否包含短消息转移数据，如果是，则说明被叫被叫用户开通了短消息转移业务，进入步骤 S5；如果否，直接进入步骤 S6。

在步骤 S5 中，第一移动终端归属的业务控制点启动短消息转移业务逻辑，将被叫号码从第二移动终端的号码转换成对应的转移号码，即第三移动终端号码。

在步骤 S6 中，第一移动终端归属的业务控制点下发鉴权响应消息给短消息中心。

在步骤 S7 中，短消息中心接收鉴权响应消息，结合鉴权响应消息判断主叫鉴权和被叫鉴权是否通过，如果是，则进入步骤 S8；如果否，则结束流程。

在步骤 S8 中，短消息中心根据被叫鉴权响应消息中所携带的被叫号码，通过归属位置寄存器查询第二或第三移动终端的位置信息，通过移动交换中心下发短消息至第二或第三移动终端。其中，当第二移动终端所对应的被叫用户开通了短消息转移业务时，由于被叫鉴权响应消息中所携带的是转换后的被叫号码，即第三移动终端的号码，因此，短消息中心会根据该第三移动终端的号码将短消息发送给第三移动终端，从而实现短消息的转移；当被叫用户没有开通短消息转移业务时，短消息中心则会按照正常的短消息发送流程，在鉴权通过后，根据第二移动终端的号码将短消息发送给第二移动终端。

在步骤S3中判断第二移动终端并不归属于主叫业务控制点时，执行步骤S9及其后续步骤：

在步骤S9中，第一移动终端归属的业务控制点互联到第二移动终端归属的业务控制点，以查询用户信息。

所述互联的具体流程是：第一移动终端归属的业务控制点检索号段与业务控制点对照表，得到第二移动终端归属的业务控制点号，建立到第二移动终端归属的业务控制点的7号信令网连接，并将鉴权请求通过信令发送给第二移动终端归属的业务控制点；所述第二移动终端归属的业务控制点进行被叫鉴权，以及，在数据库查询第二移动终端的用户信息，判断查询到的第二移动终端的用户信息是否包含短消息转移数据，如果是，则说明被叫设置了转移，进入步骤S10；如果否，进入步骤S11。

在步骤S10中，第二移动终端归属的业务控制点启动短消息转移业务，将被叫号码，即第二移动终端号码，变换成对应的转移号码，即第三移动终端号码，并接入步骤S11。

在步骤S11中，第二移动终端归属的业务控制点将被叫鉴权响应消息返回第一移动终端归属的业务控制点，并继续执行步骤S6，在步骤S6中，第一移动终端归属的业务控制点将接收到的被叫鉴权响应消息并发送到短消息中心，然后继续执行步骤S6的后续步骤。

图3所示为本发明的另一实施例。

在图3所示的实施例中，首先，实施步骤D1，短消息中心通过移动交换中心接收第一移动终端向第二移动终端发送的短消息。

在步骤D2中，短消息中心基于短消息中所携带的主叫号码和被叫号码，根据短消息中心的已配置的数据（主叫号段、被叫号段）进行匹配，选择第一移动终端对应的业务控制点（即主叫业务控制点）发送主叫鉴权请求消息，请求该业务控制点进行主叫鉴权；短消息中心选择第二移动终端对应的业务控制点（即被叫业务控制点）发送被叫鉴权请求消息，请求该业务控制点对被叫进行鉴权。

步骤D3，第一移动终端对应的业务控制点收到短消息中心的鉴权请求消息后，触发业务，进行主叫鉴权，包括一般的预付费鉴权和短消息鉴权，并向

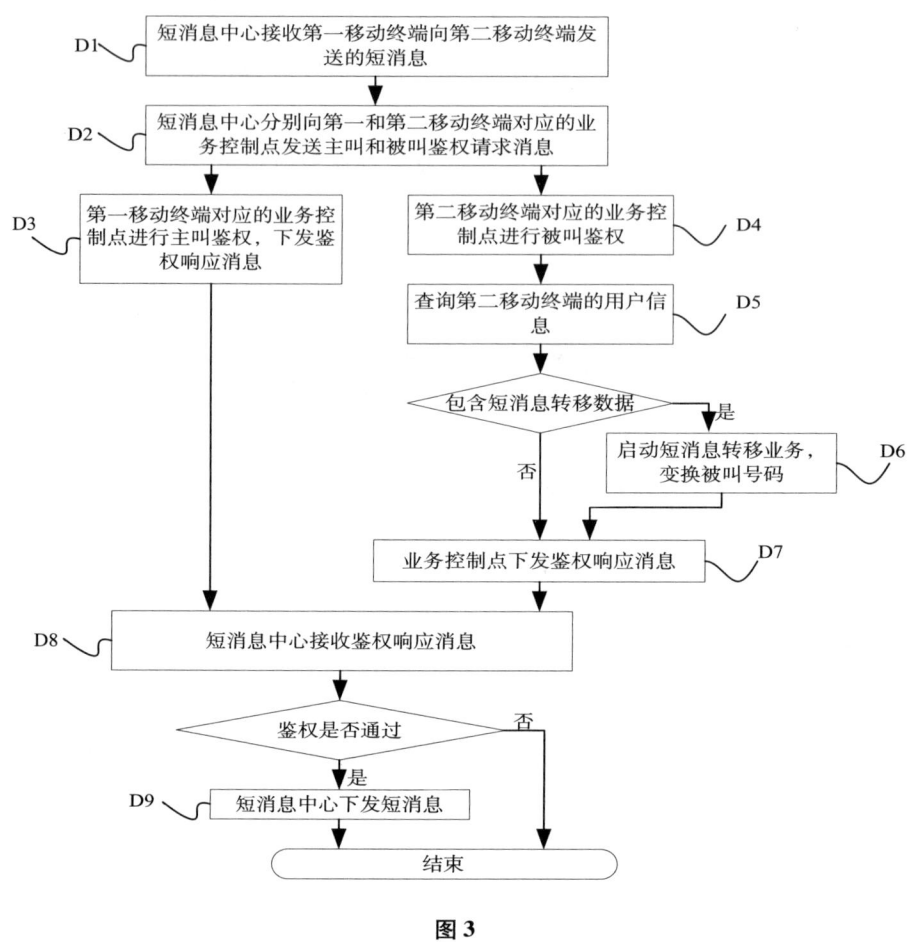

图 3

短消息中心下发主叫鉴权响应消息。

步骤 D4,第二移动终端对应的业务控制点收到短消息中心发送的被叫鉴权请求消息后,触发业务,进行被叫鉴权。

步骤 D5,第二移动终端对应的业务控制点在本地数据库查询第二移动终端的用户信息,判断查询到的第二移动终端的用户信息是否包含短消息转移数据,如果是,则说明被叫设置了转移,进入步骤 D6;如果否,进入步骤 D7。

步骤 D6,业务控制点启动短消息转移业务,将第二移动终端号码变换成对应的转移号码,即第三移动终端号码,并进入步骤 D7。

步骤 D7,业务控制点将鉴权响应消息下发给短消息中心,所述鉴权响应消息中包括被叫号码。

步骤 D8，短消息中心接收鉴权响应消息，判断主叫鉴权和被叫鉴权是否通过，如果是，则进入步骤 D9；如果否，则结束流程。

步骤 D9，短消息中心根据被叫鉴权响应消息中所携带的被叫号码，通过归属位置寄存器查询第二或三移动终端的位置信息，通过移动交换中心下发短消息至第二或三移动终端。

综上所述，本发明通过修改短消息中心的功能、扩展短消息中心和业务控制点的通信协议、在业务控制点侧对业务功能进行相应的修改来实现短消息的转移。也就是说，在业务控制点形成短消息转移业务逻辑并保存用户短消息转移数据，短消息中心启动主叫和/或被叫鉴权，通过 SMPP 协议向业务控制点发送鉴权请求，业务控制点在鉴权流程中进行被叫号码改号，通过扩展的 SMPP 协议将修改后的被叫号码返回给短消息中心。

需要注意的是，对于上述描述，作者特别设置了一些有可能是发明人所采用的表述方式，这样的表述方式虽不严谨，但并不影响对于技术方案的理解，但在撰写权利要求时，要注意将这样的表述调整为权利要求所需要的严谨表述方式。

后　记

通过全书，我较为具体、全面地介绍了如何撰写专利申请文件。内容虽然较多，但正如本书最开始所讲的那样，核心还是在于逻辑主线和工作态度。逻辑主线清晰就能确保代理师把握技术方案的核心，围绕该核心内容为专利申请人争取合理且尽可能大的保护范围，并且使申请文件的说明书能够在清晰的逻辑脉络下予以展开，方便读者清楚、准确地把握本发明的技术方案。而工作态度并不是脱离开逻辑主线的，只有具备好之又好的工作态度，才能在逻辑主线层面精益求精，才能在表述、权利要求的保护层次、说明书可读性等逻辑主线之外的其他方面，也都以高标准要求自己，最终获得较为理想的专利申请文件。

当然，本书所述的这些内容尽管看起来较多、较细，但这些只是讲解的内容，并不是将这些内容看懂就能写好一篇专利申请文件。实际中，读者可能看过本书几遍之后，所写出的专利申请文件仍然是不符合代理机构教师或者客户的要求的，这很正常。不要寄希望于"看"就能掌握专利申请文件的撰写，真正提升专利申请文件撰写水平还是要靠练。只有通过大量申请文件的撰写，才能够提升对技术的敏感度，才能更好地厘清逻辑主线，才能有更为准确、更为友好的表达，才能在撰写申请文件时想到可能的侵权形态并在申请文件中做好预案。这些都需要在真实案件中不断地磨砺。这一方面需要代理师自身的积累，另一方面也有赖于专利申请人对代理师的信任、批评，如此，在双方合作的基础上，才能提升专利申请文件的质量。

本书只在就撰写专利申请文件的问题上抛砖引玉，希望通过本书的介绍，讲解一些专利申请文件中的基本思路、基本技巧，通过这些"砖"引出专利从业者实践的"玉"，以便通过这一过程促进我国专利申请文件撰写质量的提升。

希望本书能够对读者有一些帮助。

致　谢

说到致谢，还真不好下笔，原因在于需要感谢的人很多。

首先当然要感谢家人。感谢我的父母，正是由于他们的养育和教导，才造就了今天的我，进而完成此书。感谢我的妻儿、岳父母，正是他们的大力支持，方使我有条件、有动力完成此书。

除家人之外，还要感谢的人很多。下面以时间为序一一进行感谢。

首先要感谢的貌似是和专利代理工作完全不着边的人。我要感谢的是当年新东方讲授 GRE 辅导课的钱永强、罗永浩等老师。正是在新东方学习的这段时间，从钱永强老师讲授的逻辑课程中我学到了严谨的逻辑，从罗永浩老师的阅读课程中提升了自己的阅读水平。更重要的是，整个 GRE 备考过程磨练了我的意志，铸就了我的自信，这在我日后的工作中都是非常宝贵的财富。

其次要感谢的是我在专利代理行业中所遇到的各位老师、同事。感谢最初面试我的那位老师，尽管我当时没有选择进入专利代理行业，但正是因为这位老师对专利代理工作的介绍，给我打开了一扇窗，使我日后最终选择了这个行业。感谢我入职的第一家专利代理公司的各位老师，正是因为他们当时的严格要求、耐心指导，给我打下了坚实的业务基础。感谢集佳的各位领导和同事，正是源于领导信任，使我得以从事我喜欢、擅长的工作，并做出了些许成绩；在早期我讲授的培训课中，感谢参加培训的同事们包容了我水平不高的授课，也感谢同事们在培训过程中不断思考、不断质疑，帮我改正错误。可以说，正是由于一次次培训中陪伴的同事们，才使我的授课水平不断提高，没有你们就没有今天的我。感谢 Silens，在我方向不明时，她总是给我正确的指引，她高屋建瓴、洞察一切的能力，令我钦佩不已。

感谢本书的编辑王玉茂同志，他严谨、细致的工作给我留下了深刻的印象。感谢首都知识产权服务业协会于春晓同志。感谢张凯琳、刘梦、吴思沂，她们审阅了本书，并给出了宝贵的修改意见。

最后，感谢我的姐姐王宝弘，你对我的恩情难以言表，留在致谢部分的最后，以表达对姐姐最由衷、最深切的感谢和缅怀！